首饰概论

SHOUSHI GAILUN

张荣红　汪晓玥　闫政旭　编著
戴　翔　任　开

图书在版编目(CIP)数据

首饰概论/张荣红等编著. —武汉：中国地质大学出版社，2022.4（2024.1重印）
ISBN 978-7-5625-5279-6

Ⅰ.①首… Ⅱ.①张… Ⅲ.①首饰-设计-教材 Ⅳ.①TS934.3

中国版本图书馆 CIP 数据核字（2022）第 084695 号

首饰概论		张荣红　汪晓玥　闫政旭　戴翔　任开　编著
责任编辑：杨　念　张旻玥	选题策划：张　琰	责任校对：张玉洁
出版发行：中国地质大学出版社（武汉市洪山区鲁磨路388号）		邮政编码：430074
电　　话：(027)67883511	传　　真：(027)67883580	E-mail:cbb@cug.edu.cn
经　　销：全国新华书店		http://cugp.cug.edu.cn
开本：787毫米×1092毫米 1/16	字数：437千字	印张：19
版次：2022年4月第1版		印次：2024年1月第2次印刷
印刷：湖北金港彩印有限公司		
ISBN 978-7-5625-5279-6		定价：88.00元

如有印装质量问题请与印刷厂联系调换

前言

　　1999年，中国地质大学（武汉）获教育部批准增设"宝石及材料工艺学"本科专业，并正式招收"宝石及材料工艺学——珠宝首饰设计"专业本科生。自2000年第一次为珠宝首饰设计专业学生开设"首饰概论"课程，至今已经二十多年了，这门课程也从最初只有我们一所学校开设发展到今天全国已有多所学校开设，但令人遗憾的是一直没能完成相应的教材出版工作。究其原因，"首饰概论"课程包含的内容很多，如何合理设计教材的内容一直是我们教学团队探讨的问题。最初这门课只是比较全面地介绍了珠宝首饰设计专业或珠宝行业所需要了解的首饰发展历史、当代首饰艺术观念、首饰制图、首饰工厂生产工艺等内容，课堂上比较多的国内外资料和案例介绍倒也给学生带来了一些新鲜的感觉。2010年以后，随着国内珠宝首饰设计专业的快速发展，信息化时代资讯的大量输入，教材中仅仅介绍描述性知识已经不能满足教学需要。2012年，中国地质大学（武汉）珠宝首饰设计专业进行了较大力度的教学改革，大大增加了各种工艺类课程，学生在一门接一门的工艺实践课程中很兴奋，但也很疲惫，他们赶场式地忙碌于各项结课作业中。饱满但偏于碎片化的课程设置导致了一个问题：学生无法静下心梳理和思考各门专业课程之间的关系，缺乏对首饰设计核心问题的理解。这对培养其整体性、跨界性思维意识以及以设计为核心解决问题的能力显然是不利的。

　　在上述背景下，本教学团队决定完成《首饰概论》一书的编写，通过对中西方首饰发展史中关键时间点或事件的论述，引导读者思考和理解首饰的本质；通过对设计和工艺技术的论述，诠释艺术与设计、手工艺与先进制造的关系；对珠宝首饰集散地进行介绍，则是希望读者能清晰地感悟到首饰设计最终需要通过各种物质载体去呈现。所以首饰一方面呈现出的是材料形式的物质属性，另一方面呈现的是物质背后的文化属性。物质和文化双属性的完美融合体现出的应该是时代属性特征。

　　本书编写的指导思想，是希望通过点、面结合的方式，既讲授基本的知识点，也通过典型案例分析，给读者提供一种思维范式和继续探讨的线索，最终帮助读者全面地认识珠宝首饰设计专业，理解首饰设计的核心问题，厘清各专业课程之间的关系，培养读者整体性、跨界性思维意识。这对实现当今倡导的学科交叉和艺科融合的教育目标是有意义的。《首饰概论》涉及面宽，而且相关理论和实践也在不断地发展演进，因此本书难免有不周全及不妥之处，欢迎读者批评指正。

本书由中央高校教育教学改革基金(本科教学工程)资助出版。

本书的编写除了有本教学团队的几位老师(张荣红、汪晓玥、闫政旭、戴翔、任开)参与外,还组织了多名设计专业硕士研究生参与资料收集整理等基础工作,他们是徐婧竞、王晴、孔静露、王硕、刘浩城、黄琳、王心雨、杨砚墨、彭冰聪、高山月、游心怡、秦佳欣、付秋语、胡一凡、万梓晗、陈婧娴、程子颐、陈泳霖、黄楚佩、顾蔚等。我的博士研究生卢伟平设计了本书封面。学院实验技师杨少武对部分首饰制作工艺环节进行了演示并协助拍摄照片。书中所涉及的图片大多从相应博物馆和品牌机构的官网获取,或是获得设计师本人允许和支持,但如有遗漏也请联系我们。中国地质大学(武汉)本科生院、中国地质大学(武汉)珠宝学院及中国地质大学出版社在本书的出版中给予了大力支持,在此一并表示衷心的感谢。

张荣红

2021 年 12 月

目 录

第一章　首饰概述 ……………………………………………………………………（1）

第二章　中国首饰发展史 ……………………………………………………………（5）

　第一节　首饰的起源与发展 …………………………………………………………（5）

　第二节　夏商—战国首饰发展状况 …………………………………………………（8）

　第三节　汉代—隋唐时期首饰发展状况 ……………………………………………（17）

　第四节　宋元—明清首饰发展状况 …………………………………………………（25）

　第五节　新石器时代首饰发展特征分析 ……………………………………………（40）

第三章　西方首饰发展史 ……………………………………………………………（46）

　第一节　西方首饰发展历史概述 ……………………………………………………（46）

　第二节　首饰材料发展特征分析 ……………………………………………………（67）

　第三节　首饰中的人文精神内涵发展特征分析 ……………………………………（72）

第四章　当代艺术首饰 ………………………………………………………………（84）

　第一节　当代艺术首饰的起源 ………………………………………………………（84）

　第二节　当代艺术首饰的创新突破 …………………………………………………（89）

　第三节　当代艺术首饰与其他艺术门类的交叉融合 ………………………………（113）

　第四节　关于当代艺术首饰的思考 …………………………………………………（118）

第五章　首饰设计 ……………………………………………………………………（119）

　第一节　首饰设计概述 ………………………………………………………………（119）

　第二节　首饰设计方法 ………………………………………………………………（123）

　第三节　首饰设计材料 ………………………………………………………………（142）

　第四节　首饰设计与首饰品牌 ………………………………………………………（169）

第六章 首饰加工工艺 …………………………………………………………… (188)

第一节 首饰工厂生产工艺 ………………………………………………… (188)
第二节 首饰 3D 打印先进制造技术 ……………………………………… (212)

第七章 首饰传统工艺 …………………………………………………………… (229)

第一节 錾刻工艺 …………………………………………………………… (229)
第二节 花丝镶嵌工艺 ……………………………………………………… (241)
第三节 珐琅工艺 …………………………………………………………… (256)

第八章 珠宝首饰集散地概况 …………………………………………………… (277)

第一节 玉石集散地 ………………………………………………………… (277)
第二节 有机宝石集散地 …………………………………………………… (283)
第三节 国外彩色宝石集散地 ……………………………………………… (285)
第四节 人造宝石集散地 …………………………………………………… (287)
第五节 珠宝首饰加工集散地 ……………………………………………… (288)

主要参考文献 …………………………………………………………………… (293)

第一章

首饰概述

  首饰，是人类修饰容貌、彰显地位的装饰品。在传统观念中，佩戴首饰可以显示个人的身份地位，表现个人的高雅气质。从新石器时代开始，首饰作为直接用于人体的装饰物，其产生与发展始终伴随着人类审美意识的产生与发展。从原始社会出于巫术礼仪的需要而佩戴的配饰，到现代社会张扬个性的身体装饰，首饰无时无刻不在人类的物质与精神生活领域中发挥着重要的作用。

  首饰更是一种文化载体，它与人类的物质文化遗存有着密不可分的关系。首饰的主要构建材料，不管是珍珠珊瑚，还是金银宝石，都是自然赋予人类的物质财富，本身并无文化属性。然而，这些材料一旦被人类利用、认知，也就拥有了文化属性。纵观首饰发展史，我们可以发现文化的发展是首饰发展的源泉，两者在发展的过程中共生共荣。可以说首饰的产生是由社会文化决定的，它的存在折射出当时的社会文化。在不同阶段，首饰承载着时间和空间两个不同维度的文化属性。它清晰地记录了一个民族的兴衰，还原了一片地域的文化脉络。

  首饰的装饰方式与效果，体现了人类对自身物质财富和在精神领域上的不断追求。在战国时期的墓葬中，出土了大量带有绿松石珠串的装饰物。这些首饰因其材料的稀有性一直被人们当作传递信息和感情的媒介。在克里特岛米洛斯王宫的壁画中也出现了贵妇用发带束额，用串珠和宝石装饰发丝的画面。从中西方原始首饰中我们可以看出，首饰的起源与发展在世界范围内有着同源性，它们有着相似的造型、相似的装饰方法以及相似的手工技艺，虽然所采用的原材料不尽相同，但都以本地区能够利用的物品作为主要的材料。人类对自然物的简单加工，说明人类已经开始重视自然界中的特殊物品。同时，我们也能从出土首饰及博物馆收藏的首饰中观察到：伴随着人类文明的进程，首饰的服务对象与创作语境也在发生着巨大的变化。首饰的作用已经不仅仅在于彰显佩戴者的身份地位，而是更多地用于反映当时语境下建筑、绘画、雕刻和其他艺术门类的概况并形成自己独特的艺术语言，被首饰创作者所使用。

  首饰作为一种物质形式离不开材料的支撑。材料作为首饰的表达语言之一，一直被设计师选择并打磨。可以应用于首饰设计的材料似乎包含了从自然界中可获得的一切。这里需要对首饰和珠宝的概念进行界定。通常在大众观念里，首饰就是珠宝，珠宝就是首饰，但实际上两者的概念有明确差异：首饰是依据其造型形式以及与人体的关系来定义的，传统上

人们认为它需要被人体佩戴,虽然在当代首饰观念里,首饰与人体的佩戴关系可以被突破,但它终究以造型来呈现;而珠宝是依据其本身的稀有美丽和稳定来定义的,它包含了无机的钻石、彩色宝石,有机的珍珠、珊瑚,也包含了翡翠、绿松石等各类玉石。只有当珠宝作为一种材料参与到首饰的造型表达时,才能出现两者交叉的产物——珠宝首饰。对首饰而言,珠宝只是众多材料中的一种。

人类对首饰材料的选择和应用历程反映出人类科技和文明的进步史。在原始社会,天然的、容易获得也容易加工的石头、兽骨都是首饰材料,相对难以加工、与石头有别的玉石成为至高无上的象征神权的符号,仅限于与神沟通之人(如巫师)佩戴,后来随着神权向王权的转移,玉石仅供王室使用。而随着冶金、合金等技术的发展,各种金属成为首饰的主要材料;当下随着材料合成技术和3D打印先进制造技术的发明与成熟,各种丰富的材料,如人造树脂、尼龙、金属粉末等帮助我们实现了多种形式和结构的首饰表达,我们甚至可以应用记忆性材料打印出具备记忆的首饰,而人工合成某种具备医疗保健功能的材料被打印成首饰之后,则为首饰增添了一种新的功能——人类大健康的卫士。因此,技术的发展为首饰材料的选择带来了无限的可能性。从这个角度来说,人们对首饰材料的选择虽体现了主动性,但实际上也是被动行为,在什么阶段可以选择应用什么样的材料都是和技术发展紧密关联的。一块灰色的银块通过传统的金属锻造、珐琅烧制可以成为一把漂亮的银壶,同样灰色的钛金属经过阳极氧化可以展现出各种艳丽的色彩,而数字化设计和3D打印设备则为首饰造型提供了更为多样化的材料。所以技术创造了材料,也成就了材料。

首饰创作中,材料无贵贱之分,传统工艺和现代技术也无好坏之别,它们都是实现创意表达的载体和工具。

谈及首饰回避不了当代首饰。当代首饰或称艺术首饰起源于20世纪60年代,也有说法是它起源于第二次世界大战后,因一批金银匠不满足于传统的首饰设计制作方法而发起的新首饰运动。最早的一批艺术家如意大利金匠Mario Pinton,德国的Herman Junger,英国雕塑家David Watkins,荷兰人Gijs Bakker,奥地利雕塑家Peter Skubic等,他们的首饰并不太追求更好的工艺品质,而更注重首饰本身的艺术性、观念性。他们创作出的首饰作品也不再是佩戴者的一种装饰品,而是既可以与身体有关系,又能够相对独立存在的艺术品。随着艺术首饰的发展,20世纪八九十年代以后,欧洲大部分艺术学院下设的首饰设计专业都开启了以艺术首饰为主的教学与学术研究模式,这一波潮流扩展到日本、北美、澳洲等国家和地区,近年来中国、拉丁美洲等国家和地区也受到了该潮流的影响。

随着艺术首饰的发展,非传统材料在首饰创作与设计中被广泛地运用。对材料价值的反思在首饰作品中最容易体现出来,宝石价值越高,设计越乏味。经过几十年的不断发展,当代艺术首饰逐渐形成了自己独特的语言系统,而且这一语言系统因不同文化的加入而不断拓展。材料的使用突破了人们习惯性的认知,似乎任何材料都可以用于制作首饰,而首饰也可以以任何形式存在。艺术首饰已经成为博物馆、收藏家、首饰爱好者的藏品,很少被佩戴。首饰艺术家注重的是如何通过首饰创作探寻个人化的艺术语言,如何拓展首饰佩戴的方式、首饰的内涵与外延。以往的传统首饰材料,如宝玉石和贵金属,被替换为廉价的纸、木材、塑料、硅胶、纤维、皮革、陶瓷、玻璃等。

越来越多的首饰艺术家创作胸针这种较容易承载艺术性语言的首饰作品,还有不少首饰艺术家直接采用当代艺术的主题创作首饰作品,或者直接采用当代艺术的手法和修辞语言创作首饰作品。首饰已经成为一种艺术表达的媒介和手段,它不仅仅用于彰显个人的身份地位,佩戴首饰也已经不只是在向他人展示。首饰创作者更愿意说他们是"造物人"(maker),他们创造的不只是首饰,更多的是思想、观念,甚至是历史。

其实,当代首饰不仅是一个时间概念,也是空间要素、逻辑要素、文化要素的集合。它拥有全球化的共性认知以及地域化的个性特征。中国当代首饰艺术在全球化的影响下,自身也在积极地快速发展,2000年之后的中国当代首饰艺术发展从形式和内容上就以近乎每5年为一个单位快速更新发展。当下的中国首饰行业拥有开放、多元和多层次的人群,设计师和艺术家接受的教育水平和国际化程度越来越高,这都成为首饰专业发展的基础。

首饰不是孤立存在的。作为贴身之物,首饰自然与人的关系最为密切,首饰的形态、内涵、功能和价值都随人的内在和外在的变化而变化。人是首饰的创造者,首饰依赖人的创造性活动来实现其价值,因此首饰设计师责无旁贷地成为首饰与佩戴者之间的桥梁,设计出能够满足时代审美以及佩戴者生理和心理需求的首饰作品。优秀的首饰设计师应当做到以下几点:一是工艺技术的专业性。首饰设计偏重实践,首饰设计师要掌握专业工艺知识,以确保设计图纸上的想法能够转化为外观精美、结构合理、符合人体工学、可佩戴的首饰。比如要掌握錾刻、镶嵌、锤揲、花丝等传统工艺技术的原理和成型效果,要了解现代首饰生产工艺的制作流程,并能够恰当利用先进制造技术服务设计需求等。二是建立完善的知识结构。首饰设计师需要围绕设计学展开对美学、工艺学、文化人类学、材料学、艺术学、商学等多个学科知识的学习,从中汲取养分,处理好"博"与"专"的关系,通过理论学习提高艺术审美水平、认知水平和思想站位,从而更好地指导艺术创作。三是设计的创新性。设计师必须拥有灵活的设计思维和多维的设计思路,这种思维或思路并非无中生有,而要从学习中汲取,坚持创造性转化和创新性发展,善于将美的事物以恰当的形态予以表现,从而通过创新设计将首饰艺术融入现代生活。

首饰的创作离不开设计师,离不开各种技术和工艺的支撑。首饰的技艺是很有张力的话题,它包罗万象。从技艺本身来看,推动人类文明社会不断前进的很多技艺在首饰制作中都有体现,如花丝工艺、錾刻工艺、珐琅工艺、玉雕工艺、漆艺等。从古代《考工记》所提的各种造物技术——"攻木之工""攻金之工"等,到目前正在蓬勃发展的3D打印技术,首饰制作技艺充分展现了不同时期、不同地域和不同文明各自的文化特征。技艺不断地被创造和发展,如何不断活态传承传统技艺,创造并应用新的技术是社会和时代不断发展的要求。

首饰的形式映射着丰富的内涵。支撑首饰形式表达的重要因素是材料、工艺、造型和装饰,这些要素彼此融合,共同承担着首饰的功能,体现首饰的价值。历史中无论是哪个地域的文明,人们无不是将内心认为美好的材料和工艺等要素固化到首饰中,使之成为人类文明的缩影、美好愿望的象征。

首饰虽然是一种小尺度的物质载体,却承载着历史和文化,也承载着当下时代和大众的需求。作为一名首饰创造者,必须要明白我们的目的是什么,我们要解决什么样的问题,我们今天的创造能否反映和代表这个时代的特色,因为我们今天创造的首饰必将带着这个时代的烙印而成为未来的传统。

本书将引导读者围绕首饰历史与文化、首饰材料、首饰设计、首饰工艺、首饰市场等展开学习,涉及的领域很多,无法面面俱到全面论述。所以本书将以点、面结合的方式讲授基本的知识点,同时通过典型案例的分析给大家提供思维范式和继续探讨的线索,帮助大家全面、深入地认识珠宝首饰设计专业,理解首饰创造的核心问题,厘清各专业课程之间的关系,培养整体性、跨界性思维意识,最终成为一名具备优秀历史文化素养、掌握系统设计思维和交叉设计知识的创新型首饰设计师!

第二章

中国首饰发展史

首饰随着人类的诞生而产生,并随人类社会的发展不断变化。作为一种物质载体,首饰在不同时代和不同地域具有不同的特征,这说明首饰发展具有时尚性与地域性的特点,它实际上反映了一个时代、一个社会的文明和文化。研习首饰自然美、形式美、工艺美、艺术美、社会美的嬗变有助于深刻理解首饰文化与形式表达间的关系、首饰与时代审美间的关系、首饰与社会发展间的关系。以古鉴今,研习首饰可以指导现代人理解首饰设计的目的、功能和形式。

中国首饰发展史是一部厚重的物质和文化史,我们既可以以首饰发展的时间序列为主线,对其进行特定时空内的阶段性研究,也可以从首饰材料、制作工艺或首饰种类等角度进行探索。本章将介绍中国首饰发展的历史及其关键转折期,探讨"中国首饰何时发生""何以会发生""怎样发生"三大问题,为读者提供一种学习和研究中国首饰发展史的方法。

第一节 首饰的起源与发展

首饰的起源可以追溯到石器时代,在旧石器时代晚期(距今约4万年至1万年间),宁夏水洞沟、北京山顶洞、山西峙峪、辽宁金牛山和河北虎头梁等旧石器时代晚期遗址中出土的以砾石、骨管、贝壳、鸵鸟蛋壳等材料制成的人体装饰品就是我国早期的首饰。目前已知,我国最早的项饰发现于北京周口店山顶洞人遗址(图2-1)。靠狩猎采集为生的山顶洞人被砾石、兽骨和贝壳的自然美所吸引,进而用其来装饰自身以满足自己的求美心理。经人为加工后,砾石、兽骨和贝壳表面光滑规整,通过打孔穿制,山顶洞人将其制成装饰品并用红色赤铁矿染色(贾兰坡,1958),这说明先民对首饰的形状、颜色以及首饰加工方式均有了一定的理解,对首饰的形式美有所认知。首饰的出现受多方面因素的综合影响,有关它的起源众说纷纭,已有的理论包括人类的"生物本能说"、生命力盈余的自由"游戏说"、人类初期物质生产的"劳动说"、原始宗教活动的"巫术说"等。在旧石器时代早中期,原始先民将石材制成劳动工具,说明此时人类就已经具有专门化、定型化创造加工的意识。工具的出现打破了人类原有的肢体性束缚,大大拓宽了人类物质性的劳动手段,也促使原始先民开始认识、改造自然。史前造物者在自然美丽的材料上,以人为加工的方式,在其中注入了自身欲表达的内容,并逐渐开始理解首饰中由外在美与内在美共同构成的形式美。例如山顶洞人的项饰,造物者以佩戴这些战利品,彰显自己的强大和优秀,用以威慑敌人或吸引异性,而能拥有兽骨、兽爪等物品的人往往也是在原始部落中能获取丰厚生存资源的人,通常更具有力量和智慧、受人拥戴,由此,这些首饰便逐渐成为勇敢、力量、智慧、荣耀和地位的象征物,人们都十分渴望拥有。这种造物、审美活动继而达成循环,并逐渐凝练出首饰形式美的基本规律。首饰便逐渐形成了其独特的语言,能激发人愉快的情感。如红色是与原始先民生活息息相关的色彩,是血液、篝火、太阳的色彩,象征着生命、温暖、光明,人们特意将由兽骨、兽牙等战利品制成的首饰染成红色,意欲表达自己强壮勇敢、战功赫赫的生命之美。这种想法被注入首饰中并受到族人的认同,演变为一种形式美的范式。现代,红色依旧是一种代表生命、温度的色彩,红色首饰也具有表彰意义。此外,在山顶洞人遗址中,人头骨周围也撒有赤铁矿粉,这是一种具有原始巫术意义的丧葬活动,说明撒红色赤铁矿粉具有原始巫术文化的内涵,进而可知,经过赤铁矿染色处理的首饰与原始宗教信仰间同样可能存在着某种密切的联系。

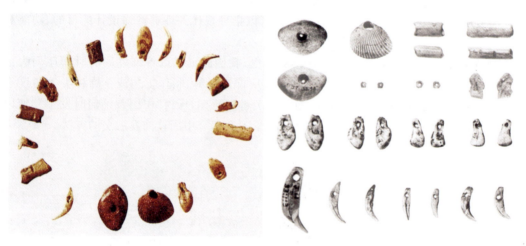

图2-1　北京周口店山顶洞人遗址出土的人体装饰品(李泽厚,2009)

新石器时代,随着劳动生产水平的提高,首饰制作工艺有了长足的进步,首饰迎来了发展史上第一次至关重要的转折期,主要表现在首饰类型与式样的丰富化,首饰制作的精细化、规范化,首饰所承载文化内涵的深入化三个方面。现代常见的耳饰、冠饰、手饰、臂腕饰、颈胸饰等首饰种类此时均已出现,如内蒙古兴隆洼文化耳饰玉玦、东北地区红山文化颈胸部坠饰勾云形玉器(图2-2)、安徽凌家滩文化耳饰玉玦(图2-3)、长江下游太湖流域崧泽文化颈胸饰玉璜(图2-4)、钱塘江流域和太湖流域的良渚文化臂腕饰琮形玉镯(图2-5)、湖北天门石家河文化冠饰鹰形玉笄(图2-6)等。

这些新类型、新式样首饰的出现既得益于原始先民对玉石甄别、切割工艺、钻孔工艺等技术的掌握,又与此时期原始巫术文化的发展密不可分。此时首饰主要的制造、使用群体是部落中从事巫术活动、身份地位显赫的巫觋,首饰标志社会等级秩序的作用已经悄然产生。

图 2-2　红山文化颈胸部坠饰勾云形玉器
（故宫博物院）

图 2-3　安徽凌家滩文化耳饰玉瑱
（徐红霞供图）

图 2-4　崧泽文化颈胸饰玉璜
（上海博物馆）

图 2-5　良渚文化臂腕饰琮形玉镯
（良渚博物院）

首饰的造型纹样由大巫觋设计，注入特定的巫教理念，由地位较低的巫觋琢制（杨伯达，2016）。巫觋在首饰的选料、审形、切割、打制、琢磨、钻孔、镶嵌、抛光等工艺上均已积累了丰富的经验，首饰不再像以往那般粗放。在材质上，旧石器时代原始先民玉、石不分，新石器时代，原始先民有意识地将玉筛选出来，制作成承载着原始巫术文化的首饰，例如崧泽文化中出现了软玉制的玉璜；仰韶文化中出现了软玉制的器物。所以，新石器时代的首饰是原始巫术、原始先民精神思想的物化表现。如图 2-2 所示坠饰勾云形玉器，它呈扁方形片状，抽象的造型上雕琢有用打洼工艺制作而成的两层与外轮廓相同的内轮廓。这种别具一格的造型设计引起了现代学者的热烈探讨，云朵、鹰鸮猛禽、斧钺武器、灵魂升天的图像、巫术幻象均是现代研究者对勾云形玉坠饰抽象化造型原型的推论。这些推论基于原始巫术文化中原始先民的自然崇拜、图腾崇拜、生殖崇拜、祖先崇拜等思想。再例如良渚文化圆雕玉鸟（图 2-7），它是垂悬于巫觋衣袍下部的一种坠饰，呈现的鸟形来源于良渚人的神鸟图腾崇拜思想。鸟类从天而降、一飞冲天、自由飞翔的形象,增加了它在原始先民心中的神秘感与崇拜感。原始先民将鸟臆想成神灵或是神灵的信使、化身,而巫觋作为神的扮演者,将玉鸟悬挂在衣袍下部,以此表示天神驾鸟飞降到人间或是巫觋乘鸟登天与神灵沟通(刘斌,2019)。原始先民蒙昧地认为,通过这种与天神的对话可使自己免受自然苦难。这种原始宗教思想活动被人类学家弗雷泽称为"交感巫术"(弗雷泽,2010),它普遍存在于人类的早期文明发展中,在我国新石器时代的首饰里就可以见到各不相同的具象表现形式。

图2-6 石家河文化冠饰鹰形玉笄
(湖北省博物馆)

图2-7 良渚文化坠饰玉鸟
(浙江省博物馆)

综上,我国首饰是在漫长的历史积累后产生的。从人的生物性本能冲动开始,到由物质生产劳动带来的技术革新、人的意识的形成与人类社会意识的出现,再到以巫术为集中表现形式的原始思想文化均促进了首饰造型多样性的产生,推动了首饰制造的精细化、规范化发展,丰富了首饰的文化内涵,丰富了人类的精神生活。新石器时代的首饰体现出我们祖先对自然的探索力、对文化的创造力,它充当着文字,起到了记录作用,向现代人展现着原始先民的各种意识活动和社会活动。因此,首饰的产生是人类的生物性与社会性共同的结晶,新石器时代的首饰也奠定了中国古代首饰发展演变的基调。

第二节
夏商—战国首饰发展状况

夏末商初之际出现的金属材质首饰,于中国首饰发展史具有标志性意义,它反映了我国冶金技术的发展、首饰制造材料与工艺的创新。例如甘肃四坝文化的金耳环(图2-8),基本呈圆环状,一端渐细,截面呈圆形,另一端采用金属锤揲法制成扁平状,应为夏商时期我国北方与西北方地区强大的"鬼方"游牧文化的杰作(杨伯达,2004)。山西出土的商代金穿绿松石耳饰(图2-9)、北京出土的商代金臂钏(图2-10),证明黄金首饰在商代中原地区已有发展。此后,陕西出土的东周(春秋时期)金镯(图2-11)、河南出土的东周(春秋时期)金腰饰(图2-12)、山东出土的战国时期金嵌宝耳坠(图2-13)、内蒙古出土的战国时期金镶彩石虎鸟纹牌饰(图2-14)、河南出土的东周至战国时期错金嵌玉铁带钩(图2-15),证明了时人已经掌握了锤揲、錾刻、铸造、扭丝、错金银、镶嵌等金属首饰制造工艺,是黄金首饰在中原地区得到持续发展的体现。但整体上黄金首饰的出土数量少于玉质首饰,美玉仍是这一阶段用于制造首饰的主流材料,也映射出中华民族对玉首饰的情有独钟。玉首饰之所以能在中国首饰发展史上经久不衰,并成为中国传统文化的重要特点和标志,正是得益于这一阶段的人文思想与社会环境对礼玉、德玉文化的塑造。

图2-8 四坝文化的金耳环
(张学正等,2021)

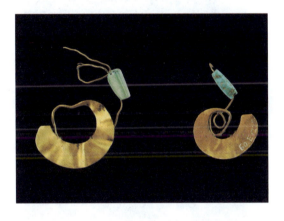

图2-9 商代金穿绿松石耳饰
(苏州博物馆)

图2-10 商代金臂钏
(首都博物馆)

图2-11 东周(春秋时期)诸侯国芮国金镯
(孙秉君等,2007)

图2-12 东周(春秋时期)诸侯国虢国金腰饰(河北博物院)

图2-13 战国时期金嵌宝耳坠
（淄博市博物馆）

图2-14 战国时期金镶彩石虎鸟纹牌饰
（苏州博物馆）

图2-15 东周至战国时期错金嵌玉铁带钩及局部图(中国国家博物馆)

商代玉质首饰的造型纹样以饕餮、龙、凤等神兽题材为主。神兽纹样是人们参照真实存在的自然事物臆想出来的形象，这些臆想的具有神力的图符是商代首饰具有巫术宗教色彩的写照。相较于首饰绝大多数为巫觋神职人员所用的史前时代，此时以王权为核心的统治阶级的社会力量强劲，首饰承载的等级秩序从以神职人员为核心转变为了以王权统治阶级为核心。例如商王武丁的王后妇好的随葬品就多达1928件，其中玉器有755件、骨器有564件，而56%的玉器与89%的骨器为首饰(李芽等，2020)。依照身份地位高低的等级秩序，商代首饰的使用规制可简述为"上可兼下，而下不可兼上"(杜金鹏等，2018)，地位低者不可僭越使用地位高者的首饰。首饰的使用规制涵盖首饰类型、形制、数量等方方面面，因此，数量庞大、形制多样的首饰不仅昭告着拥有者妇好非同寻常的身份，更反映了在商代首饰承载着的王权统治所需的礼仪制度已得到了初步显现。

例如妇好墓出土的玉凤佩饰（图2-16）就是商代首饰承载王权礼仪制度的实证。它与妇好墓中其他大量的玉凤鸟佩饰（图2-17）既相似又不同。相似点在于二者造型基本均作侧身回首状，嘴部呈尖状或钩子状，头部戴有高耸的冠饰。不同之处是这件玉凤的凤眼为圆形、凤尾羽翎分开有两股，而其余凤鸟形象的眼睛为"臣"字形、尾部多不分叉；玉凤长尾舒展、体态婀娜、颇显灵动，而其余的凤鸟身材粗壮宽厚。二者风格迥异，原因在于这件玉凤佩饰并不是商代的作品，而是一件琢制于新石器时代（石家河文化）遗传至商代的古玉（图2-18）。妇好作为最早的古董首饰收藏家，这件玉凤佩饰可能是各地向商王室进奉的朝贡之物，也有可能是妇好四处征战获得的战利品。根据甲骨文记载，妇好不仅是备受宠爱、拥有封地、

图2-16　商代妇好墓玉凤佩饰
（中国国家博物馆）

能主持祭祀的王后，也是一位开疆拓土的将军。妇好墓出土的手饰玉韘就是妇好军功卓著的物证。玉韘（图2-19）是套于大拇指上用于辅助张弓射箭的一种具有实用性与装饰性的扳指，是戒指的一种。妇好墓出土的这件玉韘也是目前世界上所见最早的扳指（杜金鹏，2017），它应是采用砣具，即一种专用于琢制玉器的圆形工具制成（图2-20）。商代的砣子多为青铜质，根据需要砣子有大小、厚薄之分。以旋转的砣机（图2-21）带动砣子、蘸水的解玉砂对玉石进行雕琢（图2-22），加快了玉质首饰制作的速度，提高了其精度（陆建芳等，2014a）。青铜质砣子的出现标志着我国首饰发展历程中又一次工艺发展高峰的出现。工艺的革新使首饰更加精细。妇好的玉韘的上端作前高后低的坡形而下端齐平，一面雕有兽面纹，上饰商代的卷云纹与折线纹，兽耳后贴，兽面两侧分别雕有兽身与兽足，兽足前屈，刻有三爪。整体上雕刻的是神兽扑食的威猛姿态，与玉韘作为实用工具的功能十分契合。神兽双眼下方钻有两个小孔，佩戴时起固定作用。行军打仗时，佩戴在大拇指上的玉韘容易脱落，从而通过小孔采用绳线穿系的方法将其缚于手腕上（图2-23）。玉韘的另一面有一条深凹的槽，这是拉弓时固定弓弦的弦槽。这枚玉韘上深深的弦槽也

是对妇好当年征战功勋的记录,而鞢的实用性也随着文明的发展逐渐减弱,它转变成了一种象征权势的符号。

图2-17　商代妇好墓玉凤鸟佩饰(左:中国国家博物馆;中、右:广东省博物馆)

图2-18　新石器时代石家河文化玉凤　　　图2-19　商代妇好墓手饰玉鞢
　　　（中国国家博物馆）　　　　　　　　　　（杜金鹏,2017）

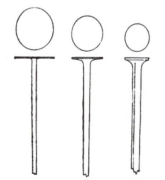 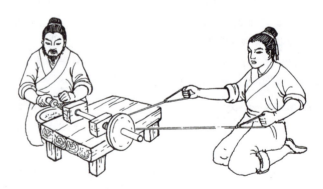

图2-20　现代复原的商代青铜砣具　　　图2-21　现代还原的砣机及使用示意图
　　　（徐琳,2012）　　　　　　　　　　　　（徐琳,2012）

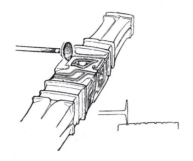

图 2-22 砣子及其使用示意图
（徐琳,2012）

图 2-23 玉韘佩戴图
（陆建芳等,2014b）

至西周,玉质精美的首饰多出土于士级以上贵族墓中,平民没有或只有少量劣质的首饰。首饰成为社会不同阶级的界标,具备有"礼"的性质,反映了周初周公建立的以维护统治者等级制度的政治准则、道德规范和各项典章的礼乐制度。西周时期,首饰的使用必须同身份地位等级保持一致。至此,在商代基础上,首饰标志、承载的政治统治秩序与社会等级意义的程式走向完备,对后世中国首饰文化发展产生了巨大而深远的影响。例如西周时期的颈胸饰组玉佩(图 2-24)就是展示佩用者身份地位、尊崇礼制的重要首饰。组玉佩的数量、材质与形制体现了佩用者的身份,从材质上可分为单纯用玉,兼用玉和玛瑙、水晶等材料,无玉三大用料等级。亦有学者认为组玉佩中玉璜部件的数量对应着佩用者的等级与权势(李芽等,2020)。同时,根据《左传》《礼记》记载,组玉佩也具有禁步的功能,是一种可以调整人步行仪态的首饰。在礼仪场合,身份地位高的人,步行速度慢,步距短,才能使组玉佩上的部件有规律地碰撞,发出清越悠长的声音,显示出佩用者的风度和尊严。此外,周人还将玉饰发出的声音与人的品德相联系,"故君子在车,则闻鸾和之声,行则鸣佩玉,是以非辟之心,无自入也"(戴圣,2017)。《礼记》讲述了君子通过佩戴在行走时可以发出声音的玉佩,告诉周围的人们自己光明正大,从不偷看偷听。首饰作为物证,结合文字记载揭示了周代首饰除了承载礼仪文化外,还具有彰显品德的作用。自古以来,我国就有"君子比德于玉""君子无故,玉不去身"的玉德文化。春秋时期的思想家、政治家管仲是历史上第一个对玉德进行论述的人。此后,孔子对玉德进行了更加深入的阐述,把人的品德与玉的品德相提并论,即"温润而泽,仁也;缜密以栗,知也;廉而不刿,义也;垂之如队,礼也……孚尹旁达,信也;气如白虹,天也;精

图 2-24 西周时期诸侯国虢国七璜联珠组玉佩(河南博物院)

神见于山川,地也;圭、璋特达,德也;天下莫不贵者,道也;《诗》云:'言念君子,温其如玉'。故君子贵之也"(戴圣,2017)。可见,君子之德、中庸之道是彼时玉首饰文化的核心。由此,周至战国时期首饰的文化内涵从巫术神性过渡到了礼制仁德,首饰文化的礼仪与仁德理念成为约束人的言行规范和推动首饰文化发展的动力。同时,我国首饰发展有着"技以载道"的美学特质,强调通过以首饰的工艺、造型、纹饰等外在形式语言,传达文化内涵、精神思想,以达到道与器的统一。周代首饰的外在形式语言便是其蕴含的"礼"与"德"的精神理念的体现,其造型纹饰风格较商代表现出一派新的气象。

"工欲善其事,必先利其器",新风格的形成得益于制造技术的革新。春秋至战国时期,硬度大于青铜的铁制工具逐步在琢玉工艺上得到广泛使用,使首饰制作工艺水平大大提高。周代出现了撤刀法,革新了商代的粗细阴线双勾法。撤刀法俗称大斜刀,亦称一面坡,由双线纹组成,内线较细,外线较粗,较粗的外线被琢磨成倾斜的坡面(图2-25)。它由商代的两条垂直的粗细阴线(图2-26)变为一条垂直阴线和一条斜坡阴线。再例如战国的阴线刻工艺可达到细如毫发的地步(图2-27),还促进了平面雕①(图2-28)、凹雕②(图2-29)、浮雕③(图2-30)、镂雕④(图2-31)等工艺的发展(陆建芳等,2014a)。在首饰纹样的构成上,西周至战国时期的纹样风格一脉相承,以充满秩序感与生命动感为特点,出现了相对旋转排布的构图方式,如龙纹玉璧(图2-32),以及呈多方连续排布的构图方式,如图2-33所示玉璜上的云纹排布。样式上,龙纹、凤纹、谷纹、云纹、勾连云纹均为该时期的典型纹样。较商代的狞厉,此时的首饰给人以温文尔雅、气韵交融亦不失庄重刚劲之感,这正是礼制文化与玉德文化在首饰中的呈现。

图2-25 春秋战国撤刀法雕琢的纹样
(中国国家博物馆)

图2-26 商代粗细阴线双勾法雕琢的纹样
(古方等,2009)

---

①平面雕:在琢磨平整的玉平面上,先雕琢图像,再将图像轮廓线以外的区域雕出凹槽,使图形部分凸起而有立体感的制作技法。

②凹雕:在琢磨平整的玉平面上,将需要表现的图像深雕凹进,以此达到立体感。

③浮雕:在平面上雕刻出凹凸起伏形象的一种制作技法。

④透雕:保留物象部分,将其余部分进行局部或全部镂空的一种制作技法。

图2-27 战国时期魏国兽纹青玉璜及龙首阴刻线纹样局部图(中国国家博物馆)

图2-28 战国时期中山国平面雕龙纹玉片
(陆建芳等,2014a)

图2-29 战国时期齐国凹雕双龙纹玉环
(Gia Vincent 供图)

图2-30 战国早期曾国十六节龙凤纹玉佩及其上浮雕工艺示意图(湖北省博物馆)

图 2-31　战国晚期楚国镂雕龙形玉璜（故宫博物院）

图 2-32　西周诸侯国晋国龙纹玉璧
　　　　（山西博物院）

图 2-33　战国时期曾国云纹玉璜
　　　　（湖北省博物馆）

综上，夏商时期首饰发展突出表现在两个方面：一是青铜质琢玉工具的出现促使首饰制造技术进步；二是首饰主要使用群体、服务群体由巫觋神职人员转变为王权统治阶级。后者意味着首饰的文化内涵正在逐步摆脱蒙昧的神性思想控制，首饰的设计、制作、使用均开始以表达人的切实需求与展现人文思想光辉为中心而展开。通过首饰彰显王权统治所需礼仪制度的程式在西周成熟，同时社会生产力发展，铁质琢玉工具的广泛使用又为首饰通过外在美的形式表达礼制、仁德的文化理念打下了坚实的物质基础。对于整个中国首饰发展史来说，彼时首饰中蕴含的君子之德、修身养性的精神文化，"君子比德于玉""君子无故，玉不去身"的价值观经久不衰、延续至今，它不仅是中国玉首饰文化的核心观念，也是此后我国首饰文化发展的重要基础，更是中国传统文化的重要组成部分。

第三节

汉代—隋唐时期首饰发展状况

　　汉代至隋唐时期,首饰发展的特点是金属材质得到广泛使用。汉代首饰主流用材上逐步由玉到金的变革开启了中国首饰史上第二次转折发展的大门。

　　西汉战乱后,随着国力的恢复与丝绸之路的开启,中原地区开始广泛出现由金属制作的首饰,中外文化交流使首饰产生了新的式样。例如从徐州狮子山西汉楚王墓发现的金带扣(图2-34),是目前所见汉代最华美、系结方式最先进的男性腰饰金带扣,它采用金属铸造与錾刻工艺制成,主体呈现的是一只熊与一只双目圆睁的猛兽同一匹马咬斗的场面,边缘纹样为钩喙鸟首纹,四处孔洞为穿系之用。从首饰类型与纹样来看,扣带为北方游牧民族常用的胡式带具,其上猛兽搏斗的纹样也是游牧民族首饰的典型装饰纹样题材,但从铸造工艺、带扣系结方式看,应为西汉时期中原内地制品。以其为代表,此时外域首饰在中原地区多有出土,其中有的是北方游牧民族向汉朝进贡的贡品,有的是中原地区与北方游牧民族贸易交流的商品,也可能有中原地区仿北方游牧民族首饰的制品。

图2-34　西汉楚王墓腰饰金带扣(徐州博物馆)

　　再例如步摇,据现代学者考证,它是源于中西亚地区的舶来品。国外最早的步摇出现于公元前2世纪萨马尔泰女王墓中。大约公元前1世纪前期,现今位于阿富汗北部的大月氏墓葬中也出土了一件金步摇冠(图2-35)。张骞出使西域后,汉朝与大月氏间的交往逐渐密切。外域文化中的步摇冠向东传播,横跨欧亚大陆到了我国(孙机,1991)。《后汉书》中对步摇的记载"步摇簪珥,步摇以黄金为山题,贯白珠为桂枝相缪……"便与大月氏出土的步摇冠吻合(上海书店,2018)。再对照我国东汉时期的金步摇(图2-36),它呈花束形,有八枝细长曲折的花枝,顶端立一嘴衔圆形金片的小鸟,其余枝头结花苞或绽开花朵,四朵花的花瓣端头亦有以小圆环挂坠的金叶,佩戴时可随步摇曳。这件金步摇与文献记载的"桂枝相缪"吻合,也与大月氏金冠上花朵悬坠圆形金片的构造相仿,可见外域金冠上的摇叶元素与中原簪饰的交融。

图2-35 西汉时期大月氏墓葬出土的金步摇冠
（湖南省博物馆）

图2-36 东汉冠饰金步摇花
（杨伯达,2004）

这种交融不仅表现在首饰式样上,也体现在首饰制作工艺上。例如炸珠工艺,也称金珠工艺、金粟工艺,学界普遍认为它由西方传入我国,但在战国时期出土的金属首饰中它便已出现(图2-13)。随着黄金在中原地区首饰中的广泛使用,采用炸珠工艺制作的首饰也随之兴盛。例如东汉时期中山穆王刘畅墓出土的炸珠花丝嵌宝金辟邪,其上细密排布的金珠,即由炸珠工艺制作而成(图2-37)。炸珠工艺步骤繁复,不同的匠人制作程式有异,主流的大

图2-37 东汉炸珠花丝嵌宝金辟邪(定州市博物馆)

致可简述如下。第一种是将黄金熔液滴入温水中,形成大小不等的金珠;第二种是把大小相等的金碎屑放在炭火上加热,融化时金碎屑呈露滴状,冷却后形成小金珠;第三种是将金银丝的一端加热熔化,用吹管向其吹气,令其自然落下形成金银珠。炸珠工艺在汉代冠饰胜(图2-38)、臂腕饰系臂珠(图2-39)等首饰上均有出现,它通常和金属花丝工艺、金属编织工艺、金属镶嵌工艺一起使用,为汉唐时期十分流行的首饰制作技法。

图2-38　东汉冠饰炸珠嵌宝金叠胜　　　图2-39　东汉臂腕饰炸珠金系臂珠
　　　　（杨伯达,2004）　　　　　　　　　　　　（湖南省博物馆）
注:中间宝石已脱落。

魏晋南北朝时期,首饰制造生产进入低谷期,但北方游牧民族第一次入主中原也促进了两种首饰文化的交融。例如三珠铜钗(图2-40)、金珰(图2-41)、金蔽髻(图2-42)、花钿(图2-43)、宝石印章戒指(图2-44)、耳坠(图2-45)、步摇冠(图2-46)、博鬓(图2-47、图2-48)等,就是当时两种首饰文化交融的产物。其中花钿、博鬓也是对后世首饰发展影响深远的式样。

图2-40　西晋冠饰三珠铜钗(司马俊堂等,2006)

图2-41 东晋冠饰蝉纹金珰
（南京市博物总馆）

图2-42 东晋炸珠嵌宝鱼鸟衔胜金蔽髻
（江宁博物馆）

图2-43 东晋冠饰金花钿
（李芽等，2020）

图2-44 北魏金嵌蓝色宝石
印章戒指（苏州博物馆）

图2-45 北魏炸珠花丝嵌宝金耳坠
（大同市博物馆）

图2-46 北魏金步摇冠饰构件
（中国国家博物馆）

图 2-47　北齐娄睿墓花丝嵌宝金博鬓（苏州博物馆）

图 2-48　东魏炸珠花丝嵌宝金博鬓（苏州博物馆）

　　隋唐时期，因战乱而中断的丝绸之路重新畅通，前人的足迹也通向了更遥远的国度。隋代贵族李静训墓出土的项链（图2-49）即是隋唐首饰开放交融特性的展现。它由28个金质球形链珠组成，每个金球上各嵌有10颗珍珠，项链上端正中处嵌有一颗深蓝色宝珠，宝珠上阴刻一只花角鹿，项链下端镶嵌一块晶莹纯净的红宝石，坠有一块长3.1cm的青金石。我国优质宝石矿产资源不甚丰富，故古代首饰上是否有彩色宝石通常被现代研究者作为溯源古代首饰原产地的参考依据。项链上交相辉映的宝石，诉说了这件原产于巴基斯坦或阿富汗地区的异域珍奇作为一件舶来品的身世（熊存瑞，1987）。魏晋南北朝首饰具有鲜明的外域风格，唐代首饰更具有中土化①的特征。

图 2-49　隋代炸珠嵌宝金项链（中国国家博物馆）

---

① 中土化：此处指外来文化进入中国后，原有外来特征减弱，逐渐形成本土风格的过程，也称为"本土化""华化"。

硕大奢华是唐代首饰的外观特征,一件首饰上通常会综合使用炸珠、花丝、錾刻、镂空、铆接、玉石彩宝镶嵌等多种制作工艺,体现着本土对外域首饰制作技法、用材特征的整合兼容。例如扬州三元路窖藏出土采用炸珠、錾刻、花丝工艺制作的金梳篦(图2-50);西安何家村窖藏出土采用镶嵌、铆接、錾刻工艺制作的金镶白玉兽首纹臂环(图2-51);西安李倕墓出土采用炸珠、花丝、镶嵌工艺制作的有绿松石、玛瑙、琥珀、玻璃、螺钿、珍珠的金冠饰(图2-52);西安窦皦墓出土采用金镶玉、彩宝工艺制成的腰饰蹀躞带(图2-53)。

图2-50　唐代伎乐飞天金梳篦(扬州博物馆)

图2-51　唐代金镶白玉兽首纹臂环(齐东方等,2003)

图 2-52 唐代炸珠花丝嵌宝金冠(复原件,首都博物馆)

中土化的特征不仅表现在首饰制作工艺和材料的综合使用上,更表现在首饰的设计与文化内涵中。以何家村窖藏出土的坠饰银香囊为例(图 2-54),其上錾刻有葡萄纹。我国有久远的葡萄种植历史,但葡萄文化至唐代才发展到鼎盛期。唐代粟特人[①]在向中国人销售

---

① 古代粟特人生活在中亚阿姆河与锡尔河一带,粟特国首都马拉坎达位于今乌兹别克斯坦撒马尔罕。

图2-53 唐代玉梁金筐嵌宝钿珍珠蹀躞带（广东省博物馆）

图2-54 唐代葡萄花鸟纹银香囊及香囊结构设计示意图（齐东方等，2003）

他们的葡萄酒时将葡萄种植技术、葡萄酒酿制技术带到了中国，葡萄成为时人常享用的水果，在中国得到了大面积种植。葡萄在西域文化中是美酒佳肴、物产丰饶的象征，而葡萄多果多籽的特点与中国人儿孙绕膝、人丁兴旺的传统思想契合，它成为一种寓意儿孙满堂的文化符号。从这一现象可见，基于中国传统思想与社会心理，葡萄纹的文化内涵已中土化。

此外，这件香囊坠饰也反映了唐代首饰设计的科学性、使用的等级秩序性以及首饰文化中暗含的宗教性。用于烧香的香囊可佩戴得益于先进的制造技术。如图2-54所示，这件葡萄花鸟纹银香囊使用两种金属制成，外壁为银制，香盂为金造。器物呈圆球形，通体镂空，以中部水平线为界，分为上下两个半球，以一钩链相勾合，另一侧以合页活轴结构使上下香囊张合有度。下半球内部设置两层同心圆轴环，外环与球壁联结，内环与外环、金盂相连，三者间采用铆钉结构铆接，使其可转动自如。唐代匠人利用内外双环与金盂的重力作用，使香囊在转动摇摆过程中，金盂重心始终向下，形成了现代力学中的"常平架"结构，使内置的香料平衡不洒，足见唐代首饰制作工艺与设计的先进。香囊在唐代是女子喜爱并常佩戴的饰物之一，但由金属制成的香囊仅上流贵族妇女才能使用，以明示身份地位。古籍载："香囊者，烧香器物也，以铜铁金银昤昽圆作……妃后贵人之所用也。"《旧唐书·杨贵妃传》对此也有记载，说杨贵妃在马嵬坡被赐死入殓后，因唐玄宗对其思念内疚，命人将其迁葬他处开棺时，见到贵妃香消玉殒但身上佩戴的香囊仍在的场景，"……肌肤已坏，而香囊犹在"（上海书店，2018）。此外，香囊也是一种具有佛教意义的首饰。香囊可以用于礼佛，将佛经盛放在香囊中随身携带能够起到庇护作用。古籍载："应书般若波罗蜜多大神咒王，随多少分香囊盛贮，置宝筒中恒随逐身……诸怖畏事皆自消除"（齐东方等，2003）。由此来看，将葡萄纹设计在唐代贵族女子常佩香囊上，也许有期望神祇保佑王孙贵胄子嗣延绵的寓意。再如唐代首饰上流行的摩羯纹、鹦鹉纹均是外域文化题材在唐代中土化的成果，可见中国传统文化对外来文化的转译能力。

综上，首饰用材的变化是这一阶段首饰发展的特点，黄金以其自然之美、熔铸锤锻的可塑性、贸易流通的货币价值属性等成为制作首饰的主流材质，但这并不意味着玉首饰文化的退化。首饰材质由玉到金的变化，既是因为黄金材质具备客观优势，也是因为多元文化交融。首饰及其文化的交融是该阶段首饰发展的一大特点，它表现出的兼容并蓄是中华民族博大胸襟的体现，是中华民族以本民族文化自信的正确态度对待中外文化交融的反映。

第四节

宋元—明清首饰发展状况

中国首饰史上第三次转折发展期在宋代，宋代首饰使用群体的扩大与主流造型纹饰题材的变迁对后世具有承上启下的重要意义。回顾上文，我国自西周起，历代都有专门的礼制律法来规定各个阶层的首饰使用规制，首饰大多为贵族拥有，为显示其特权和品位而服务。至宋代，首饰使用的礼仪规制依旧存在，但不同的是除了贵族外，此时首饰出现了另一大买主——世俗地主与士大夫阶级。考古发现的豪绅豪族、家资雄厚无品阶者的墓葬如江西彭泽县易氏夫人墓、浙江兰溪县北宋石室墓、洛阳宋代壁画女性墓均出土有不少金银首饰。首饰是可以市场交易的商品，因此民间也有许多首饰工坊，如易氏夫人墓出土的梅花双狮纹银梳上就刻有"周小四记""江州打作"的工坊款识（图2-55）。新的首饰消费群体的出现与宋代社会重文重商、广开科举的国策相关。在此背景下，通过科举制度，宋代社会逐渐形成了

图 2-55 宋代梅花双狮纹银梳（江西省博物馆）

大批由野而朝、由农而仕的士大夫。士大夫既从政，也从商，宋代商人的社会地位得到前所未有的提高（郭学信，2008）。宋代拥有发达的庶族地主经济，富商大贾世风豪奢，物求新巧，出现了许多新首饰式样。其中以簪、钗的发展最为突出，有花头式（图 2-56）、花筒式（图 2-57、图 2-58）、二连及三连式（图 2-59、图 2-60）、挖耳式（图 2-61）、桥梁式（图 2-62、图 2-63）等。一件簪、钗上常混用两种式样，造型繁杂立体，也有用蓝白色琉璃制成的琉璃簪（图 2-64）。更重要的是，世俗地主与士大夫不仅是从政也从商的精英阶层，更是社会文化、艺术风尚发展的引领者。与贵族不同，他们出身于田间牧歌式的环境，使其更热衷于享受自然景致和世俗生活之美，进而也促使这一阶段中首饰主流造型纹饰题材的变迁。除了传统的龙凤外，花卉、瓜果、鸟虫、人物楼阁、仙佛等均是此时流行的首饰题材，具有浓郁的世俗生活气息。

图 2-56 宋代花头式金银簪（江西省博物馆）

图 2-57 宋代花筒式团龙纹金簪
（遗产君供图）

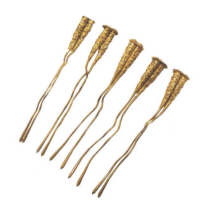

图 2-58 宋代花筒式花叶纹金钗
（扬之水，2010）

图 2-59 宋代二连式楼阁花头鎏金银簪
（浙江省博物馆）

图 2-60 宋代三连式花果形金簪
（扬之水，2010）

图 2-61 宋代挖耳式莲花纹鎏金银簪（李芽等，2020）

图2-62 宋代桥梁式人物楼阁纹鎏金银簪（宁国市博物馆藏）

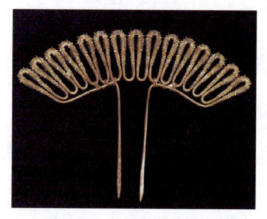

图2-63 宋代桥梁式金竹叶纹钗
（浙江省博物馆）

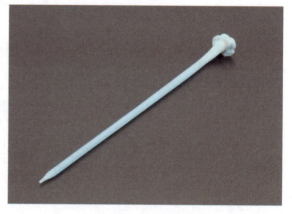

图2-64 宋代琉璃簪
（淄博市陶瓷琉璃博物馆）

图2-65 宋代鸾凤穿花纹金帔坠
（南京市博物总馆）

帔坠寄托了人们对美好生活的祈愿（图2-65、图2-66）。宋代的帔坠有水滴形与圆形两种，如图2-67所示，帔坠是垂于宋代女性所穿霞帔底端作压脚的饰品。根据《梦粱录》记载："且论聘礼，富贵之家当备三金送之，则金钏、金铤、金帔坠者是也。若铺席宅舍，或无金器，以银镀代之"（吴自牧，2005）。帔坠与钏（臂腕饰镯）、铤（戒指）可合称为三金，是宋代婚嫁习俗中配备的首饰。如图2-65中的水滴形帔坠，其上部饰一朵菊花，左边为山茶花，右边及下端均为牡丹，花叶中有一对舞俯仰顾盼的一鸾一凤，顶端设有花结，寓意鸾凤和鸣、前程富贵、永结同心。它与圆形帔坠上寓意百年好合的鸳鸯双鱼、一池荷叶纹饰,取缠绵之意味造型的金缠钏(图2-68)、金缠锭(图2-69)相同,均承载着宋人对甜美爱情、百年好合的向往。

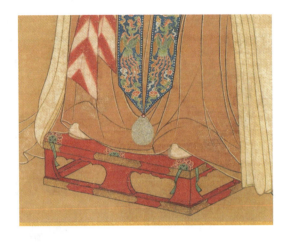

图2-66 宋代圆形双鱼荷叶莲花纹金帔坠(扬之水,2010)

图2-67 宋代昭宪太后像局部及霞帔下帔坠(台北故宫博物院)

图2-68 宋代金缠钏(浙江省博物馆)　　图2-69 宋代金缠锭(浙江省博物馆)

三金在元代依旧兴盛,以其为代表,元代首饰吸收继承了宋代首饰文化的精髓。元代金银首饰中常用的装饰题材如瓜瓞、石榴、荔枝、莲花、菊花、蜜蜂、蝴蝶、孔雀、鸳鸯等均能在宋代首饰或绘画艺术中见到。例如这件灵芝瑞兔纹金牌环耳饰(图2-70),牌环上兔子、林芝的纹饰是元代常见的吉祥题材,其灵感来源于北宋崔白绘制的《双喜图》(图2-71),二者均为对角线构图,兔子造型均作驻足回首姿态,牌环设计在绘图基础上略有改动,将秋树、喜鹊更换为灵芝。与之相仿的还有元代桃枝黄鸟图金耳环(图2-72)、玩月图金银簪(图2-73),二者均是元代首饰取意于宋代绘画艺术的实证(湖南省博物馆,2009)。宋元首饰发展基本一脉相承,但亦有蒙古族政权下演进出的新特色。例如耳饰牌环,它之所以得此一名,是因其状如长方形牌子的式样。该式样来源于蒙古族贵族女子的掩耳式耳环(图2-74),牌环是在其基础上发展出来的一种形态(扬之水,2010),掩耳式耳环与牌环均是极具元代特色的首饰。由此可见,元代首饰多是对宋代首饰文化的承袭,但独特的游牧民族首饰文化并未消失,以上述的耳饰牌环为代表,二者的交融也是首饰发展史上的一抹亮色。

图2-70 元代耳饰灵芝瑞兔纹金牌环耳饰(扬之水,2010)　　图2-71 北宋《双喜图》(局部,台北故宫博物院)　　图2-72 元代桃枝黄鸟图金耳环(扬之水,2010)

图2-73 元代玩月图金银簪(湖南省博物馆,2009)　　图2-74 元代皇后像及掩耳式耳环(台北故宫博物院)

明代首饰式样丰富、制作精良,明代是中国古代首饰史上的又一大发展时期。鬏髻、分心、挑心、顶簪、掩鬓、围发、耳坠、坠领、纽扣、网巾圈等均是明人对大大小小、形制功能各异的首饰的称呼。其中,鬏髻(图2-75)是明代已婚女性着正装时佩戴于发髻上面的发罩,起初由头发编成,明中期后多用金银丝制作。由于鬏髻的出现,明代冠饰遂以"一副头面"为单位(图2-76),形成了比较固定的组合关系。簪钗在明代有着不同以往的称谓,具体称谓由簪钗在鬏髻上不同的插戴位置及使用方法决定。例如被称作挑心(图2-77)的簪就源于它以自下而上,用挑着的方式簪戴于鬏髻的正中心的使用方式(图2-78)。满冠(图2-79)即以它的插戴能使罩发之冠上"插无虚席"而得名,它插戴于鬏髻背面,与挑心相对(图2-80)。与它造型相似的还有称为分心的簪钗(图2-81、图2-82),其多插戴于鬏髻正面,亦有插于背面的情况①。此外,鬏髻上还有插戴于两侧的掩鬓(图2-83)、贴着鬏髻口沿的金钿(图2-84)、点缀鬏髻的啄针(图2-85),足叹繁缛奢华(图2-86)。

图2-75　明代金丝鬏髻　　　　　　　图2-76　明代头面
　　（中国国家博物馆）　　　　　　　　（浙江省博物馆）

图2-77　明代王母驾鸾嵌宝金挑心　　图2-78　明代鬏髻正视图及金佛像挑心
　　（江西省博物馆）　　　　　　　与花形金钿（常州市武进区博物馆）

---

①目前关于满冠与分心在鬏髻的正面或背面的插戴位置,孰前孰后及其称谓问题仍有待商榷,参看《明代的束发冠、鬏髻与头面》(孙机,2001)和《奢华之色:宋元明金银器研究卷2》(扬之水,2010)。此处暂引用学者扬之水的观点。

图 2-79 明代莲池鸳鸯纹金满冠
（观复博物馆）

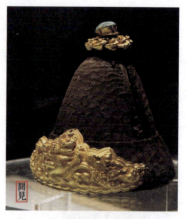
图 2-80 明代鬏髻背面及海水云龙纹金满冠
（Celey Ylang 供图）

图 2-81 明代楼阁人物花丝金分心（溪畔鹤迹供图）

图 2-82 明代花丝镶宝石青玉镂空双鸾鸟
牡丹金分心（动脉影供图）

图 2-83 明代云纹镶宝石鎏金掩鬓
（江西省博物馆）

图 2-84　明代群仙庆寿镶玉嵌宝金钿
（江西省博物馆）

图 2-85　明代鬏髻及顶部昆虫螽斯金啄针
（上海博物馆）

图 2-86　明代吴氏先祖容像及佩戴的头面（浙江省博物馆）

　　明代的男子亦爱美，男性的首饰文化也十分发达，贵族男子的大帽上便装饰有镶嵌珍贵宝石的帽顶（图 2-87）。大帽也称笠，原是一种可以遮阳、防雨适于在野外活动时佩戴的帽子。明以前，蒙古人惯于原野活动，其贵族将本以实用性为主的帽笠打造成一种象征身份的冠饰，以珠光宝气的帽顶彰显尊贵的地位（图 2-88）。自明代建立后，明代贵族以汉、唐制度衣钵继承者自期，力改蒙元遗俗，禁止辫发、胡服、胡语，但让明代贵胄乐此不疲追求的帽顶却多从元式帽顶发展而来。明代的帽分为大帽、小帽两种，根据《明会典》的记载，普通平民佩戴的小帽不得用顶，可以使用水晶和香木制成的帽珠进行装饰，为官者佩戴的大帽则可用帽顶装饰，依照官阶各有取材（陆锡兴，2012）。出自湖北梁庄王墓的帽顶（图 2-89、图 2-90），便以金、玉、宝石为材，显其佩戴者身份的尊贵。今观，自称胡风一洗殆尽的明代，这熠熠生辉的帽顶就是蒙元文化在明代被保留下来的实证，由此可见琳琅璀璨的中国首饰文化是多民族共同缔造的结晶。

　　明代首饰均繁复至极，给人无比华丽的审美体验，一方面是由于佩戴使用方式上的复杂性，另一方面更与明代首饰采用花丝制作工艺，多镶嵌有大颗粒、色泽娇艳的彩宝的外形特

图 2-87　明代宪宗调禽图局部及宪宗头戴大帽上所饰帽顶（中国国家博物馆）　　图 2-88　元代元武宗帝王像及大帽上所饰帽顶（台北故宫博物院）

图 2-89　明代嵌宝金帽顶（湖北省博物馆）　　图 2-90　明代镶玉嵌宝金帽顶（湖北省博物馆）

点相关。花丝工艺又称累丝工艺、细金工艺，是将金、银通抽成细丝，再以堆、垒、编、织、掐、填、攒、焊等技法制成。花丝工艺极为复杂，可给人繁复错落、精致华丽的视觉感受。明代郑和七下西洋到过至今仍是全球盛产优质彩色宝石的越南、泰国、斯里兰卡等地区。曾与郑和同下西洋的马欢，在其所著的《瀛涯胜览》中就提到了当时所见的彩宝贸易活动："此处各番宝货皆有，更有青红黄雅姑石，红刺、祖把碧、祖母刺、猫睛……"（林梅村，2014）。大量彩宝由此流入中国，成就了明代首饰的绚烂多姿。

至清代，首饰仍运用大量彩色宝石，更能见到由西方国家输入的与现代珠宝首饰造型、工艺、风格相仿之物，例如采用白金制作的戒指（图 2-91）、采用刻面切割的钻石、红宝石或祖母绿镶嵌的耳环、戒指（图 2-92、图 2-93、图 2-94）。

图 2-91　清代蓝宝石镶嵌白金戒指
（故宫博物院）

图 2-92　清代钻石红宝石镶嵌铜镀金耳环
（故宫博物院）

图 2-93　清代钻石祖母绿镶嵌戒指
（故宫博物院）

图 2-94　清代钻石镶嵌白金戒指
（故宫博物院）

清代首饰最显著的特色是点翠工艺的大量运用。点翠是在金、银、铜或鎏金的金属质底板表面装饰翠羽的一种传统工艺（汪晓玥等，2012）。由于翠鸟羽毛的特殊构造，根据采自部位的不同，处于不同光线下的翠羽可呈现出浅蓝、蓝绿、湖蓝、藏蓝等不同程度的蓝色，鲜亮无比，故古人将其剪贴在金属上以此为装饰。用作点翠的羽毛需取自鲜活的翠鸟，其脊背部位的翠羽，称软翠或绒翠。软翠较之翅膀部位的硬翠，不仅细软，色泽亦更胜一筹。点翠一词最早见于明代文献，明代首饰上的点翠工艺已十分精湛，它在清代首饰中的大量运用亦是清代首

图 2-95　清代点翠嵌珠宝五凤钿（故宫博物院）

饰对明代首饰文化承袭的重要表现特征。实际上,我国以翠羽为饰的传统由来已久,《韩非子·外储说》载,楚人为其宝珠专制木匣盛装,木匣表面即是"缀以珠玉,饰以玫瑰,辑以羽翠"(韩非子,2017)。可见这种工艺最晚在战国时期就已出现并有了较成熟的运用。至清代点翠工艺在首饰上的使用达到了顶峰(图2-95~图2-97),其不仅出现在各色冠饰上,也出现在具有满族一耳三钳特色的耳饰形制中。钳意为耳饰,在孝圣宪皇后朝服像中能看到满清贵族在一只耳朵上佩戴三支耳饰,此即为一耳三钳(图2-98~图2-101)。图2-98中一只耳饰下分三坠的式样是受到清代汉族女性一只耳朵上仅佩戴一只耳饰的影响,它为晚清时期一耳三钳形式的简化变体,是清中后期满汉文化融合于首饰上的呈现。它上面点翠的蓝与珊瑚的红、珍珠的光泽交相辉映,虽美但以活物取毛为饰亦是残忍。因此现在已可用鹅毛、丝带、珐琅等多种材质替代用翠鸟羽毛制作点翠首饰,点翠工艺以更为人道合理的方式得到了传承。

图2-96　清代点翠嵌翡翠宝石钿子
（故宫博物院）

图2-97　清代点翠菊花纹头花
（故宫博物院）

图2-98　清代点翠嵌珠一耳三钳式耳坠
（故宫博物院）

图2-99　清代点翠嵌珠梅蝶竹叶纹银镀金耳环
（故宫博物院）

图 2-100　清代孝圣宪皇后朝服像及其耳饰局部图(故宫博物院)

图 2-101　清代一耳三钳耳饰(故宫博物院)

除了现已成为非物质文化遗产的清代点翠工艺外,与中国近现代首饰文化有着紧密关系的还有另一抹翠色——翡翠。在长达八千多年的中国玉文化史中,和田玉(软玉)文化长期占据主导地位。从清代中晚期开始,翡翠(硬玉)后来居上,占据了玉首饰的半壁江山。中国本土翡翠资源稀缺,主要依赖从缅甸进口,缅甸特产翡翠且最是质优。在清初,古代中缅贸易的鼎盛时期,便有大量翡翠进入中国市场,最迟至清代中期,翡翠在中国市场上已较为常见(图 2-102)。此时在民间,翡翠并没有流行,翡翠的真正流行与慈禧相关。慈禧对翡翠的钟情有加带动了民间对翡翠的追捧,清宫造办处按其旨意制作了大量的翡翠首饰,载:"谨将遵照画样恭制首饰教缮清单恭呈慈(即慈禧)览:绿玉扁簪四对……绿玉溜六对,绿玉戒指六对……"(丘志力等,2007),在故宫博物院中亦可见到大量的翡翠簪(图 2-103)、翡翠扳指(图 2-104)、翡翠手镯(图 2-105)、翡翠耳坠(图 2-106)、翡翠手串(图 2-107)、翡翠朝珠(图 2-108)等。可见,与早期玉首饰由上至下的传播形式不同,翡翠首饰文化的发展顺序是从民间走向宫廷,再从宫廷走向民间,民间商品经济的发展是组成翡翠首饰文化的重要一环。

图 2-102　清代翡翠把手花叶环花篮步摇（中国国家博物馆）

图 2-103　清代翡翠扁方（扁簪，故宫博物院）

图 2-104　清代翡翠扳指（故宫博物院）　　图 2-105　清代翡翠手镯（中国国家博物馆）

图 2-106 清代翡翠碧玺珍珠耳坠
（故宫博物院）

图 2-107 清代翡翠碧玺嵌宝手串
（故宫博物院）

图 2-108 清代翡翠碧玺朝珠（南京博物院）

综上，中国首饰发展史上第三次转折发展期始于宋代，至明清时期这种由商品经济发展带来的首饰使用消费群体扩大、首饰造型纹饰主流题材变迁、首饰设计制作用材的丰富化达到了中国古代社会的顶峰，并在此基础上呈现出明花丝、清点翠的首饰工艺及风格特征。同时，有学者认为，基于大量西方彩色宝石的运用，明清时期也应是首饰发展史上的一次重大转折期。但彼时针对彩宝的处理方式，依然以打磨自然原形为主，并没有出现同时期西方首饰中常见的刻面宝石，或西方首饰制造中广泛运用的金（如18K金），这种类似于近现代中西方首饰文化的交融并未在明清时期形成独立自主的体系。

中国首饰随着中华文明的诞生而诞生，随着社会发展而不断演进，同政治、经济、文化、社会风俗等因素密切相关。将古论今，要以多方位综合性的视野，深入探讨中国首饰文化的起源与发展问题。反思在新时代如何实现中国首饰文化的传承和创新，以人为本，以优秀文化为内涵，以传统工艺和现代先进技术为支撑，谋求中国首饰文化的新发展。

第五节
新石器时代首饰发展特征分析

新石器时代是中国首饰发展史上重要的一章。新石器首饰文化整体可按照南、北一分为二,进一步按照地缘关系又主要可分为八大板块:以兴隆洼文化、红山文化为代表的东北板块;以凌家滩文化为代表的现今巢湖流域的江淮板块;以良渚文化为代表的现今环太湖区域的华东板块;以龙山文化、大汶口文化为代表的现今鲁中南丘陵及鲁南平原的海岱板块;以石家河文化、大溪文化为代表的现今长江中上游区域的川鄂板块;以陶寺文化为代表的现今山西地区的晋陕板块;以齐家文化为代表的现今甘肃走廊地区的甘青宁板块;以卑南文化为代表的华南板块。它们按自身规律发展又互相碰撞、渗透、并存,最终熔铸为统一的中国首饰文化。

在距今八千多年的内蒙古兴隆洼文化中,出现了目前已知我国最古老的耳饰——玉玦(图2-109)。根据多数玉玦位于主人头骨两侧的出土位置,考古学研究者判断兴隆洼文化玉玦的功能就是耳饰。由图2-110可见,不同的玉玦个体有厚薄之分,孔径尺寸有大小之别,较薄者呈环状,较厚者呈管状,但均属于带缺口的圆环状。所以早在汉代,班固就将玉玦外形特征概述为"玦,环之不周也"。

图2-109　内蒙古兴隆洼文土的耳饰玉玦(陆建芳等,2014c)

较现代耳饰,玉玦没有耳针或耳背等佩戴结构(图2-111),因而原始先民佩戴玉玦的方式必将与现代人有异。玉玦的佩戴首先需要刺穿耳部,再经过扩孔,直至能将玦口从足够大的耳孔中穿过,才能将玉玦贯穿于耳垂上,玦口朝下并长期佩戴。在海南黎族老人身上,我们仍可以看到这种佩戴方式(图2-112)。同时,玉玦仅在极少数墓葬中出现,所以研究者认为佩戴玉玦是原始部落首领或巫师的装饰特权,目的是证明自己拥有与神灵沟通的法力(杨伯达,2016)。因此在史前时代,首饰体现的是地位象征以及宗教内涵。首饰从诞生起就不

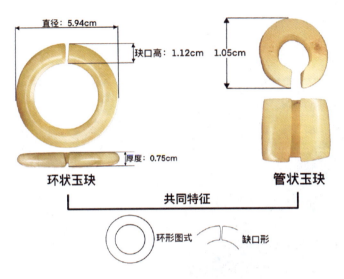

图 2-110　环状玉玦与管状玉玦的共同点

仅仅是一个物质符号，而是有着特定的文化内涵。研究首饰发展的历史就是透过首饰这一物质载体，探究其背后承载的文化发展历程。不同文化区域发育的首饰特征不同，发育于钱塘江和太湖流域的良渚文化是古代中国南方文化的一个代表。

图 2-111　现代耳饰的佩戴结构

良渚文化的出土玉器中有四件臂腕饰（图 2-113）。虽定名还存在一些争论，但研究者根据一同出土的玉琮①，二者在外观构造上的诸多相似，并结合出土时在主人手腕上的佩戴位置（图 2-114），暂将其称为琮形镯。

---

① 玉琮是良渚文化的典型器物类型，内圆外方，有学者认为其造型表达着古人的天地宇宙观（方向明，2019）。

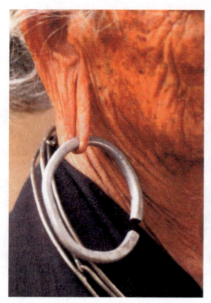
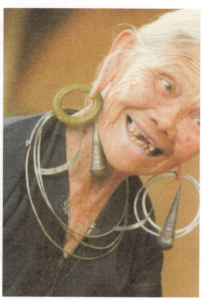

图 2-112　海南黎族老人日常佩戴的耳饰及其还原的佩戴玉玦样式（杨虎等，2007）

图 2-113　良渚文化出土的臂腕饰（从左到右依次为92号、93号、96号、97号）（方向明，2019）

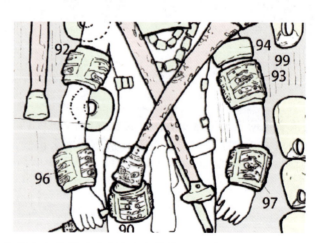

图 2-114　琮形镯出土位置示意图（陆建芳等，2014d）

以 96 号琮形镯为例(图 2-115),其四面均刻有细密流畅的纹样,此种纹样工艺被称为游丝毛雕,具有神秘且庄重的美感。由图 2-116 可见,琮形镯的具体纹样排布以转角为中轴线向两侧展开,呈对称状。纹样有四节,从内容来看,第一节刻画的是良渚神人的形象,第二节刻画的是良渚神兽的形象。第三、第四节纹样与第一、第二节相同。在纹样形象解读时,神人在上、神兽在下,展现为一幅神人骑神兽的画面。由图 2-117 可见,神人骑神兽纹样是良渚部落文化的神徽,它并非仅在琮形镯上出现,而是广泛地存在于整个良渚文化的器物中,例如玉琮。对比良渚文化玉琮上完整的神徽符号可发现,琮形镯上所刻的纹样已经根据镯形大小作出简化(图 2-118)。琮形镯上的神人保留了两个可视为眼角的三角形纹样和呈卷弧状的阔嘴,将玉琮上神人的羽冠简化为了三组纹样,其中上下两组为弦纹,弦纹间又饰有细密的重圈纹。神兽一节,基本保留了玉琮神兽头部的特质,刻有一副圆睁的大眼,重圈纹随着兽面造型排列,简化省略了神兽的身体。玉琮以及琮形镯上神徽的原型据推测来源于良渚祖先形象,展现的是其祖先拥有超凡的神力。因此,佩戴刻有部落神徽纹样的琮形镯除可彰显地位,还具备护身符的意味。

图 2-115　良渚文化反山遗址 M12:96 号琮形镯及游丝毛雕示意图(李芽等,2020)

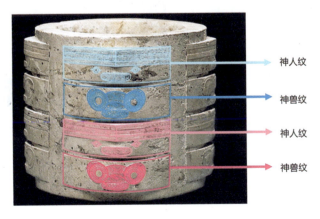

图 2-116　琮形镯纹饰解读示意图

图 2-117　玉琮上完整的神人骑神兽纹样（金沙遗址博物馆）

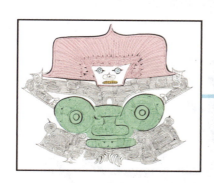

图 2-118　神徽纹饰对比图

新石器时代，我国的首饰种类已经十分齐全，除了上面讲到的项饰、耳饰、臂腕饰之外，还出土了良渚文化冠饰玉梳背（图 2-119）、足串饰（图 2-120）、腰饰玉带钩（图 2-121）等。此外，新石器时代后期龙山文化的冠饰亦是惊艳。

如山东临朐朱封出土的龙山文化玉簪，也称为玉笄（图 2-122）。玉笄的笄首部分是一块玉石，上有镂空纹样，左右对称。通过图像分析，可以发现笄首部分所呈现的造型实为一个神灵形象（方向明等，2014）。由图 2-123 可见，由上至下，笄首

图 2-119　出土的良渚文化冠饰玉梳背
（良渚博物院）

部分呈亭顶状的两层代表着神人的冠饰，中部两个螺旋形态的纹样代表双目，双目间为鼻，下部为口，外侧为翼，两侧各镶嵌一绿松石代表珥，整体呈现的是一个具有鲜明龙山文化特色、头戴皇冠的神灵形象。这件玉笄的神灵造型与良渚文化琮形镯上族徽意义相仿，均表现出原始先民崇拜祖先、渴望获得神灵护佑的观念。

图 2-120　良渚文化出土的足串饰
（李芽等，2020）

图 2-121　良渚文化出土的腰饰玉带钩
（良渚博物院）

图 2-122　龙山文化玉簪（玉笄；Yang,1999）

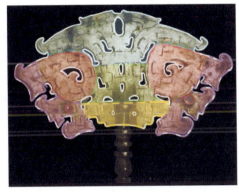

图 2-123　笄首雕刻的神灵形象拆解图

同时，与龙山文化神徽相仿的图符也出现在长江中游江汉平原地区的石家河文化中，在山西陶寺文化遗址中也有发现。从陶寺文化出土的代表军政大权的大量玉钺来看，此时器物的神性弱化，但它内含的统治权威、身份尊卑、财富多寡等世俗的社会观念开始体现。可见，至新石器时代晚期，我国已经形成了以黄河、长江流域及周围地区文化为中心，集多个文化体系于一体的文化分布格局，最初的华夏文明共同体为三代文明的形成奠定了基石。

第三章

西方首饰发展史

本章所阐述的西方首饰历史,时间上涵盖史前、古代、近代——从旧石器时代横跨至19世纪末。鉴于时间线之长,个中细节不能一一尽述,故而仅选取一部分相对重要的首饰发展时期进行介绍。在空间上以欧洲为主,此外会辐射到对欧洲首饰发展影响较大的近东区域(包括地中海东部沿岸地区、非洲东北部地区等)。

第一节是对西方首饰发展历史的概述,旨在让首饰相关学科的初学者对西方各个时期首饰的风格特色、制作工艺等有一个初步的印象。第二节、第三节则分别从物质、精神的角度分析西方首饰的发展特征。本章不单纯就首饰论首饰,而是结合相关历史背景(包括社会史、艺术史、经济史等),解析首饰背后所蕴藏的社会风尚与意识形态,希望能够引起读者研究首饰发展历史的兴趣。

第一节

西方首饰发展历史概述

一、旧石器时代至古罗马时代

1. 原始首饰

追溯首饰的起源,人类早在能够雕刻石料和铸造金属时或在此之前,就已经有装饰自己身体的行为了(克莱尔·菲利浦斯,2021)。在西方首饰发展史中,目前现存已知最早的首饰,是距今13万年前的一组鹰爪(图3-1)。堪萨斯大学人类学教授 David Frayer 通过这些骨头上的切磨痕迹,鉴定它们为尼安德特人的首饰。事实上,人类开始佩戴装饰物的时间可能远比我们想象的要早得多。石器时代中期和晚期的一些其他考古发现都表明:许多有机材料长时间被用于装饰身体,比如植物种子、动物皮毛等。只不过这些有机物会随着时间风化、腐烂,很难留存下来。目前我们所见到的原始首饰,大多是在人类探索出对坚硬材料(骨头、石头等)的加工技术后,由经过简单雕刻和处理的珠子、管状物等串制而成的朴素样式(图3-2)。

图 3-1　尼安德特人鹰爪首饰　　　图 3-2　旧石器时代穿孔鹿角珠

2. 苏美尔首饰

金属加工技术出现后，首饰的发展迎来了重大的突破。人类较早可以成熟使用黄金的实例出现于美索不达米亚平原的苏美尔地区——从乌尔城的皇家陵墓中出土的一大批首饰，反映出四千多年前，苏美尔人就已经掌握了非常高超的金属加工工艺。

其中最知名的是普阿比王后的陪葬首饰。从首饰复原图可见（图 3-3），她头部佩戴的花环繁复精美：将黄金加工成薄薄的金片后切割成树叶、花朵的造型，再雕刻上细致的纹路，搭配蓝色青金石、红色玉髓、白色铅质玻璃，层次丰富，具有自然气息。王后耳畔是一对硕大的新月形耳环，耳环外侧还有用来束发的黄金发带，它们都是用薄金片制成的。王后的戒指则是用拧成螺旋形状的黄金花丝盘绕而成（图 3-4），还有使用金丝掐出镂空图案，再向内嵌入青金石的做法（图 3-5）。

除了耀眼、造型多变的黄金，苏美尔首饰的魅力还在于镶嵌色彩艳丽的宝石。青金石与红玉髓交替出现在不同形状的珠串上，冷色与暖色相互碰撞，形成强烈的视觉冲击，其间有规律地点缀一些金珠子，增强了首饰的节奏感。

苏美尔首饰在工艺成就和美学价值方面都卓尔不群，并且对其他许多文明的首饰文化都产生了重要且深远的影响。

图 3-3　普阿比王后首饰复原图
（宾夕法尼亚博物馆）

图3-4 螺旋花丝戒指
（宾夕法尼亚博物馆）

图3-5 青金石掐丝戒指
（宾夕法尼亚博物馆）

3. 古埃及首饰

作为最早步入人类文明的古国之一，古埃及也孕育了极其灿烂的首饰文化。对古埃及人来说，首饰具有十分重要的意义，其社会的各个阶层，上至法老，下到平民，几乎人人都佩戴首饰（张颖，2008；图3-6）。古埃及首饰的品类非常丰富，有头饰、耳环、项饰、手镯、指环、腰带等。这些首饰大多风格明显、体量夸张、工艺复杂、颜色丰富，佩戴在身上可以为当时古埃及人普遍穿着的白色亚麻布简约服装增加色彩。

最经典的古埃及首饰当属"韦塞赫"（wesekh）项圈（图3-7），这种项链十分宽大，覆盖在佩戴者的肩部、胸部，仿佛一条彩色的披肩。"韦塞赫"项圈由多层不同大小和颜色的圆柱形珠子垂直排列、串连制成（克莱尔·菲利浦斯，2021），两端收束于鹰头、莲花等造型，体现了古埃及艺术富有秩序的形式美感。

图3-6 反映古埃及人着装的壁画
（大都会艺术博物馆）

图3-7 "韦塞赫"宽项圈
（大都会艺术博物馆）

还有一种重要的项链形式是"胸饰"（pectoral ornaments），其佩戴方式是通过珠链悬挂在胸前。与普通吊坠不同的是，胸饰更像是一块绘有许多象征性图案的镂空画板，只不过底板是雕刻了精细花纹的黄金,所用的"颜料"是各色的宝石或釉彩。一件来自中王国时期的胸饰(图3-8)就构建了一幅寓意美好的生动画面。它的主体由纯金透雕而成,黄金细丝掐制的网格中镶嵌了红玉髓、青金石、绿松石;中间部分象征复活与诞生的圣甲虫高举着国王宝座,永恒之神跪于下方,手举两片寓意"一百万年"的棕榈叶;首饰两侧各有一只代表天空之神的鹰,其上顶立着缠绕在太阳之上的眼镜蛇,眼镜蛇身上挂着表示生命的象形符号。这是项链也是护身符,代表着法老的王权神圣而不受侵犯,同时也有保护法老一世平安的愿望(张新怡,2019)。

图3-8 Senwosret Ⅱ胸饰(大都会艺术博物馆)

(大都会原标题:Pectoral and Necklace of Sithathoryunet with the Name of Senwosret Ⅱ)

壁画、雕塑上常见到古埃及人在手腕或手臂上佩戴多个手镯。早期的手镯(图3-9)与"韦塞赫"项圈的构成方式类似——由多组宝石或玻璃珠串组成,中间夹杂着黄金垫片以分割不同的色块。后期则出现了带有铰链的纯金手镯(图3-10),会在手镯外圈使用镶嵌工艺进行装饰。

图3-9 Sithathoryunet宽手镯　　　图3-10 Thutmose Ⅲ妻子的铰链手镯
　　(大都会艺术博物馆)　　　　　　　　(大都会艺术博物馆)

古埃及的戒指(图3-11)也很有特点。公元前3000年左右,印章由苏美尔地区传入埃及,后为了便于携带印章,能套在手指上的印章戒指便应运而生(丁洁雯,2016)。它通常一侧以圣甲虫为造型,一侧用象形文字刻画出佩戴者的名字或专属记号。这样的印章可用来密封信件及物品,同时也是佩戴者身份地位的象征。

图3-11 圣甲虫印章戒指(大都会艺术博物馆)

4. 古希腊首饰

古希腊的首饰历史,应追溯至克里特文明时期。大约在公元前2500年,米诺斯人在爱琴海地区的克里特岛创造了灿烂的文化。克里特文明早期遗存的首饰(图3-12)主要包括带状皇冠、花朵样式的发簪等(Hickman,2008),造型简朴,做工稚嫩,大多用黄金薄片制成,表面使用錾刻技法(repousse,直译为凸纹饰工艺)制作许多点状花纹,用以装饰首饰边缘,或形成特定的图案。公元前1700年左右制作的蜜蜂吊坠(图3-13)是为数不多的中期发掘品,也是克里特首饰杰出的代表。与早期相比,这件首饰的加工水平有了极大的提升,而且造型更具立体感,描绘的场景也更加生动。镜像排列的两只蜜蜂头尾相交,共同环抱着一颗花粉球,嘴中衔了一滴花蜜,展现出群居性昆虫常见的交哺行为,最上方的球状"笼子"则可能是蜜蜂触角颤动影像的静态化表达(Kitchell,1981)。创作者利用金珠粒和抛光技术营造出繁简有度的节奏,对蜜蜂适当的变形令画面更加和谐,反映了克里特人热爱大自然却不拘泥于写实,创作意识始终伴随着自身的审美境界(张夫也,2015)。

图3-12 克里特早期首饰　　图3-13 蜜蜂吊坠
　(大都会艺术博物馆)　　(伊拉克利翁考古博物馆)

作为克里特文明的后继者，迈锡尼文明在公元前1450年左右征服了克里特岛。但克里特文明并没有完全覆灭：一些牛头造型的首饰就反映了来自克里特时期的公牛崇拜，金珠粒、金银细丝等金属加工工艺也被迈锡尼人很好地继承了。这一时期出土了许多黄金制品，迈锡尼人借助模具批量化地制作各种形状的串珠：螺旋形、花朵形（图3-14）、甲虫形状等。这些珠子是先通过模具将金片冲压出基本造型，之后将两片对称的金片焊接组装成空心的外壳，再用沙子进行充填形成的。公元前1100

图3-14　黄金花朵项链
（希腊雅典贝纳基博物馆）

年左右，迈锡尼文明衰落，希腊世界就此进入"黑暗时期"，许多文明成果不复存在，也很少再见到制作优良的首饰。

公元前8世纪左右，古希腊文明重新崛起。当初跟随流民散播到地中海周边各国的首饰工艺又重新传入希腊，同时带来了一些其他文明的特色元素，比如来自埃及的斯芬克斯像等。总的来说，在古典时期之前，首饰产量较少。可能是因为希腊地区黄金匮乏——首饰工匠会以金箔包青铜，以减少黄金用量。而希波战争后，希腊的黄金储量逐渐增多，进而产出了许多优质的首饰。自然风格的首饰非常流行，比如由黄金薄片制成的植物茎叶造型的花环（图3-15），还有由橡果、人物头像、玫瑰花结等组成的复杂项链（图3-16）。神话元素在古典时期后期也比较常见，受古埃及宗教的影响，古希腊的神话体系为多神崇拜，所以在首饰上可以看到爱神、酒神等多个神祇。

图3-15　橡树叶花环
（希腊雅典贝纳基博物馆）

图3-16　橡果、人物头像与玫瑰花结项链
（大英博物馆）

公元前336年，亚历山大大帝横跨亚非欧建立了短暂却辉煌的亚历山大帝国。他去世后，希腊化时期开始，鉴于由菲利普二世发起的色雷斯金矿开采活动和亚历山大对东方的征服带来了大量的黄金和彩色宝石，首饰发展迎来新的繁荣。受到埃及、波斯等文明的影响，

希腊首饰出现了新的图案、新的形式。比如方结又称赫拉克勒斯结(图3-17),是一种来自埃及的护身符造型,在希腊化时期经常作为首饰装饰物出现,一直流行到罗马时代,而带有兽首或人头像的圈形耳环原属于波斯风格,新月图案则来自西亚。这一时期的首饰还发生了令人印象深刻的变化,就是彩色宝石或者玻璃的使用,改变了古希腊首饰的装饰体系。

图3-17 方结金臂章(大都会艺术博物馆)

5. 伊特鲁里亚首饰

公元前9世纪,发源于意大利北部的伊特鲁里亚文明,创造了前所未有的精细的珠宝首饰。伊特鲁里亚人以精湛绝伦的造粒工艺在黄金表面排列出细腻的纹理,而这些黄金珠粒的直径有时可以微小至0.14mm,这种工艺精度在现代也难以复制。在运用造粒工艺的同时,伊特鲁里亚人也并用金银细丝工艺和簪花工艺使首饰达到更精美的装饰效果。

大型的扣针和钩扣,宽大的手镯、戒指、耳饰,都是伊特鲁里亚时期流行的形制。项链有两种样式:一种是由簪花工艺打造的黄金坠子组成的流苏项链;一种是镶嵌着片状红玉髓或玛瑙的项链。耳饰也有两种风格:一种正面是纹路华丽的圆盘状耳钉(图3-18);一种是箱式耳坠(图3-19)——呈圆形凸透镜状,里面可以放置香料或小饰品。箱式耳坠广受推崇,罗马人在公元前3世纪击败了伊特鲁里亚人之后也沿用了这种耳环样式(克莱尔·菲利浦斯,2021)。

图3-18 圆盘金耳钉(大英博物馆)　　图3-19 箱式耳坠(大都会艺术博物馆)

6. 古罗马首饰

古罗马文明自公元前9世纪初在意大利半岛兴起,历经王政、共和与帝国时代。

罗马历史早期(公元前7世纪至1世纪)的首饰案例非常稀少,这大概是因为当时黄金非常稀缺,为数不多的黄金资源主要被用于贸易和战争。

罗马人征服希腊后,情况发生了巨大变化。罗马出现了大量的首饰,其中大部分都延续了希腊化时期的风格(图3-20)。在帝国时代,罗马首饰逐渐发展出自己的特色,比如经典的金币首饰,金币上往往雕刻有罗马勇士或统治者的头像(图3-21)。

图3-20 花形石榴石耳环
(大英博物馆)

图3-21 金币吊坠项链
(大都会艺术博物馆)

帝国时代早期的首饰基本都使用黄金制作,到了后期,制作重心开始转移到宝石上,大量高硬度宝石被使用,如蓝宝石、祖母绿、石榴石、钻石等。宝石雕刻也非常流行,罗马帝国时代留下了大量经典的宝石浮雕(又称卡梅奥)作品(图3-22)。工匠们使用条纹玛瑙分层雕刻,制作出层次分明、富有视觉冲击力的传世作品。在文艺复兴时期,许多罗马时代的宝石浮雕作品被私人收藏,或是被重新镶嵌制作成新的首饰(图3-23)。

图3-22 《法国的伟大浮雕》
(法国国家图书馆)(卡梅奥)

图3-23 《奥古斯都的肖像》
(法国国家图书馆)(卡梅奥)

其他方面的创新包括金属回纹饰,这是一种在这个时期末期流行起来的黄金加工工艺,其纹路图案是用錾子在黄金薄片上雕刻出来的,这种看起来像蕾丝的纹路更能凸显黄金的质感(史永等,2018)。还有乌银工艺的发明,这是一种利用黑色的金属硫化物作为装饰的技术,可以让首饰表面凹陷的部分呈现出黑色,与其他部分的金属本色形成色彩对比,与内填珐琅有异曲同工之妙。

二、欧洲中世纪

中世纪是一个用于对欧洲历史时期进行分类的术语,该时期始于西罗马帝国灭亡,止于文艺复兴之初。以下将讨论中世纪欧洲世界的首饰发展情况。

1. 拜占庭首饰

公元395年,罗马分裂为东、西两个部分。东罗马帝国也称拜占庭帝国,拜占庭首饰风格非常鲜明,对中世纪欧洲大陆的首饰产生了深刻的影响。

拜占庭早期的装饰技术主要继承自罗马时期,回纹饰以及乌银工艺仍十分流行(图3-24),常用于打造吊坠的圆形或六边形边框,中间镶嵌单枚或多枚硬币(图3-25)。罗马人对彩色宝石的钟爱也传承到了拜占庭帝国(图3-26),成为拜占庭首饰的一大特色。贵重宝石首先被抛磨成光滑的不规则珠子,然后打孔用金丝固定成串,珍珠也用同样的方法制成珠串。雕刻技术也保留了下来,整个拜占庭时期有大量凹雕和浮雕宝石被镶嵌在戒指和吊坠上。

图3-24 回纹饰镂空黄金手镯
(大都会艺术博物馆)

图3-25 金币胸链
(大都会艺术博物馆)

拜占庭首饰上出现最多的是基督教的符号元素,比如早期最普遍的十字架吊坠(图3-27)。许多首饰的款式与罗马时期大致相同,只是单纯地添加了具有基督教色彩的图案,而许多宗教图像都是由掐丝珐琅来描绘的。带有圣人肖像的首饰(珐琅首饰)非常常见(图3-28),它使用金丝勾勒出图案的线条,再在其中充填各种颜色,显得生动精致。

图 3-26 彩色宝石手镯(大都会艺术博物馆)

图 3-27 十字架吊坠
(大都会艺术博物馆)

图 3-28 饰有圣人像的双面掐丝珐琅
吊坠(大都会艺术博物馆)

拜占庭早期,简单款式的宝石项链大多是把名贵宝石或珍珠穿孔,然后插入一段金丝,把金丝两头(比珠孔长出来的两头)绕成小环状,每段金丝环环相扣即可连接相邻的宝石组成珠链(克莱尔·菲利浦斯,2021)。这些项链的末端搭扣通常由一对镂空的黄金圆盘组成,一只圆盘连着钩子,另一只连着小圈。更复杂的项链则由连环长链和花丝修饰的黄金珠子组成,还有贵重宝石通过金丝缠绕或是高筒镶嵌固定在黄金珠子上。

当时男性和女性都会佩戴胸饰,常规的款式为一个硬金环挂着巨大的吊坠。胸饰吊坠由金币、圆盘组合镶嵌在一起,轮廓用金属包边。另一个项链的变种则是体链,通常由两条交叉的长链"X"形斜向贯穿前胸后背。这一款式也来源于罗马时期,只是用连接在一起的镂空金盘代替了当时的圈状连环。

戒指在拜占庭时期十分普及,镶有刻面宝石和雕刻文字的戒指最为常见(图3-29)。当时戒指上最典型的装饰就是宗教性的铭文刻字。佩戴者们期待这样的铭文能够带来神的庇护,保佑身体健康、事业顺利。有时在戒指上也会刻有佩戴者的名字。

人们对大型耳饰的热爱从罗马时期一直延续到了拜占庭时期。最典型同时也是最为经久不衰的款式是长坠形和扁平的新月形(图3-30)。两者都通过一根弧形金丝连接,悬挂在耳洞上。长坠形耳饰常有一块双拱廊状饰片,下方悬垂着彩色宝石和珍珠搭配的彩色流苏。新月形耳饰的制作只使用黄金,相对来说没有那么繁复。

图3-29　Leontios之戒
（大都会艺术博物馆）

图3-30　新月形孔雀耳环
（大都会艺术博物馆）

2. 日耳曼首饰

随着公元4—5世纪西罗马帝国的衰落,日耳曼部落开始横扫西欧。东哥特人占领了多瑙河周围的领土和意大利中部地区;法兰克人将德国西部、低地国家和意大利北部的伦巴第地区收入囊中;西哥特人占据了西班牙;盎格鲁-撒克逊人则在英格兰扎根落户。尽管对希腊人和罗马人来说,这些半游牧的日耳曼部落都被称为蛮族,但正是这些蛮族使罗马时期以前的地区性工艺焕发新生,获得了很高的艺术成就。

日耳曼珠宝的一大特色是用贵重宝石和彩色玻璃镶嵌而成的五彩拼图。这些拼图通常由一块块几何形的彩色斑块组成,十分抽象。不少拼图作品整体都被这种金丝围绕的几何图案所覆盖,远远望去如同一块色彩斑斓的玻璃窗(图3-31)。产自印度的石榴石是制作这类首饰最受欢迎的宝石,因为工匠可以利用石榴石的特性将它横切为光滑的两片,当然还需要经验丰富的工匠进一步打磨之后才能将石榴石变成设计上需要的复杂形状(克莱尔·菲利浦斯,2021)。

交叠的兽形图纹是当时使用最广的花纹(图3-32),密密麻麻的装饰乍看好像杂乱无章,但仔细观察往往会发现完美的对称或隐藏的图像。这些纹路的制作主要有两种方式:一种通过带有花纹的模具在铸模时一次完成;一种在铸模完成后再通过錾花、花丝、造粒工艺等形成各种纹理。

图3-31 石榴石皮带扣
（大都会艺术博物馆）

图3-32 盎格鲁-撒克逊皮带扣
（大英博物馆）

日耳曼首饰通常具有实用性，并非单纯的装饰物。中世纪早期最常见的首饰都有固定服饰的作用。比如胸针，其款式繁多，以圆盘状和弓状胸针（图3-33）最典型，可以将长袍和披肩固定在颈部或肩部。女性会在双肩处佩戴成对的胸针用来扣紧她们简朴平整的服饰，有时还会将一串珠串悬挂在两个胸针间作为装饰。

图3-33 弓形胸针（大都会艺术博物馆）

3. 罗马式首饰

自西罗马帝国陷落后，欧洲大陆被各个日耳曼部落占据。经过多年征战，法兰克国王查理曼大帝终于一统欧洲。在公元800年查理曼大帝被加冕为神圣罗马帝国的皇帝后，拜占庭艺术在北欧广为流传，受此影响的首饰被称作罗马式首饰。

基督教符号元素同样是罗马式首饰的重要题材。9世纪知名的查理曼大帝护身符（图3-34）就是一种圣髑盒吊坠，它整体由黄金打造，多种贵重宝石和珍珠被深深地筒镶在黄金框架上。其中最大的几只查理曼大帝护身符表面还通过镂刻点缀着形似棕榈叶的花纹。

图3-34 查理曼大帝护身符

4. 哥特首饰

哥特首饰因在设计风格上与哥特式建筑一脉相承而得名。哥特风在首饰上的兴起是循序渐进的,早在1140年欧洲大陆已经出现了哥特式建筑,但直到13世纪晚期哥特风才开始波及金工制品。这种风格导致首饰(图3-35)从圆润的造型转向锋利和尖锐的造型,同时工匠们利用清晰的线条和纹路在首饰表面创造更密集的细节,使得首饰更庄重优雅。为了更凸显宝石,宝石和珍珠一般被镶嵌在光滑的素面上。有时在宝石旁边也有些乌银或珐琅的装饰,但这些装饰都十分平整。

在哥特风格基础上,后哥特风格的首饰(图3-36)于1375年前后产生。这一时期工匠们在首饰边缘向外凸起的尖头上镶嵌珍珠,让首饰整体轮廓更为柔和。后哥特时期最主要的首饰包括胸针、腰带、戒指、头饰,晚期还出现了精美的黄金项圈,通常还搭配着一个吊坠。

图3-35 哥特风格圣像斗篷扣环

图3-36 情侣形象珐琅胸针
(维也纳艺术史博物馆)

图3-37 牛津大学出土"M"形胸针(牛津大学新学院)

后哥特时期的自然主义元素为胸针的设计开辟了新的道路。工匠们开始将宝石与形象的图案结合,并在黄金上利用曲面珐琅的新工艺做出立体的装饰效果(克莱尔·菲利浦斯,2021)。这些胸针中展现的主题包括宫廷爱情、淑女和百合花,以及神话中的高贵动物,如独角兽、骆驼和天鹅,每种动物都是自然主义优雅与浪漫的代表。这些胸针的造型通常较为复杂,不少图案被黄金茎秆托起,同时还有珍珠镶嵌于边缘的凸起处,整体造型显得更为立体。一枚属于牛津大学新学院的胸针(图3-37)来自公元1400年,胸针上天使报喜的图案中,刻有一个哥特式字母"M",象征着圣母玛利亚。

三、文艺复兴

文艺复兴自14世纪从意大利发源，15—17世纪扩展并盛行于欧洲各国（金知瑞，2015）。这场运动带来的充沛灵感，对首饰艺术产生了深远的影响。

许多文艺复兴时期的伟大艺术家的职业生涯都开始于金匠工作室（Frégnac et al.,1965），他们留下了不少精美、高品质的首饰设计（图3-38），而这样的现象可能也造就了这一时期首饰较强的雕塑感或绘画感。以帽徽为例，这种装饰于男性帽子上的圆形徽章，在极小的尺寸上用珐琅与黄金构建出极其丰富的画面。Antonio Pollaiuolo创作的帽徽（图3-39）展示的是施洗者约翰在沙漠中的场景：高超的雕刻技术很好地塑造出主体人物的动态，零星的珐琅作为点缀，将植物和一只小羊与其他物体区别开来，背景磨砂质感的沙子与帽徽最外圈的植物叶子为整件首饰增添了自然感。此外，还有纯金属雕刻（图3-40）以及大面积施用珐琅（图3-41）的帽徽作品，构图饱满，造型生动，堪称戴在帽子上的小型雕塑。

图3-38　Hans Holbein所绘珠宝
（大英博物馆）

图3-39　Antonio Pollaiuolo所创帽徽
（大都会艺术博物馆）

图3-40　鎏金青铜帽徽
（大英博物馆）

图3-41　黄金珐琅宝石帽徽
（大英博物馆）

囿于基本统一的圆形构图,帽徽的形式略显单调,而吊坠设计则充斥着设计师天马行空的创意。这些吊坠(图3-42)色彩艳丽、用料奢华,通常会镶嵌大量宝石——透明彩色宝石大多采用台式切割,虽然刻面稀少很难展示出宝石的火彩,但一致的形状与可控的尺寸会让宝石更加具有秩序感。珐琅装饰也不可或缺,有的吊坠甚至在背板(图3-43)上也会绘制繁复细腻的花纹。至于吊坠的主题,有宗教、神话、爱情、奇异动物(图3-44)等,多种多样(高兴,2016)。还有以佩戴者姓名首字母为元素的设计——双A吊坠(图3-45),它是一件非常著名的作品,象征着萨克森选帝侯和其妻子的结合。

图3-42 天使报喜吊坠正面
(大英博物馆)

图3-43 天使报喜吊坠反面
(大英博物馆)

图3-44 海马吊坠
(大英博物馆)

图3-45 双A吊坠

文艺复兴时期,古典文化的复兴让卡梅奥首饰(图3-46)也炙手可热。许多收藏家热衷于收集来自古罗马的浮雕作品,坊间也流行改造或仿制卡梅奥。其中佼佼者,当数一种将宝石浮雕与黄金、珐琅完美结合的科美西珠宝,如今存世的不到20件,堪称无与伦比的艺术珍品。图片中的吊坠(图3-47)展示的是西方四德之一的"审慎",女神(吊坠中人物)手执蛇凝视镜子,象征着她的自信和智慧。女神外露的白色皮肤用玉髓雕成,利用宝石镶贴技术固定于黄金之上,绿色的蛇及蓝色的背景均为珐琅上色。各个色块比例协调,较大的色彩明度差异拉开了主次关系,富有视觉层次感,带给观者非常舒适的审美享受。

图3-46 美杜莎卡梅奥戒指
(大英博物馆)

图3-47 科美西吊坠
(大都会艺术博物馆)

四、17—18世纪

1. 17世纪首饰

17世纪初,文艺复兴时期的首饰逐渐演变出一种新的风格。1630年左右,贵族女性们不再穿戴带有大量刺绣和珠宝装饰的蓬蓬裙,而是身着更贴身柔顺的礼服(图3-48),款式通常是泡泡袖和较低的领口(克莱尔·菲利浦斯,2021)。随着这种柔美的新形式流行风格的出现,新的首饰潮流出现以适应新时尚。

从17世纪20年代开始,首饰设计开始变得越来越自然,这种趋势始于法国,很快传遍了欧洲。当时传入欧洲的奇花异草是一种奢侈的爱好,为艺术家和匠人们提供了许多设计灵感。人们对郁金香、百合、玫瑰等花卉的兴趣反映在首饰上,呈现出大量由多色珐琅绘制的盒式吊坠、首饰背板(图3-49)等。在黄金上绘制多色珐琅的工艺是巴洛克时期首饰最典型的特征之一。有些首饰将五彩斑斓的珐琅图案与许多宝石堆叠在一起,形成令人眩目的视觉效果。不过更常见的则是以首饰背板作为画布,用细腻灵动的线条绘制出细致的花纹,其精彩程度有时更甚于首饰正面的设计。

图3-48 亨利四世王后玛丽·德·美第奇肖像画
(西班牙普拉多博物馆)

图3-49 绘有大量珐琅的吊坠(维多利亚和阿尔伯特博物馆)

图3-50 蝴蝶结项链
(维多利亚和阿尔伯特博物馆)

蝴蝶结(图3-50)也是巴洛克时期最重要的首饰元素之一,有可能是从原先在首饰上扎系的丝带结中演化而来(克莱尔·菲利浦斯,2021)。蝴蝶结造型的首饰出现于许多肖像画中,它常作为吊坠或是胸衣装饰佩戴。当时还流行在胸前佩戴多个蝴蝶结,按照大小依次排列向下。这些蝴蝶结首饰往往会用珐琅或是宝石进行繁复的装饰,显得异常奢华。

提及材料,珍珠和钻石都备受青睐。这一时期的首饰上钻石的用量不断增大,宝石的切割和镶嵌技术都得到了很大的提升。在17世纪末,明亮式切工的发明以及在钻石背面垫上衬底的做法,都更加突出了钻石的闪光,让钻石的视觉效果更好,并且颜色显得更白。

2. 18世纪首饰

1723年,随着路易十五成年并正式执政,他为法国宫廷创造了一种欢快而优雅的流行风格,这一风格也被欧洲其他地区的国王和君主竞相模仿。这种风格的首饰更为华丽多彩,钻石和贵重宝石仍然是首饰上重要的组成部分。与此同时,高仿宝石和玻璃制品也被使用在首饰上。更具流动性的自然主义元素以及丰沛的丝带蝴蝶结逐渐取代了原先的团簇式镶嵌,这些新的首饰图案一直延续到18世纪80年代。其他图案还包括不对称的花束或是单独的花卉,一般由钻石和黄金搭配制成,珐琅装饰开始退出潮流。

18世纪30年代,源自巴黎的洛可可风格逐步影响了欧洲的装饰艺术。洛可可风格首饰上经常出现的珠光宝气的花卉、羽毛(图3-51)和薄叶片看着优雅且灵动。洛可可首饰相对少见,只能通过当时的设计图感受到这些作品的魅力,如18世纪二三十年代伦敦设计师托马斯·弗拉赫留下的记录(图3-52)。除此之外,少量幸存的宝石镶嵌作品也证明了它们曾在西班牙和俄罗斯风靡。到了1750年,洛可可元素在宝石镶嵌首饰上出现的频率下降,反而成为鼻烟盒和腰链上的主要装饰。

 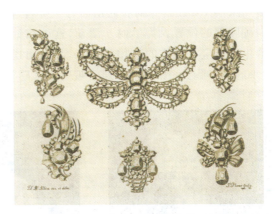

图 3-51　羽毛造型头饰　　　　图 3-52　洛可可风格首饰设计稿
　　（大英博物馆）　　　　　（维多利亚和阿尔伯特博物馆）

　　这一时期工匠们使用的大部分钻石都是白钻，但通常都会在背后垫上彩色的金属衬底。这种做法带来的柔和色泽格外契合当时浪漫自然主义的首饰风格，而明亮式切工也保证了宝石在烛光下依然足够闪亮。蓬巴杜夫人拥有的一套珠宝套装，就利用衬底将钻石垫出浅浅的粉色、绿色和黄色；图 3-53 所示的华丽珠宝花束，使用了各种彩色衬底的钻石。人们通常将花卉首饰佩戴在紧身胸衣或头发上，随着佩戴者走动，首饰边缘用金属丝连着的小鸟或蝴蝶在光下熠熠生辉。

　　这一时期人们头发上佩戴的典型钻石首饰是有一大块不对称的饰品，被称为羽饰（图 3-54），造型上通常以花束、麦穗和羽毛为主（克莱尔·菲利普斯，2021）。18 世纪 60 年代，项链的佩戴位置相对较高，它要么是一条简单的珍珠串，要么是由丝带和花卉交织而成的一圈珠宝花环，通常有一个配套的坠饰。首饰边框的微缩画经常被当成胸针佩戴，或被镶嵌在珍珠手镯的搭扣上用以将几串珍珠首尾相扣。

图 3-53　花束胸针　　　　　　图 3-54　羽饰胸针
（维多利亚和阿尔伯特博物馆）　　　（大英博物馆）

18世纪中期,女性紧身胸衣的正面有一种特殊的饰品——"V"形胸针(图3-55),它覆盖了领口到腰部的位置。为了便于活动,这种胸针由几个部件拼成。这一时期的女性礼服上分布着由贵重宝石制成的纽扣和裙饰,甚至裙摆的褶边都镶嵌了钻石。在不那么奢华的服饰中,小的花卉胸针(图3-56)通常被钉在宫廷礼服的罩裙上或衣袖上。

图3-55 紧身胸衣饰品
(维多利亚和阿尔伯特博物馆)

图3-56 小型花篮胸针
(维多利亚和阿尔伯特博物馆)

五、19世纪

1. 维多利亚时代首饰

英国维多利亚时代是指1837年至1901年,维多利亚女王的统治时期。受到新古典主义、浪漫主义等多个艺术流派的影响,这一时期的首饰具有独一无二的艺术风格。

维多利亚时代前期(1837—1860年),也被称作"浪漫时期"。这一时期引人瞩目的首饰元素是各种自然意象,包括鲜花、树枝、树叶、葡萄等,也有以蛇为主的动物。这类自然主义风格的首饰最大程度上还原了物体原本的形态,不过是以令人咋舌的豪华程度构建出这种写实画面。图片中的花束胸饰(图3-57)就使用了难以计数的钻石进行群镶,无数的钻石刻面会在佩戴者活动的过程中光彩熠熠,让细细枝蔓衬托下的花朵具有一种晶莹易碎的美感。

维多利亚时代中期(1860—1885年),也被称作"盛大时期"。考古工作的开展,让许多古代的首饰进入了人们的视野,掀起了多种历史风格的复兴。许多珠宝商都热衷于探索和复原曾经的首饰制作技术,比如金珠粒和金银细丝工艺,以复制出古埃及、古希腊、古罗马等古老文明的首饰之精粹(图3-58)。此外,欧洲与印度、日本等东方国家的频繁交流,催生了带有异国风情的首饰。如图3-59中的耳环,公鸡元素、掐丝珐琅工艺以及工笔画式的风格都具有浓厚的东方韵味。

图3-57 自然主义风格胸饰(维多利亚和阿尔伯特博物馆)

图3-58 仿伊特鲁利亚风格耳饰(维多利亚和阿尔伯特博物馆)

图3-59 日本风格掐丝珐琅耳饰(维多利亚和阿尔伯特博物馆)

这一时期,哀悼题材的首饰也非常流行。1861年,维多利亚女王的母亲去世了,同年晚些时候,她的丈夫阿尔伯特亲王也去世了,这带给女王难以逾越的悲痛,她曾长时间离开伦敦隐居,且总以一种寡妇的打扮示人,服饰以黑色为主(姜彬,2013)。这种哀悼行为流传到英国民间,用黑色材质(煤玉、黑色玻璃、柏林铁等)制作的哀悼首饰(图3-60)也传播开来。事实上在维多利亚时代早期,就有以头发为主要材料的哀悼首饰(图3-61)。人们会将逝去亲友的头发放入用作纪念的盒形吊坠中,或是直接用发丝编织成网状的首饰。

图3-60 黑色煤玉耳环
(维多利亚和阿尔伯特博物馆)

图3-61 含有亲友发丝的盒形吊坠
(维多利亚和阿尔伯特博物馆)

1885—1901年是"审美时期"。这一时期的首饰艺术风格与新艺术运动有很大的关系,将另辟小节阐述。

2. 新艺术运动

新艺术运动产生于19世纪末,它发生的时期正是欧洲新旧交替的敏感时刻,当时的人们尤其是知识分子对机械化工业生产的产品充满了厌恶,渴望清新自然的空气。

新艺术运动的先驱们强调自然中不存在直线,自然中没有完全的平面,在装饰上突出表现曲线、有机形态,而装饰的动机基本来源于自然形态。艺术家在"师法自然"的过程中寻找一种抽象,为自然形式赋予一种有机的象征情调,以运动感的线条作为形式美的基础,并用从自然中提炼出的颜色做填充(刘菲,2009)。

在首饰上,自然题材(图3-62)出现频率极高。昆虫,尤其是蜻蜓和蝴蝶,被以无数种方式和媒介诠释。甲虫、蜘蛛、蛇等动物,也摆脱了从前僵硬板正的演绎方式,重新焕发活力和绚丽的色彩。还有女神造型:女性形象与蝴蝶翅膀等自然元素相结合,呈现出平和、温柔、具有包容感的美。

在材料方面,新艺术风格首饰做出了许多革命性的创新。蛋白石与月光石闪烁着柔和神秘的光芒,与自然感相得益彰。动物角、骨头、象牙质感温润、色泽协调,被雕刻成流动的曲线造型后,可以跟着整件首饰一起流动、呼吸。空窗珐琅的使用是最具有创造力的,它特别适合诠释植物叶片、昆虫翅膀的半透明状态(图3-63),不仅为首饰提供了色彩,还使其具有生命感。

图 3-62　拉利克设计玻璃胸针和头饰
（维多利亚和阿尔伯特博物馆）

图 3-63　透明珐琅蜻蜓胸针
（大都会艺术博物馆）

第二节

首饰材料发展特征分析

在首饰发展进步的历程中，往往伴随着新的首饰材料的发现或发明。另外，人们对首饰材料认知的进步也对首饰的发展进步起到了一定的促进作用。

关于首饰的起源有多种假说，或许最早的首饰实为原始人类生存所需的重要工具——一方面是作为吸引异性的工具，另一方面则是作为让人惧怕的工具（格罗塞，1984）。从远古的首饰遗迹和当代原始民族的装饰来看，人们是有意识地选择了具有光彩的材料佩戴于身体之上：从最易获得的颜色艳丽的羽毛、花草，到足够坚硬可以被打磨到闪闪发亮的动物牙齿、天然矿石等。这些饰品超脱于普通意义上的工具，反映出人类文明早期朦胧的装饰意识，以及对这些自然之物的美的朴素认知。

除了受到审美意趣的驱使，原始信仰也左右了早期首饰的材质。苏美尔文明极度崇拜青金石，与中国早期文明所具有的玉石神话观相类似，苏美尔人将深蓝色的青金石与天空或者说是神界联系在一起（叶舒宪，2013），认为青金石是神赐的礼物，可以传递神的旨意。苏美尔人对这种天蓝色宝石的狂热，造就了大量的青金石首饰。在这些首饰上，青金石以圆珠、算盘珠、短管等多种形式（图 3-64）出现，表面都处理得极为光滑。一些其他的发掘品还展示了苏美尔人高超

图 3-64　不同形状的青金石珠串
（大英博物馆）

的雕刻技艺,诸如公牛神树(图3-65)、牛头七弦琴(图3-66)等。

图3-65 公牛神树
(宾夕法尼亚博物馆)

图3-66 牛头七弦琴
(宾夕法尼亚博物馆)

除青金石外,苏美尔首饰还大手笔地使用了黄金。有学者认为,青金石的神圣化促进了苏美尔人对黄金的崇拜。因为闪耀的黄金与青金石中的黄铁矿相似,苏美尔人会顺理成章地认为黄金同样是天赐的礼物,由此驱动着人类脱离石器时代,进入金属时代(叶舒宪,2017)。当世界上大部分地区处于原始生活阶段时,苏美尔人就已经熟练掌握了多种金属加工工艺,包括但不仅限于对金属的熔炼、焊接、锤揲等。这其中值得强调的是苏美尔首饰上出现的金属细丝工艺(图3-67)和金属珠粒工艺①(图3-68)。这两种工艺在首饰发展史上具有举足轻重的地位,而苏美尔是有史记载以来最早使用这两项工艺的地区(休·泰特,2019)。尽管乌尔王室珠宝上的金丝、金珠粒数量不多,且比较粗糙简陋,但这是苏美尔人对金属性质进行充分探索的证据,并且这种在小尺寸首饰上进行精细加工的尝试,为后世在提升首饰精致度方面的探索作出了很大的贡献。

图3-67 黄金花丝珠子
(大英博物馆)

图3-68 装饰有金珠的匕首
(宾夕法尼亚博物馆)

---

① 金属细丝工艺:将金属制成细丝或微小球形颗粒,再组成图案对金属表面进行装饰的一种工艺。

苏美尔首饰处处透露着苏美尔文明的先进性,同时这些先进技术在苏美尔人找寻珍贵首饰材料的道路上向周边地区传播开来。早在6000年前,在阿富汗、印度次大陆、小亚细亚、波斯湾沿岸等地,就已经可以看到苏美尔商人的身影(罗文焱,2014)。所以宝石、贵金属的稀缺对于当时贸易活动相当频繁的苏美尔人来说并不是大的困难。据考证,金与银可能来源于伊朗和土耳其高地,红玉髓或许产自印度,至于最为贵重的青金石,其唯一产地在中亚阿富汗一带。有学者提出,早在"丝绸之路"建立以前,东西方世界之间已然存在一条由帕米尔高原西麓为起点向西延伸的"青金石之路"(任平山,2012),这样的青金石贸易,极大地促成了两河文明和古埃及文明的文化交流,也为古代贯穿亚欧大陆的古丝绸之路奠定了基础。

受苏美尔文明的影响,青金石对古埃及也同样具有重要意义。比如图3-69中的手镯,中间的荷鲁斯之眼是当时最流行的护身符之一,它大面积地使用了青金石。此外,古埃及人还热衷于各种彩色的宝石。这一方面与埃及的宝石资源丰富有关,另一方面是因为不同颜色的宝石对古埃及人来说有特定的护身符意义。比如,绿松石或长石象征土地的多产,并被视为希望和新生;红玉髓代表血液的颜色,象征生命。这种原始信仰让古埃及社会上至法老、下到平民的各个阶层,几乎人人都佩戴首饰(图3-70)。古埃及首饰的主题也大都表达了对神的崇拜、对法老的崇敬和对来生幸福生活的向往。

图3-69 荷鲁斯之眼手镯
(埃及开罗博物馆)

图3-70 《女仆与女主人》壁画
(大都会艺术博物馆)

受到"再生"观念的影响,古埃及的首饰色彩往往带有神秘主义气息,加上具有秩序感的排列方式,其庄重静穆的感觉更加明显。前文提及的"韦塞赫"项圈(图3-71)就具有这种典型的古埃及艺术风格。

在古埃及,除了白银、青金石等少部分珍贵材料需要进口,其余首饰材料诸如黄金、绿松石、石榴石、孔雀石等均可自给自足。不过就算如此,宝石仍然十分珍稀,热爱彩色宝石的古埃及人便发明了替代宝石的廉价方案。图3-72所示的手镯,除圣甲虫外,四周的彩色装饰均为人工合成的釉料。利用沙子制成的釉彩合成物或者玻璃,能够模仿绝大多数宝石的色彩,同时还可以被浇铸塑造成任何形状。而不论是天然的宝石还是人造宝石,埃及珠宝工匠都善于使用金属将宝石固定在底板之上,拼成各种图形。随着这种金属工艺的成熟,加上釉料的广泛使用,逐渐形成了珐琅镶嵌工艺的雏形。

 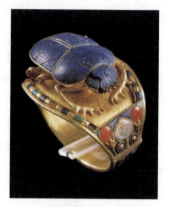

图3-71 "韦塞赫"项圈　　　　　　图3-72 图坦卡蒙圣甲虫手镯
（大都会艺术博物馆）　　　　　　（埃及开罗博物馆）

在希腊化时期之前，或许是由于缺乏宝石资源，爱琴海地区的首饰中很少镶嵌彩色宝石，不过各种金属加工工艺得到很大的发展。从图3-73、图3-74中可以看到，克里特及迈锡尼时期的首饰运用了造粒技术以及金银细丝工艺。据考证，这些工艺应该是从西亚引进的，也就是我们前面所说的，在贸易与文化交流过程中，受到了苏美尔文明的影响。

图3-73 克里特蜜蜂饰品　　　　　　图3-74 迈锡尼螺旋线耳环
（大英博物馆）　　　　　　（卢浮宫博物馆）

公元前336年，亚历山大大帝横跨亚欧非建立了短暂却辉煌的亚历山大帝国。他去世后，希腊化时期开始，首饰发展迎来新的繁荣。来自波斯、埃及等国家的大量黄金、宝石作为战利品被掠夺回希腊，让首饰材料前所未有地充足。彩色宝石、彩色玻璃的镶嵌为古希腊首饰注入了更丰富的色彩。同时，其他地域的文化与古希腊文明相互影响，大大促进了新设计的发展。图3-75中这组首饰主要以黄金和石榴石制成，石榴石是当时最常用的宝石。再看这条带有方结的项链（图3-76），反映了希腊化末期，来自埃及的祖母绿、紫水晶也开始出现在首饰之上。

西方首饰发展史 **第三章**

图 3-75 镶有石榴石的首饰
（大英博物馆）

图 3-76 紫晶祖母绿方结项链
（大英博物馆）

在罗马历史早期，首饰是官方反对的奢侈品之一，因此能够留存下来的样本极其稀少。然而到了公元前 27 年，罗马帝国建立。此时，大部分希腊化地区已经被罗马吞并，旧的节俭政策很快被搁置一边。从此罗马的首饰艺术迅速发展，从一开始简单继承希腊化时期的风格，到后来逐渐演绎出自己的特色。

罗马帝国后期的首饰非常注重宝石的应用。从图 3-77、图 3-78 中可以看到，此时已经开始使用一些高硬度的宝石，比如来自斯里兰卡的蓝宝石，以及来自印度的未经切割的钻石原石。除了华丽的宝石镶嵌工艺，这一时期还十分流行对宝石进行雕刻，包括宝石凹雕（图 3-79）与宝石浮雕（图 3-80）。凹雕技术可以追溯到苏美尔时期：如图 3-79 所示的来自苏美尔的青金石滚筒印章，以及来自古埃及的图章戒指，均使用了凹雕工艺。而宝石浮雕则出现于希腊化时期。这两种工艺虽然不是此时才出现的，但不可否认的是，罗马帝国时期的宝石雕刻作品非常经典，且留存数量众多，甚至在几个世纪后的欧洲再次掀起追捧的热潮。

图 3-77 祖母绿、珍珠、黄金手链
（大英博物馆）

图 3-78 蓝宝石、红宝石、祖母绿耳环（大英博物馆）

从图 3-80 可以了解到：这个时期的工匠十分善于使用层次分明的条纹玛瑙进行创作。去除或者留下浅色的玛瑙表层，可以与下方厚重的深色层形成鲜明的颜色对比，从而使雕刻的造型明暗突出、轮廓分明。说起来，很早之前人们就对条纹宝石喜爱有加。图 3-81、

图 3-82 所示为苏美尔时期的珠串,图 3-81 的玛瑙珠通过简单的切割打磨突出了同心圆花纹,图 3-82 则是在红玉髓上人工添加了白色条纹。这样的宝石偏好随着文化的交流,最终在欧洲地区成就了辉煌的宝石雕刻艺术。

图 3-79 《拟人化的罗马》宝石凹雕
（法国国家图书馆）

图 3-80 《克劳德的战争》卡梅奥
（法国国家图书馆）

图 3-81 苏美尔玛瑙珠串
（宾夕法尼亚博物馆）

图 3-82 具有蚀刻花纹的
红玉髓珠（大英博物馆）

第三节
首饰中的人文精神内涵发展特征分析

公元 5—15 世纪,西罗马帝国灭亡至东罗马帝国灭亡的这段时间,欧洲处于中世纪时期。此时欧洲缺乏强有力的统治政权,战争动乱带来了民族迁徙,从而让不同的首饰风格交会互通(图3-83)。

之后,随着基督教在西欧逐渐发扬光大,封建统治阶级通过教会对整个文化进行垄断,从而使哲学、科学和艺术都从属于神学(张夫也,2015)。首饰也受到了很大的影响——宗教对人的规训制约、社会对神的极度崇拜,这些中世纪的特点在首饰上都有所体现。

在基督教鼎盛之时,手镯、项链、耳饰等曾经流行过的首饰类型比较少见。联系服装史我们了解到:基于"原罪说"(汪笑楠,2014),基督教倡导禁欲主义,14世纪以前这种思想使得无论男女都是衣不露体(朱雯,2009;图3-84),女性还需要佩戴面纱遮盖头部。在这种情况下,许多直接与身体接触的首饰便缺少了佩戴展露的机会,反而是胸针、腰带(图3-85)这类用于固定和装饰宽大衣袍的饰品,佩戴概率较高。此外,通过一些宗教绘画(图3-86)可以看出,能够彰显权力地位的头饰、戒指也比较常见。

图3-83 奥托尼亚圆盘胸针
（大英博物馆）

图3-84 中世纪农民服饰
（法国国家图书馆）

图3-85 金腰带
（大英博物馆）

图3-86 《图卢兹的路易斯》
（卡波迪慕特美术馆）

此外,禁欲主义还对一些首饰的流行产生了直接的影响,订婚戒指就是教会规定的有效婚约的必需品(图3-87)。虽然古罗马时期就出现了以戒指作为婚约信物的现象,但当时只是自发性习俗。在中世纪,基督教会为了约束人们对于性的欲望,将婚姻列为天主教的七大圣事之一（周鑫，2009），要求一旦缔结轻易不可解除，订婚戒指则是婚姻神圣誓约的象征（图 3-88）。后来订婚戒指的宗教性逐渐减弱，但其与婚姻的联系一直延续至今。

图 3-87 "以诚相握"造型婚戒（大英博物馆）

图 3-88 《十诫》手抄本插图

禁欲主义原是为了引导人性向善的（蒋承勇，2002），只是后来慢慢演变成教会巩固神权统治的手段。当权者总是不遗余力地彰显神之威严，比如这顶象征着政教合一的罗马帝国皇冠（图 3-89），集合了金银细丝、金珠粒以及掐丝珐琅等当时最先进的金属工艺，镶嵌了祖母绿、石榴石、珍珠等七八种来自天南海北的珍宝。

图 3-89 神圣罗马帝国皇冠（维也纳艺术史博物馆）

而除了教皇、皇帝外，主教、大主教等神职人员也持有许多首饰，他们会在非常庄重的场合佩戴。这幅《圣奥古斯丁任圣职仪式》（图 3-90）中，几位主教将多枚戒指戴在手套外。这其中，最重要的是象征着他们神职职务的主教戒指，往往会镶嵌当时最贵重的蓝宝石（黛安娜·斯卡里斯布里克，2020；图 3-91）。不过，现存所见的首饰只是权力富贵的冰山一角，其他圣物的豪华程度更加令人惊叹。

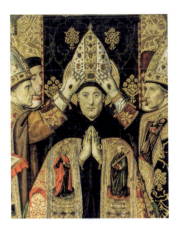

图 3-90 《圣奥古斯丁任圣职仪式》
（加泰罗尼亚国家艺术博物馆）

图 3-91 William Wytlesey 主教戒指
（维多利亚和阿尔伯特博物馆）

中世纪人们对于宝石非常热衷，主要是因为当时社会各个阶层都认为宝石具备特殊的魔力。许多带有宝石的首饰其实都具有护身符的作用，比如这张图片中的饰物（图 3-92）——大块宝石配合基督教元素，是典型的护身符样式。与古埃及时期简单的信仰相比，宝石在中世纪人们的眼中更像是可以医治百病的神药（图 3-93）。比如，11 世纪晚期雷恩主教马尔波德撰写的《石料集》描述了蓝宝石的作用：强身健体，缓解头痛，还能带来和平等（史永等，2018；图 3-94）。产生这种现象的原因，其实与当时战争、瘟疫频发，科学、医学不发达有关。所以，就算在文艺复兴时期，经历过"黑死病"的人们依然迷恋佩戴各种宝石作为护身符。

图 3-92 刻有"万福玛丽，充满主的恩典"的戒指（大英博物馆）

图 3-93 以赤铁矿治疗鼻血
（美国国家医学图书馆）

图 3-94 用拉丁文记录的宝石功效
（1511 年版《石料集》节选）

然而宝石基本上一直是统治阶级的专属,处于被剥削状态的平民通常佩戴的是铜或锡制的首饰(图3-95),有的会镶嵌玻璃以模仿宝石。到了12—13世纪,欧洲社会积累了大量财富,一些百姓也有能力购买珠宝,而贵族们为了维护自己的社会地位,出台了"限奢令",仅特殊阶层可佩戴贵重珠宝(史永等,2018)。

图3-95 锡制胸针(伦敦博物馆)

在中世纪这个相对蒙昧的时代,首饰直接或间接地反映了教会神权与等级制度对人性的禁锢。可是,哪里有压迫,哪里就有反抗。这两件后哥特时期的胸针(图3-96)就反映了人们从只注重教义、教理的教父时代来到了关注现实、关注自然的新阶段(商秋雯,2008)。这说明中世纪晚期,随着新兴资产阶级的崭露,人类的独立意识逐渐觉醒。而这之后,西方就进入了文艺复兴时期(魏宁馨,2007)。

图3-96 后哥特风格珐琅胸针(埃森大教室财政部)

文艺复兴围绕"人"这个主体蓬勃发展——肯定人的价值，尊重人的欲望，关注人的生活。与中世纪相比，文艺复兴将人体、服装和首饰和谐地组合在了一起。此时的女性会束起头发，佩戴精巧的细绳首饰，这些首饰也被称作"费隆妮叶细链"（图3-97）；耳朵露了出来，令耳饰重新流行；服装不再保守——领口越开越大，项链、坠饰成为装扮的视觉亮点。对禁欲主义的反叛让首饰的用途趋向于让女性更美丽，其彰显社会地位的用途有所减弱（史永等，2018）。

在此阶段，人们的身体得到解禁，思想上也逐渐冲破禁锢。被压抑多时的世俗爱情是这一时期首饰的重要主题。就拿戒指来说，比起像合约一般的中世纪订婚戒指，文艺复兴时期的人们敢于在戒指上镌刻直白的爱情箴言（图3-98），还会使用丘比特（图3-99）、小狗、勿忘我花（图3-100）等丰富的元素来表达浓烈的情感。由双环或三环组成的吉梅尔戒指（图3-101）是最具代表性的婚戒，交错的戒圈象征着被上帝选中结合的伴侣，任何人不可将他们分开。

图3-97 《费隆妮叶夫人》
（卢浮宫博物馆）

图3-98 箴言戒指
（维多利亚和阿尔伯特博物馆）

图3-99 丘比特头像卡梅奥戒指
（大英博物馆）

图3-100 勿忘我花金戒指
（大英博物馆）

图3-101 "以诚相握"造型三环吉梅尔戒指（维多利亚和阿尔伯特博物馆）

文艺复兴让人敢于去爱,也希望神能够关怀他人、体恤他人(蒋承勇,2002)。这一时期基督教题材的首饰(图3-102)仍然不少,不过与中世纪相比,此时首饰上圣人的形象看上去更加具有人的温度。工艺上圆雕珐琅以及微绘珐琅的大量运用,让所刻画的宗教场景更趋于写实,而非营造神圣之感。这与同时期绘画领域所产生的变化一样,均暗示了宗教世俗化的趋势。

15世纪,古希腊—古罗马文化在西欧的复兴是唤起人类对于自身认识的一股强劲东风,所以常见许多神话人物、场景被雕刻在饰品上。前文所说卡梅奥艺术(图3-103)在欧洲的再次兴起,也是基于同样的原因。图片上所展示的帆船(图3-104)、海怪、美人鱼(图3-105)造型的坠饰都表现出16世纪人们对海上探险和大陆贸易的热衷,这是受到了大航海时代的影响(克莱尔·菲利浦斯,2021)。随着科学进步促进了社会和经济的发展,人的自主性被进一步唤醒,从很多首饰上都可以看出当时人们对于探索未知世界的兴趣。

图3-102 "基督受难"帽徽
(大都会艺术博物馆)

图3-103 "诺亚方舟"卡梅奥帽徽
(大英博物馆)

图3-104 "帆船"吊坠
(维多利亚和阿尔伯特博物馆)

图3-105 "美人鱼"吊坠
(大英博物馆)

提及大航海时代,文艺复兴时期的首饰之所以如此瑰丽华美、繁荣兴盛,很大程度上是因为新航路的开辟和殖民掠夺让大量宝石、贵金属流入欧洲,引发了富商、贵族等购买奢侈品以展示财富地位的热潮。再加上现世主义取代了来世思想,文艺复兴晚期,享乐主义盛行(唐齐粒,2012),甚至影响到了教会,让本就弊病众多的神职机构越发堕落腐败(图 3-106),不再符合人们的信仰以及资本的发展要求(闫丹婷,2021)。于是,1517 年至 1648 年,人文主义者发起了宗教改革,在让上帝更加具有人文性的过程中瓦解了神权统治。

这场运动之后,人性是否得到了彻底的解放呢?图 3-107 是 16 世纪伊丽莎白时代的宫廷首饰,上面刻有英国女王的肖像,结合历史来看,这其实说明了君主专制的形成。在宗教改革之前,欧洲便有许多国家开始摆脱教皇控制,形成了统一的中央政权。所以神权崇拜终结后,迎来了王权的鼎盛发展。

图 3-106 "新教传教"与"罗马天主教兜售赎罪券"对比图(大英博物馆)

图 3-107 饰有英国女王肖像的盒形吊坠(维多利亚和阿尔伯特博物馆)

我们可以从首饰上发现:17 世纪起,各国皇室贵族的装扮愈加华丽庄严。图 3-108 中的首饰厚重奢华,富有气势。材料上,珍珠与大块宝石(特别是钻石)的堆砌给人高贵夺目的感觉。工艺上,多色珐琅绘制的植物花纹(图 3-109)显得生机勃勃、热烈奔放。这些均受到了巴洛克风格的影响,这种艺术风格具有豪华壮观的气韵,所以被欧洲许多君主用来歌颂和捍卫其专制政权。

图3-108 豌豆荚风格胸饰
（维多利亚和阿尔伯特博物馆）

图3-109 珐琅卡梅奥吊坠
（维多利亚和阿尔伯特博物馆）

18世纪流行的洛可可风格同样非常华贵。在材料方面，钻石和贵重宝石依然占重要地位，而且随着明亮式切工的发明，首饰变得更加璀璨。珐琅装饰退出潮流，首饰往纤细精巧的方向发展（图3-110）。配合花束、羽毛等自然元素以及不对称构图，洛可可珠宝显得灵动妩媚，尽管不及巴洛克珠宝那样庄重大气，但是其奢华程度有增无减，不过这并非说明王权专制更加繁荣。

洛可可艺术带有明显的享乐主义色彩，这些奢侈的装饰品背后是社会矛盾日益激烈、封建王权走向衰落的现实。以法国为例，18世纪末，一条极致奢华的钻石项链（图3-111）引发了一连串宫廷丑闻，彻底摧毁了法国皇室的声誉，轰轰烈烈地拉开了法国大革命的帷幕。这之后，更多的反封建革命运动和民族解放运动蓬勃发展。封建专制制度逐渐瓦解，"王权崇拜"画上句号。

图3-110 不对称羽饰
（大英博物馆）

图3-111 "项链事件"中的钻石项链
（大都会艺术博物馆）

几个世纪以来,经过文艺复兴、宗教改革、启蒙运动所带来的思想解放,人的理性一次次觉醒,终于帮助人们突破了神权、王权的禁锢,开启了个性主义思潮。19世纪前后,涌现出新古典主义、浪漫主义、折衷主义等多种首饰风格。我们从中发现:虽然首饰彰显地位、财富的功能仍然存在,但明显弱化了不少,并且出现了更丰富的人性化内涵。

图3-112里的首饰就是自由的象征,它出现在法国大革命时期,刻有革命领导者肖像或者古罗马英雄形象。当时人们为了消除代表阶级的符号,对许多首饰进行了破坏,仅以这些材质低廉、制作粗糙的简陋饰品来庆祝资本主义的伟大胜利(克莱尔·菲利浦斯,2021)。还有19世纪民族主义的兴起,让我们在"柏林铁"首饰(图3-113)上看到愿"以金换铁"的爱国情怀;全球考古发现的扩展,引发了多种历史风格的首饰的复兴,间接促进了国家身份认同感的建立(休·泰特,2019)——比如在英国,众多首饰取材于都铎王朝和文艺复兴时期(图3-114);德国则流行哥特复兴风格首饰(图3-115)。

图3-112 法国大革命领导者肖像戒指
(维多利亚和阿尔伯特博物馆)

图3-113 "以金换铁"戒指
图片来源:hhtp://www. preussischer-correspondent.net/ehre/gold-gad-ich-fuer-eisen-1813-41

图3-114 文艺复兴风格吊坠
(大英博物馆)

图3-115 哥特风格头饰
(维多利亚和阿尔伯特博物馆)

从个人角度来讲,首饰所承载的情感也更加多样。维多利亚时期,爱情(图3-116)、哀悼题材的首饰发展至新的高度,此外,还有具有表示谢意、表达庆祝(图3-117)、纪念友谊等作用的首饰。而且,在充斥着各种主义、各种想法的19世纪,首饰似乎越来越成为一种时尚的体现——来自日本、印度等国的异域元素(图3-118)，球拍、尖塔、洒水壶等有趣题材(图3-119)，都令人感到新鲜。

图3-116　爱情主题黄金胸针
（维多利亚和阿尔伯特博物馆）

图3-117　表达庆祝的绿松石鸟形胸针
（大英博物馆）

图3-118　印度风格珐琅耳环
（维多利亚和阿尔伯特博物馆）

图3-119　带球网球拍胸针
（维多利亚和阿尔伯特博物馆）

更多人能够通过首饰表达自我，这与工业革命带来的进步息息相关：机械化生产(图3-120)和一些新材料的发明在一定范围内降低了首饰的价格。但不可避免的是，首饰品质有所下滑，个性化程度被稀释。同样的情况也存在于其他工艺产品领域。艺术家们认为，这些批量产品体现不出创造者的精神特质，缺乏灵魂。于是，19世纪末至20世纪初，先后兴起的"工艺美术运动""新艺术运动"，希望恢复传统手工艺，使产品充满人的印记。此时的首饰作品独树一帜。从图3-121、图3-122中我们可以感受到很强的自然气息，这是新艺术首饰的标志。这种有机的质感既与自然元素有关，也得益于选材和工艺上的变化。牛角、欧泊等具有天然纹理的非贵重材料赋予了首饰柔性的光彩，珐琅尤其是透明空窗珐琅利用光线让首饰看上去柔软、具有流动性。这些颠覆传统的创造很好地体现了设计师的灵感与工匠手艺的价值。

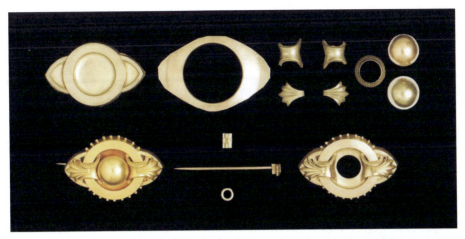

图 3-120　机械加工首饰模具（维多利亚和阿尔伯特博物馆）

图 3-121　珐琅兰花发饰
（维多利亚和阿尔伯特博物馆）

图 3-122　花朵和大黄蜂形状的黄金珐琅胸针
（维多利亚和阿尔伯特博物馆）

　　这两次运动注意到了人与技术、艺术与技术之间的矛盾，充满了对人的价值、自由和尊严的维护，奠定了人文主义在现代设计中的地位。在此后的现代首饰设计中，我们可以看到设计师们秉承着"以人为本"的态度，关注到了人更多方面的需求，设计出了更具人文关怀的作品。

第四章

当代艺术首饰

时至今日,谈及首饰,一部分人的认知仍停留在传统首饰概念的层面上,对当代艺术首饰缺乏系统化的理解或秉持否定的态度。然而作为首饰发展史上不可或缺的重要一环,这一年轻的、多元化的艺术形式在不断拓宽首饰边界、完善自身内涵的同时,也为传统首饰及商业首饰的转型与创新性发展带来了众多启示。因此,学习并理解当代艺术首饰的起源与现状是十分必要的。

第一节 当代艺术首饰的起源

在本节中,笔者将对当代艺术首饰的概念内涵、诞生背景与发展现状进行系统化梳理,便于读者更好地认识理解这一艺术形式。

一、当代首饰的概念内涵

何谓"当代艺术"?法国 *Art Press* 杂志主编 Catherine Millet 曾向美术馆馆员们提出一个关于当代艺术概念的问题:"是否可以认为,只要是今天诞生的艺术便都是'当代'的?"得到的回复发人深省:"是,也不是"(马克·吉梅内斯,2015)。

现如今,"当代艺术"的概念存在两种解读方式。第一,"当代"即"当下""当今",回溯意义上涵盖了"近五六十年"之意,是一种单纯的时间概念。由此可得,"当代艺术"等同于"今天的艺术",发生在当下的一切思潮、流派与艺术运动都可以被称作当代艺术。

但当我们试着去归纳总结"当代性"的必要条件时(如前卫的理念、新技术与新材料的运用、思想与情感的传达、艺术领域的实验……),便会发现并非所有此时此刻诞生的艺术形式都符合上述条件。由此便引出了第二种解读方式——当代艺术的特指意义。此定义下的"当代"一词已脱离了单纯的时间概念,而特指一部分存在于当下且符合当代性特征的"观念艺术"。艺术创作者们通过当代艺术这一独特的媒介来表达自身对所处时代、社会的审视、批判与反思。Catherine Millet 曾在 1997 年出版的著作 *L'Art Contemporain* 中阐述了自己的观点,认为当代艺术"产生于1960年代,确立于1980年代"。并将1969年瑞士籍策展人济曼组办的"当态度成为形式之时"的展览视作当代艺术象征性的起点(河清,2008)。

与之相似,"当代首饰"一词也具有两种不同的概念解读:其一,当代首饰特指完成于当下、具有时代精神的一类首饰作品;其二,当代首饰作为当代艺术的分支之一,本质是一种带有批判性反思精神的观念艺术。它具体表现为对传统首饰概念、边界、材质、主题、形式、功能、佩戴方式等方面的突破——该定义下的当代首饰不再是单纯的"身体装饰物",而成为艺术家寄托情感、表达观念与思想的媒介。1985年,由 Peter Dormer 与 Ralph Turner 定义的 "new jewelry"也就是当代艺术首饰,其中包含了两个重要转变:①以金银等贵金属为材质的标准转变为艺术家艺术性的标准;②从技术的精湛向艺术实验性的转变。标准由艺术家而不是客户来决定。本章的论述主要采纳当代首饰概念的第二种解读方式,着重强调当代首饰概念中的特指意义而非时间意义,即侧重对首饰作品中的观念性进行解读与分析,为了不引起概念上的混淆,我们在后文中也将其称作当代艺术首饰。

二、当代艺术首饰的诞生背景

国际当代艺术首饰运动正式开始于20世纪60年代,起源于德国、荷兰、英国、奥地利等欧洲大陆国家,代表艺术家有 Gijs Bakker、Herman Junger、David Watkins、Peter Skubic、Robert Smit、Otto Künzli 等。当代艺术首饰诞生于这一时期的原因主要有以下几点。

1. 战后反思浪潮的洗礼

在第二次世界大战结束后的一段时期内,人们对这场波及世界的毁灭性灾难进行了深刻的反思。战后的批判性反思精神最早源于德国地区,接连两次的战败与战争带来的一系列悲剧性恶果促使这一以严谨、理性、民风淳朴而著称的民族重新审视自身的行为。反思浪潮中占据主导地位的是法兰克福学派的社会批判理论与审美拯救思想,法兰克福学派对资本主义异化社会与个体的思考令人警醒,鲍曼等人对大屠杀的批判发人深省……(林国兵,2018)。反思浪潮也同样发生在艺术及相关领域之中——彼时的艺术家们在经历过战争的摧残、社会的变革、众多艺术流派与艺术运动的洗礼后开始在批判性反思的基础上不断突破已有的艺术体制与艺术理念。以德国艺术家约瑟夫·博伊斯为例,他从最初的战争参与者转变为战争批判者,并提出"人人都是艺术家""社会雕塑"等全新艺术主张,提倡用艺术改造社会,为战后百废待兴的德国及欧洲地区带来了积极的影响。当代艺术首饰作为一种独特的观念艺术,也正是基于战后反思浪潮这一时代背景才得以萌芽、发展并为人所接受。

2. "现代主义"思潮的启蒙与"后现代主义"观念的推动

"现代主义"思潮起源于17—18世纪(理性时代与启蒙时期)的欧美思想,是指工业时代兴起的世界观。现代性伴随着西欧与北美的工业化而产生,根植于城市文化,特指后工业时代资本主义社会的状态。"现代主义艺术"与进步、新奇的观念相关,是对现代性在政治、经济、文化方面诸多压力的一种回应。现代主义思潮的核心在于对人的力量的重视,即坚信人类具备运用科学知识、理性、技术审视并改造周边世界的力量(乔纳森·费恩伯格,2006)。在真理与逻辑的引导下,众多现代主义追随者坚持以发展为目标,不断推陈出新、打破并抛弃过时的形式与风格，建立起全新的艺术语言。总体而言，现代主义艺术具有象征性、表现性、抽象性等特征。立体主义、表现主义、未来主义、构成主义、风格派等众多艺术流派在艺术形式上所作出的突破与创新都为早期当代艺术首饰创作者们带来了众多启示。此外，一些著名的现代主义艺术家也亲身参与了首饰制作，如 Pablo Picasso、Salvador Dalí、Alexander Calder 等，他们跨领域的伟大艺术实践也引发了新时代首饰创作者们的深思。

法国哲学家 Jean-Francois Lyotard 曾将后现代主义思潮定义为"对元叙事的怀疑"（乔纳森·费恩伯格，2006）。区别于现代主义，后现代主义颂扬多样性、多元性及其杂合而非纯粹的形式，它对客观真理、普遍性、理性始终秉持怀疑与谨慎的态度，总体上呈现出一种多元化、多向度、杂乱无序的面貌。在部分学者看来，Marcel Duchamp 实质上更应被视为艺术史上第一位后现代主义艺术家而非现代主义者。而我们今天所谈论的当代艺术，最早可以追溯到杜尚于 1917 年所提出的"现成物"相关的艺术理念。Marcel Dachamp 曾试图将未经过艺术加工的工业产品——一件带有签名的小便池直接搬入展馆进行展出（图 4-1），这一举动极大程度地挑战了人们对于艺术狭隘的定义与认知，彻底打破了艺术的边界，体现出艺术家本人"反美学、反规则、重视创作行为、强调观念传达"的全新创作理念。从此，艺术的内涵和外延被无限拓宽，艺术与生活、艺术与大众文化、艺术与相关领域及不同艺术表现形式之间的界限也开始不断消解，杜尚的批判性反思精神也深刻影响了之后的众多当代首饰艺术家们，为他们开辟了无限自由的创作空间。

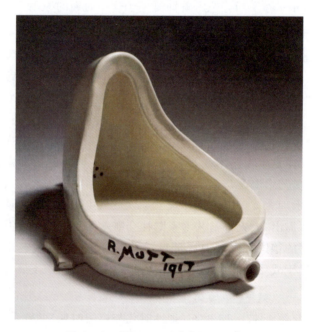

图 4-1 *Fountain*《泉》（1917 年）

注：图中为 1964 年版。

图片来源：https://www.royalacademy.org.uk/exhibition/dali-duchamp

3. 欧美社会人文环境引起首饰定位的转变

20世纪60年代对欧美地区而言是一个风云变幻的时代：社会物质条件得到极大丰富；文化领域出现了嬉皮士，爆发了女权运动及欧洲学生运动；人们的思想观念与消费理念发生了巨大转变，倡导超前消费，崇尚更多的权利与自由；国家与政府对新兴艺术产业的大力资助……这些转变在首饰领域表现为人们开始青睐具有高度艺术性的、个性化的、能体现出佩戴者个人独特品位的首饰作品。首饰中蕴含的艺术性与观念性被无限放大，首饰的概念不再仅限于传统定义下可被佩戴的装饰品，而扩展到一种与身体有关，但能够相对独立存在的物件，一种创作者表现自我、传递观念的媒介载体，甚至是一种全新的交流方式、思考方式与生活样式。

随着首饰定位的转变与人们对新事物接受程度的普遍提高，首饰廊应运而生。欧洲地区最早进行当代艺术首饰宣传的是荷兰阿姆斯特丹的 RA 首饰廊，它的拥有者 Paul Derrez（图4-2）曾说过："对当代艺术首饰而言，最重要的是观念与形式。"此外，"当代艺术首饰与传统首饰之间应当存在一个断裂。"RA 首饰廊（图4-3）每年举办多位首饰艺术家展览，并拥有自己的专属期刊，为当代艺术首饰培养了一大批收藏家与新观众。正因为 RA 首饰廊的积极推动，当代艺术首饰率先在荷兰地区兴起。

图4-2 Paul Derrez（RA 首饰廊拥有者）
图片来源：https://www.galerie-ra.nl/nl/galerie

图4-3 RA 首饰廊
图片来源：https://www.galerie-ra.nl/nl/galerie

此外，20世纪60年代，当代艺术首饰作为工艺美术的一个学科在欧美快速发展，大部分艺术院校的首饰设计系都逐渐将当代艺术首饰引入纯艺术的方向，从增加艺术理念的课程，对传统金工技法教学课时的削减，到各种非传统材料的引入，当代艺术首饰俨然成为一个独立的艺术研究门类。综合以上多种因素，当代艺术首饰在20世纪60年代的欧美地区得到迅速发展。

三、当代艺术首饰的国内外发展现状

1. 国内当代艺术首饰发展现状

20世纪80年代末,我国一批首饰艺术家出国留学,在接受了西方艺术设计教育后,将西方当代艺术首饰设计方式及理念带回中国并使之不断发展。这些艺术家在国内投身首饰设计教育事业、创办首饰工作室,为我国培养出众多当代首饰艺术家。

随着中国社会的发展,人们的消费倾向逐渐由物质消费向精神消费过渡,近年来各类艺术展、首饰展相继在各大城市举办。2015年中国美术学院举办了"炼金铸身——2015杭州当代国际首饰与金属艺术展",展出了国内外近百位艺术家的两百多件作品。中国美术学院又于2018年举办了"21克——2018杭州当代国际首饰与金属艺术三年展",展出了来自25个国家的155件首饰作品。2018年在上海昊美术馆举办的"三世之界——第四届TRIPLE PARADE当代首饰双年展"聚集了亚洲区域34个国家及地区约300位艺术家和设计师的近500件当代首饰作品,展示了先锋首饰艺术家的情感与思想,力求在当代艺术设计与工艺美术领域展开对话。对于观众而言,与传统的首饰展相比,当代艺术首饰展更容易让人有一种沉浸式的观展体验。

在中国首饰消费市场中,当代艺术首饰的主要消费群体为"90"后、"00"后等长期接受信息化洗礼的年轻消费群体,在这些消费者看来,首饰购买的主要目的已经从保值转变为个性的展示,材质也由贵金属与贵宝石转向合金与人工合成宝石。与传统首饰消费市场的品牌化相比,当代艺术首饰消费市场主要由画廊商店构成。近年来,中国首饰领域中当代首饰发展倾向由完全的情感表达转向与中西方文化的融合,逐渐向本土化发展,这也是中国文化自信的表现之一。

2. 国外当代艺术首饰发展现状

国外当代艺术首饰的发展趋势主要为新技术与新材料的运用。对于首饰艺术领域而言,新技术与新材料并不意味着全新的技术与材料,艺术家更注重探讨二者在首饰中的尝试与结合,即技术与材料的新运用。由于2019年新冠肺炎疫情的发生,"后疫情时代"这一主题也成为当代艺术首饰的重要主题之一,艺术家们创作的关注点逐渐由"对自身的思考"转变为"对人与人关系的思考"及"人与自然关系的思考"。2020年第61届慕尼黑首饰展由于新冠肺炎疫情的影响,于开展前一周被德国巴伐利亚州政府部门正式取消,这也促使艺术家们更多地将时纳入首饰题材的选择中。由此可见,国外艺术家们的视线正在由"对自我内心的审查"转向周围环境与国际社会。

第二节

当代艺术首饰的创新突破

当代艺术首饰作为当代艺术的门类之一,受到了现代主义思潮的启蒙与后现代主义观念的推动,创作者们始终在不断探索着首饰与生活、首饰同其他艺术门类之间的边界。同传统首饰相比,当代艺术首饰在主题、形式、功能、佩戴方式及创作方式等方面发生了一系列转变,这些转变在不断丰富首饰内涵的同时,也潜移默化地影响着人们的生活方式与思维模式。在本节中,笔者将以当代艺术首饰的"批判性反思精神"为线索,结合具体案例展开论述当代艺术首饰各方面的创新与突破,希望能给读者的设计思路与创作实践带来新的启示。

一、观念的突破

通过本章第一节的学习,我们了解到当代艺术的本质是一种带有批判性反思精神的观念艺术。而当代艺术首饰作为当代艺术的一个分支,沿袭了其观念至上的创作理念。因此,传统意义上的首饰概念得到了新的突破与延伸,首饰不再是单纯的身体装饰物,而是艺术家寄托情感、表达思想的媒介。

观念艺术家们认为,艺术不应只停留在追求形式美的层面,而要通过多样化的媒介与艺术语言进行表达,最终在作品中实现观念与思想的传递。以当代艺术首饰先驱者 Otto Künzli 为例,在其为人熟知的作品 Gold Makes You Blind《黄金使人目盲》(图 4-4)中,作者将一颗 18K 小金球隐藏在黑色橡胶管内部,组成了一件极具现代感的手环。我们从外部只能看到凸起的球形轮廓,却无从得知它的真实材质。在佩戴过程中,橡胶会被不断磨损,内部的黄金会逐渐显现。这件作品巧妙地将代表材料价值的黄金掩盖在象征观念价值的黑色橡胶之下,二者在同一件作品中形成了激烈的碰撞,发人深思。

图 4-4　Gold Makes You Blind《黄金使人目盲》
(1980 年)

图片来源:https://galleryfunaki.com.au/artists/otto-kunzli/

另一位荷兰国宝级艺术家 Gijs Bakker 曾说过,"首饰裹挟着个人向世界传递着信息"——在他看来,首饰已不再是单纯的装饰物,而成为传递观念与信息的媒介,这意味着新的首饰精神的开启。他在 1973 年曾使用金属环在身上留下勒痕,以相机记录下来,并将其

命名为 *Shadow Jewelry*《影子首饰》(图4-5)。在这件作品中,首饰的定义被彻底颠覆了——它失去了物质载体,成为皮肤表面并不存在的物理印记。

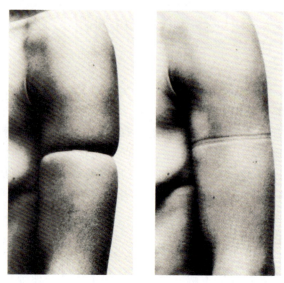

图4-5 *Shadow Jewelry*《影子首饰》(1973年)

图片来源:http://www.ganoksin.com/article/jewelry-gijs-bakker/

后来,一些艺术家受到该作品的启发,又提出了"虚拟首饰"的概念,将痕迹、光影、影像等非实体媒介视作首饰,对其传统概念作出了批判性思考。如艺术家Sarah C. Turner的作品 *If One Could Wear a Marching Band*《如果我能佩戴军乐队》(图4-6)将军乐队演奏的影像裁剪成类似项饰的外形,投影至颈部,形成了模特正在佩戴首饰的视错觉。

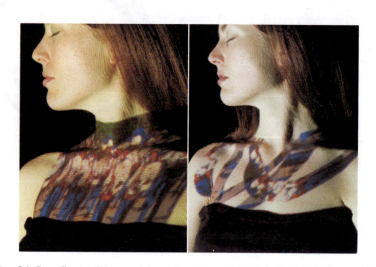

图4-6 *If One Could Wear a Marching Band*《如果我能佩戴军乐队》(2004年)

图片来源:https://www.artnews.com/art-news/news/photography-jewelry-hybrids-at-museum-of-arts-and-design-2442/

瑞士艺术家 Christoph Zellweger 则对首饰进行了跨学科、实验性的尝试，他的作品常常涉及医学与外科手术，扩展了首饰的定义。艺术家从 20 世纪 90 年代起开始关注整形手术，并对其持有一种积极的态度，他认为首饰与整形美容手术相似，都是新时代背景下对人体进行改造的美学实践，因此首饰同假肢、隆胸假体相似，都可被视作人体的外延（图 4-7、图 4-8）。

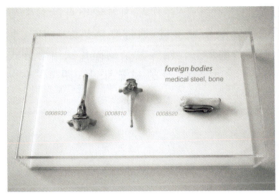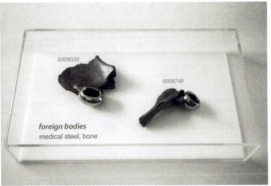

图 4-7　*Foreign Bodies*《异物》
图片来源：http://christophzellweger.com/arc/for

图 4-8　*Fluid Neckpieces*《流体项饰》（2002 年）
图片来源：http://christophzellweger.com/arc/FLUIDS

二、形式的创新

当代首饰发展至今,所承载的内容,已不再仅限于精湛的工艺美与奢华的材质美,人们更倾向于将其视为一种艺术性表达与创作者个人观念的输出,力求在首饰的形式上寻求新的突破。

以色列首饰艺术家 Attai Chen 善于使用独特的艺术语言,在作品中展现出自己对生与死、交替与轮回等哲学问题的深入思考。艺术家常以纸作为主材,通过立体拼贴、切割、重组、上色等处理手段,来模拟自然界中万物生长与衰败的形态。错综复杂的碎片状组合方式搭配以丰富的色彩,使他的作品呈现出旺盛的生命力与强烈的视觉张力(图 4-9~图 4-11)。

图 4-9　*Untitled*《无题》(2010 年)

图片来源:http://attaichen.com/project/compounding-fractions/

图 4-10 *Free Radical*(*part* 16)《自由基 16》(2018 年)
图片来源:http://attaichen.com/project/compounding-fractions/

图 4-11 1939(2014 年)
图片来源:http://attaichen.com/project/compounding-fractions/

韩国首饰艺术家 Seulgi Kwon 的作品总能营造出一种富有诗意的视觉效果，温润、梦幻、使人渴望触摸……不同于传统意义上的金属首饰，艺术家摒弃了生硬的几何形态与单一色彩，采用了仿生形态，她的作品常以硅胶为主要材质，充分利用了材料柔软轻盈的质地与晶莹透亮的特性，并搭配以神秘的色彩与不断变化的形态，以唯美的视觉形式来呈现细胞生长、分裂、消亡等有机运动（图 4-12）。

图 4-12　*Planetary Creation*《行星创造》

图片来源：https://www.mobilia-gallery.com/exhibits/the-translucent-treasures-of-seulgi-kwon/

奥地利艺术家 Peter Skubic 的首饰作品比例完美、棱角分明，呈现出一种多空间的美感。他喜爱不锈钢材料，常对作品表面进行抛光、上色等加工处理，搭配上金属丝线与不锈钢镜面形成的反射效果，丰富了作品的空间层次与色彩对比（图 4-13）。

图 4-13　胸针（2010 年）

图片来源：https://artaurea.com/2016/peter-skubic-nothing-behind/

瑞典首饰艺术家 Märta Mattsson 常在作品中使用拼贴、涂漆、铸造等一系列手法对蝉翼、蝴蝶、甲虫等材料进行加工处理,并按照一定规律将其排列、重组,呈现出节奏感、秩序感、对称美及色彩与肌理的对比,艺术家手下轻盈透亮、色彩明丽的首饰作品突破了传统首饰厚重呆板的形态与千篇一律的金属色,给人以诗意的美感,使那些逝去的生命重新焕发出生机与活力(图 4-14~图 4-18)。

图 4-14 胸针 1

图片来源:https://www.martamattsson.com/Wings

图 4-15 项饰

图片来源:https://www.martamattsson.com/Wings

图 4-16 胸针 2
图片来源：https://www.martamattsson.com/Wings

图 4-17 耳饰
图片来源：https://www.martamattsson.com/Wings

图 4-18　胸针 3
图片来源：https://www.martamattsson.com/Wings

三、功能的突破

传统首饰主要具有审美、保值、象征身份地位、宗教图腾崇拜等功能，而众多当代首饰艺术家却不肯止步于此，他们对首饰的功能进行了批判性反思，使其拥有了更多的身份与可能性——首饰不再仅仅是身体的装饰品，它们可以成为情绪与事件的记录者，思想与观念的传播者，可以成为一种新型的语言与交流方式，甚至成为一种全新的生活样式，使社会与生活变得更加美好。

艺术家杨晓晖的首饰作品中常常涉及身体与空间的话题，她的《镜子探测器》系列作品（图 4-19、图 4-20）以装置化的形态呈现，在佩戴过程中镜子的角度与方向可任意调节，便于佩戴者观察到不同角度的自我；在《丈量戒指》系列作品中（图 4-21），她又将金属与纸尺结合，使首饰在佩戴之外，又具备了度量的功能。杨晓晖的作品不仅具有丰富的交互性，也突破了传统的首饰功能，使其成为佩戴者探知自我、度量身体空间的"道具"。

在比利时艺术家 Liesbet Bussche 的众多作品中，首饰具有了明确的使用功能。例如，其作品 *Sugar Necklace*《糖块项链》（图 4-22）中糖块在作为艺术品的同时，仍可被食用；作品 *Necklace for Office*《办公室项链》（图 4-23）中项链不仅具有装饰功能，还能作为室内照明设备使用，同时具备了观赏与实用的双重功能。

图 4-19 《后视镜》(2018 年)
图片来源:微信公众号"新饰界"

图 4-20 《自画像装置》(2018 年)
图片来源:微信公众号"新饰界"

图 4-21 《丈量戒指》(2017 年)
图片来源:微信公众号"新饰界"

图 4-22 Sugar Necklace《糖块项链》
图片来源:http://www.liesbetbussche.com/pic/toegepast/SugarNecklace.jpg

图 4-23　*Necklace for Office*《办公室项链》
图片来源：http://liesbetbussche.com/objects_necklaceforoffice_photos.html

四、创作主题的突破

当代艺术首饰功能的突破与转变必然会为首饰创作带来更为丰富的主题。首饰作为一种媒介，一些艺术家选择用它来记录生活、描绘内心情感；另一些艺术家会将其视作评述时事的工具，发表自身对社会事件、政治、性别、身份的看法……

美国艺术家 Melanie Bilenker 热衷于使用头发这种象征私密性的材料来描绘"一个人、一种亲密关系、一个被遗忘的时刻或一些被隐藏的事物"。她利用善于发现美的眼睛与灵巧的双手将日常生活中安静平凡的场景、转瞬即逝的动作定格。烹饪美食、走进浴缸、闲暇休憩、照料花草等一系列微妙而细小的时刻都成为艺术家诠释的主题。从这些作品中，我们也能体会到创作者细腻温婉的女性观察视角与独具特色的艺术语言（图 4-24～图 4-27）。

在新冠肺炎病毒大肆传播的时期，口罩成了每个人生活中的必需品。艺术家刘骁以新冠肺炎疫情大背景为题，选取医用外科口罩为材，通过折叠与线缝的方式制成福袋，并将微缩版《神农本草经》置于其中，赋予作品美好的寓意。《福袋2020：神农本草经》体现出创作者对社会时事的关注，是具有人文关怀的、有温度的首饰作品（图 4-28、图 4-29）。

图4-24 Cookies《饼干》(2009年)
图片来源:https://www.melaniebilenker.com/#/cookies/

图4-25 Undress《脱衣》(2007年)
图片来源:https://www.melaniebilenker.com/#/undress/

图4-26 Chocolate《巧克力》(2008年)
图片来源:https://www.melaniebilenker.com/#/chocolate/

图4-27 Dogwood《山茱萸》(2017年)
图片来源:https://www.melaniebilenker.com/#/dogwood/

图4-28 《福袋2020:神农本草经》(成人口罩)(2020年)
图片来源:微信公众号"kuankuan首饰创作品牌"

图 4-29 《福袋 2020：神农本草经》（儿童口罩）（2020 年）
图片来源：微信公众号"kuankuan 首饰创作品牌"

阿根廷首饰艺术家 Fabiana Gadano 立足于废弃塑料对生态环境造成严重破坏的时代背景，创作出大量环保主题的首饰作品。她的 Nature《自然》系列作品（图 4-30、图 4-31）以 PET 塑料为主材，将收集来的废弃饮料瓶裁剪成片状或细条状，经过低温处理，通过冷链接的方式与金属组合，制作成轻盈的、梦幻的、具有植物形态的首饰作品，以此来倡导对废弃资源的重新利用。在 Planet《行星》系列作品中（图 4-32、图 4-33），艺术家呈现了一片被塑料碎片填满的蓝色海洋，Wounded Collection《创伤藏品》系列作品也同样描绘了被塑料摧残的、濒临灭绝的大自然。这些作品体现出艺术家对废弃塑料大量倾倒现象的关注，试图以此来唤醒人类的环保意识。

图 4-30　Nature 5《自然 5》（2015 年）
图片来源：http://www.fabianagadano.com.ar/en/trabajos/coleccian-natura-nature-collection-recycled-pet-plastic-bottles

图4-31 Nature 14《自然14》(2015年)
图片来源:http://www.fabianagadano.com.ar/en/trabajos/coleccian-natura-nature-collection-recycled-pet-plastic-bottles

图4-32 Planet Earth 2《行星地球2》(2020年)
图片来源:https://klimt02.net/jewellers/fabiana-gadano

图4-33 Planet Earth 3《行星地球3》(2020年)
图片来源:https://klimt02.net/jewellers/fabiana-gadano

被称为"串珠女王"的非裔美籍艺术家 Joyce J. Scott,以其对种族和政治主题的描绘而闻名,她常使用串珠雕塑的首饰形式作为媒介来发表自己对种族、性别、阶级等问题的观点(图 4-34)。

图 4-34　*Holocaust Neckpiece*《大屠杀项饰》(2013 年)
图片来源:https://artjewelryforun.org/articles/joyce-scott-2/

与之相似,在斯洛伐克首饰艺术家 Jana Machatova 的作品中,我们也常常看到各类政治符号,例如儿童先锋组织的徽章、勃列日涅夫之吻……创作者将这些记忆封存于透明树脂之中,以首饰的形式对社会主义时代进行了诗意的描述(图 4-35~图 4-37)。

图 4-35　*Pionieren*《先锋》(2014 年)
图片来源:http://www.machmach.sk/index.php?/jana/where-are-you-from/

图4-36　*Born under the Red Star*《生在红星下》(2012年)
图片来源:http://www.machmach.sk/index.php? /jana/where-are-you-from/

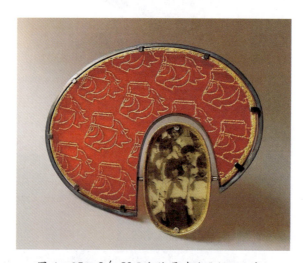

图4-37　*It's Us*《这就是我们》(2013年)
图片来源:http://www.machmach.sk/index.php? /jana/where-are-you-from/

首饰艺术家王茜在系列作品 *I do not Cook Pasta，I'm Making Jewellery*《我不做意面，我做首饰》中,选择了与女性相关的烹饪话题(在传统认知中,烹饪似乎是专属于女性的特定行为),作品以各种形态的意大利面为主材,通过水煮、染色、编织等多道工序制成形式新颖、色彩鲜亮、坚固且适宜佩戴的首饰作品。在首饰制作完成后,意大利面便不再具备食用功能,作者试图以此来打破社会文化中的固有认知、重新定义"女性的家庭地位"与"女性的烹饪行为",此外,在首饰的形式层面,艺术家也选择了一些与女性相关的符号,如圆润的造型、巢的形状等,使这些作品流露出鲜明的"女性主义"精神(图4-38～图4-40)。

图 4-38　*I do not Cook Pasta，I'm Making Jewellery*1《我不做意面，我做首饰》1
图片来源：https://klimt02.net/jewellers/qian-wang

图 4-39　*I do not Cook Pasta，I'm Making Jewellery*2《我不做意面，我做首饰》2
图片来源：https://klimt02.net/jewellers/qian-wang

图 4-40　*I do not Cook Pasta，I'm Making Jewellery*3《我不做意面，我做首饰》3
图片来源：https://klimt02.net/jewellers/qian-wang

五、佩戴方式的突破

首饰作为一种可佩戴的雕塑，自古便与人体具有着紧密的关联。当代语境下，随着首饰概念的不断泛化，我们对首饰与身体两者关系的解读变得更加丰富。艺术家不断以批判性反思精神对传统佩戴方式发起挑战,由此衍生出了手持、口衔、填充身体缝隙、直接刺入皮肤等一系列前所未有的新型佩戴方式。

仍以艺术家 Otto Künzli 为例,他的作品常以二维的、几何化的、类似于某种工具或器械的形态呈现,并与身体保持着紧密的联系。他突破性地将首饰与身体的关系从传统意义上的佩戴空间(如手指、颈部、手腕等)扩展到了其他未曾被人关注过的身体空间。他针对手掌凹陷处、指间缝隙、鼻周等常被人忽略的、潜在的佩戴空间设计了一些首饰或类似首饰的前卫作品,颠覆了传统的佩戴结构与佩戴方式(图4-41~图4-43)。

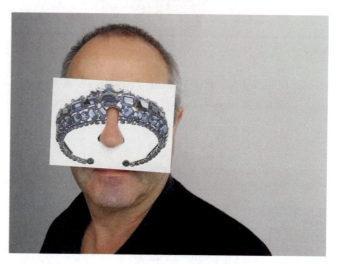

图4-41 Who Nose?《谁的鼻子?》(2001年)

图片来源:https://galleryfunaki.com.au/artists/otto-kunzli/

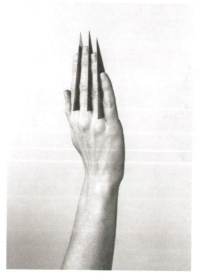

图4-42 Work for Hand《手工劳动》
　　　　(1979—1980年)

图片来源:微信公众号"时尚芭莎艺术"

图4-43 Hand Mirror《手镜》
　　　　(1982年)

图片来源:微信公众号"时尚芭莎艺术"

与 Otto Künzli 相似,艺术家 Lauren Kalman 也创造了全新的佩戴方式,在 *Devices for Filling a Void*《填补空虚装置》系列作品中,艺术家通过使用黄金饰品填充身体空隙的方式,将首饰固定在眼周、鼻腔、口腔或其他身体空间,给人强烈的视觉冲击。

此外,土耳其艺术家 Burcu Büyükünal 在其 *Terrifying Beauty*《可怕的美》系列作品(图 4 - 44)中也实现了对传统佩戴方式的突破,创造了四件独特的面部首饰。它们以扭曲金属丝线的形态缠绕或紧箍在五官及肌肉四周,造成面部不同程度的拉伸、扭曲、变形,给人以独特、怪异的视觉感受与佩戴体验。该系列作品聚焦于整形美容手术在社会中日益流行的趋势,意图对传统定义下的美与作为装饰品的首饰功能发起质疑与挑战。

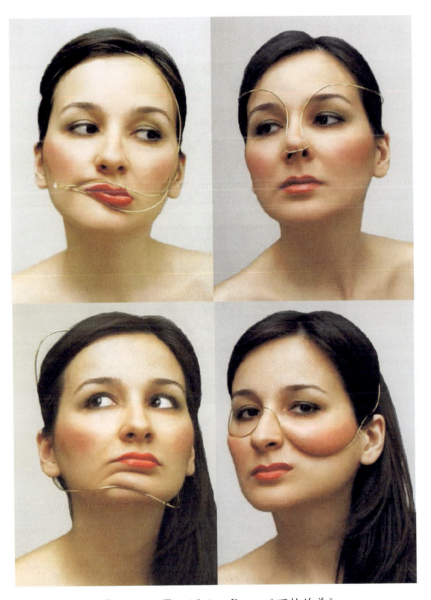

图 4 - 44 *Terrifying Beauty*《可怕的美》

图片来源:http://www.burcubuyukunal.com/isler.php?lang=en&jid=22

有时，一些前卫艺术家也会采用植入或刺入的方式将首饰直接与身体、皮肤相连。1975年4月11日，奥地利艺术家 Peter Skubic 曾进行过一次先锋的艺术实践，他让医生通过手术在自己的小臂上切口并缝入一片金属。术后，艺术家通过 X 光拍摄的方式记录了这一作品。七年之后，艺术家再次通过手术取出体内的金属片，并将其制成了一件首饰作品，命名为 Jewellery under the Skin《皮肤下的首饰》。

六、对"价值"的反思

纽约艺术家 Lauren Tickle 在她的系列作品 Increasing Value《增值》（图4-45、图4-46）中对一定数额的纸币进行裁剪、堆叠处理，使之呈现出极为丰富的层次感与古典美

图 4-45　Increasing Value《增值》（2016年）
图片来源：http://www.laurentickle.com/increasing-value-parti

图 4-46　$97.00 Currency Converted《97.00美元货币兑换》（2016年）
图片来源：http://www.laurentickle.com

形态。经由艺术家的加工处理,美元会由普通的货币单位升级为拥有更高价值的艺术品,以此来引发人们对货币价值的反思。

由艺术家 Johanna Dahm 创作的 *Wilhelm Tell's Shot*《威廉·退尔的射击》系列作品(图 4-47)同样蕴含着对材料价值的反思。作品标题引用了瑞士国父威廉·退尔为反抗霸权,在政府的逼迫下用弓箭射击儿子头上苹果的故事。在该系列作品中,艺术家使用机枪(现代版的威廉·退尔弓箭)来射击金银条或硬币,子弹射穿金银条或硬币后留下的孔洞形成了适宜佩戴的戒圈。艺术家以一种暴力的改造方式否定了金银贵金属作为物质商品的价值,取而代之的是作品所呈现出的完整艺术价值。

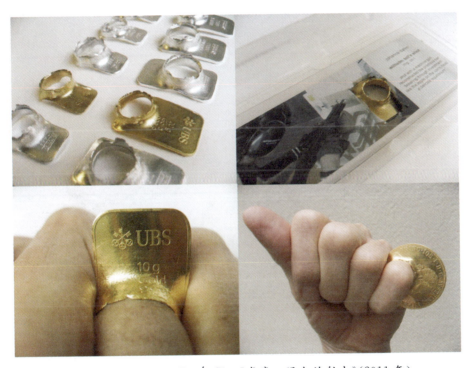

图 4-47　*Wilhelm Tell's Shot*《威廉·退尔的射击》(2011 年)

图片来源:http://www.ornamentumgallery.com/editions1/wilhelm-william-tells-shot-rings-by-johanna-dahm

此外,在艺术家吴冕的作品中,也能体会出创作者本人对黄金价值的思考。艺术家以"使用首饰艺术的语言与中国大妈抢购金首饰进行一次对话"为出发点,在经过长期调研与黄金加工厂的实地考察后创作了《金首饰》(图 4-48~图 4-50)系列作品。艺术家分别将工厂内回收得来的积有黄金粉尘的手套、车花部女工的内衣与执模部的地毯制成了金条状的首饰,并在其中融入了自己对价值一词的理解与感悟:"这些日常生活中价格低廉,越使用越破旧,越不值钱的东西,在黄金首饰工厂的环境里却恰恰相反,随着使用,变脏,变旧,也变得越来越有价值,成为了另外一种形式的黄金原料。它们可以被称作手套金、地毯金、内衣金,与生产出的黄金首饰一样,它们都是黄金的载体与容器。"

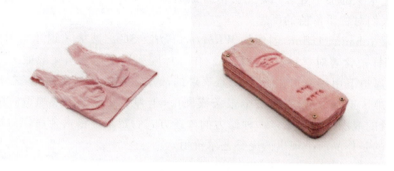

图4-48 《内衣金》(含金量0.1g)(2015年)
图片来源:https://wumianstudio.com/Gold-Jewelry

图4-49 《手套金》(含金量1g)(2015年)
图片来源:https://wumianstudio.com/Gold-Jewelry

图4-50 《地毯金》(含金量1g)(2015年)
图片来源:https://wumianstudio.com/Gold-Jewelry

第三节 当代艺术首饰与其他艺术门类的交叉融合

在上文中我们曾提到,后现代主义颂扬多样性、多元性及其杂合而非纯粹的形式。现如今,当代艺术首饰对自身定义与边界的不断拓宽为其实现跨界融合带来了更多的可能性。而行为艺术与公共艺术作为后现代语境下两种常见的艺术形式,同首饰艺术领域发生交融也已成为屡见不鲜的现象。

一、与行为艺术的融合

行为艺术兴起于20世纪五六十年代的欧洲,特指经由艺术家策划、指挥或亲身加入,通过与人交流互动,推出行为与事件,一步步发展,最终形成结果的过程。通常来说,行为艺术包含了时间、地点、艺术家的参与以及与观众的交流四个要素。

日本艺术家 Yuka Oyama 于2002—2008年间创作的一系列名为 *Jewellery Quikies*《首饰快闪》(图4-51)的首饰作品,均采用邀请观众参与互动的方式完成创作。她询问观众想

图4-51 *Jewellery Quickies*《首饰快闪》(2002—2008年)
图片来源:http://www.dearyuka.com/sq1.html

要什么样的首饰,并通过现场创作的方式直接在他们身体上使用收集得来的布料、胶带、泡沫等废旧材料进行制作加工。对艺术家而言,首饰的制作过程比其结果更有意义,创作过程中首饰成为艺术家与佩戴者沟通的媒介。此外,这种互动性艺术活动也打破了由艺术家独立完成作品的传统创作模式。

Ted Noten 曾于 1998 年开创了著名的 Chew Your Own Brooch《嚼你的首饰》(图 4-52)项目,该项目邀请了 800 多名观众作为首饰创作活动的参与者,他们与艺术家共同完成了这场有趣的艺术实践——创作者为参与者分发口香糖,并回收他们咀嚼后产生的形态各异的"雕塑作品",通过抽真空铸造的方式将带有齿痕的、各种形态的口香糖转化为金属材质,焊接胸针结构后便成为可佩戴的首饰。在作品的创作过程中,艺术家不仅突破了传统的制作模式,也展现了自己幽默风趣的设计语言。

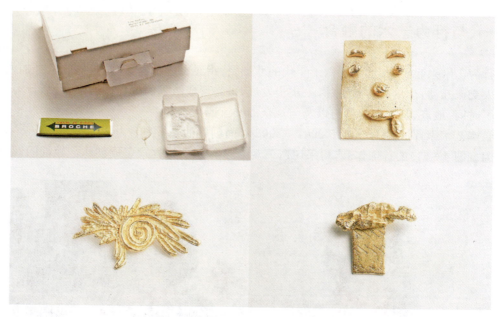

图 4-52 Chew Your Own Brooch《嚼你的首饰》(1998 年)
图片来源:https://www.tednoten.com/portfolio-items/chew-your-own-brooch

二、与公共艺术的融合

公共艺术指放置在公共空间、面向公众开放的艺术作品,其可以使用任意媒介进行创作。公共艺术具有三个公认的基本属性与要素——公共性、艺术性和在地性。这也是区分公共艺术与其他艺术门类的标准。

仍以艺术家 Ted Noten 为例,他曾创作过一件具有挑衅性与吸引力的装置作品——在展览空间的墙壁上悬挂 500 枚粉红色小猪戒指,使它们共同组成手枪的轮廓,并以此为观众提供一个互动性艺术装置。在场观众可以任意使用自己的旧戒指或其他饰品来替换掉艺术家制作的小猪戒指。展览过后,墙面变成了名副其实的戒指丛林,Ted Noten 将此作品命名为 Wanna Swap Your Ring?《想换戒指吗?》(图 4-53~图 4-55)。截至 2015 年,该项目已经在东京(日本)、斯德哥尔摩(瑞典)、奥斯陆(挪威)、惠灵顿(新西兰)、旧金山(美国)、里加(拉脱维亚)和登博斯(荷兰)七个城市进行过展览。

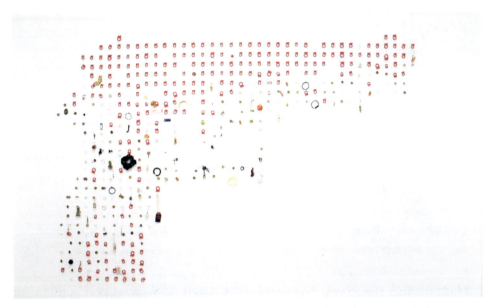

图 4-53　Wanna Swap Your Ring?(Tokyo)《想换戒指吗?》(东京)
图片来源:https://www.tednoten.com/portfolio-items/wanna-swap-your-ring

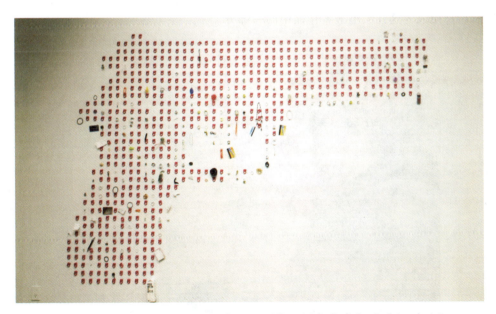

图 4-54　Wanna Swap Your Ring?(Cisco)《想换戒指吗?》(旧金山)
图片来源:https://www.tednoten.com/portfolio-items/wanna-swap-your-ring

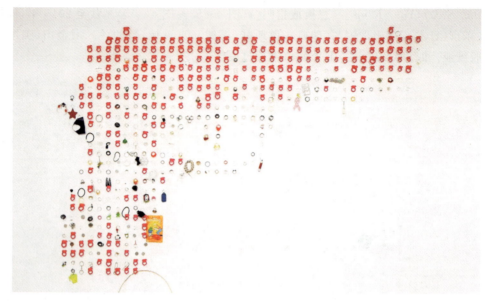

图 4-55　*Wanna Swap Your Ring*？(Oslo)《想换戒指吗？》(奥斯陆)
图片来源：https://www.tednoten.com/portfolio-items/wanna-swap-your-ring

与之相似，挪威艺术家 Nanna Melland 创作的艺术作品 *Swarm*《蜂群》(图 4-56)由众多大小不一的铝制飞机密集排列构成，呈现出类似蜂群聚集的壮观景象。在作为一件大型公共艺术品的同时，每架小飞机又可作为一件独立的胸针饰品来佩戴。装置一侧设有投币箱，只要花费 50 元观者就能购得一枚胸针，在创作者看来，每当参与互动的观众带走一架飞机，他们自身便成为这件大型艺术作品中的一部分。

图 4-56　*Swarm*《蜂群》(2014 年)
图片来源：https://klimt02.net/forum/interviews/nanna-melland-uniqueness-of-the-masses-monica-holmen

此外,比利时艺术家 Liesbet Bussche 自 2009 年起就开始为各个城市设计大型装置化首饰,并将其视作城市的首饰。例如,她为台北设计的珍珠项链形的路灯(图 4-57)、在阿姆斯特丹设计的水泥耳钉形状的拦车路障(图 4-58),以及为纪念法国女星 Suzy Solidor 而制作的大型手链式围栏(图 4-59)(手链上的双"S"、埃菲尔铁塔、金钱等标志……均为女星 Suzy Solidor 人生中的重要符号。)

图 4-57　*Urban Jewellery*《城市首饰》(台北)
图片来源:http://liesbetbussche.com/urbanjewellery_taipei_night.html

图 4-58　*Urban Jewellery*《城市首饰》(阿姆斯特丹)
图片来源:http://liesbetbussche.com/urbanjewellery_amsterdam_jitc.html

图 4-59 *Urban Jewellery*《城市首饰》（Suzy 的魅力）
图片来源：http://liesbetbussche.com/urbanjewellery_cagnessurmer_suzysolidorcity.html

上述几位艺术家的作品都实现了较大的跨界，使作品同时具备了首饰、行为艺术与公共艺术的多重身份。

第四节
关于当代艺术首饰的思考

当下，对于不少艺术家而言，首饰艺术探索功能的重要性似乎超过了其他功能，包括愉悦人感官的功能，同时艺术家们似乎也不大在意当代艺术首饰作品的美观性。对于此观点，学者们往往持有不同的态度。在美国艺术批评家 Dave Hickey 看来，好的艺术必须是美的，并且这种美必须要让观众直接感受到，是艺术作品最基本的要求。美国学者 Arthur C. Danto 则指出，好的艺术不必是美的，美的艺术不一定是好的，这是 20 世纪艺术哲学在概念上的重要澄清，美、漂亮不等于艺术，绝大多数艺术都是不美的，美从来都不是艺术的目的。与其说呼唤美的回归，不如说警惕美的滥用，不要把美从日常生活领域滥用到艺术领域。我们可以将当代艺术首饰视作一种艺术、功能、设计、工艺与审美的混合体。但当代艺术首饰也始终是首饰，如果脱离了审美性，还能为大众所接受吗？当代艺术首饰作为首饰还能走多远？相比之下，笔者更认同美国艺术批评家 Dave Hickey 所提出的观点，在笔者看来，当代艺术首饰还是应满足美的基本要求，具备一定的审美性与功能性。

荷兰著名设计师与首饰艺术家 Gijs Bakker 曾说过："首饰是一个非主题或非主体，如果将首饰作为一个主体，它就会受到更大的限制。首饰作为一个研究领域，有太多局限，也太过于内向。首饰是人类行为的一个侧面，它是整体的一部分，不应该被孤立起来"。当代艺术首饰不应局限于学院体制内作为对工业文明下物质体系与商业社会的批判性反思，也应作为国际当代艺术的一个分支，成为艺术家表现自我、表达批判争论与观念的媒介。

第五章

首饰设计

在中国,首饰设计是20世纪90年代末经济迅猛发展背景下诞生的一个专业方向。随着社会发展和物质生活的丰裕,人们愈加追求丰富的文化和精神生活,首饰作为文化推广、美育教育、情感表达等幸福生活体验的载体深入到大众日常生活中,首饰设计也成为现代设计师研究的重要对象。本章将围绕首饰设计的概念、目的、演化及表达方法进行论述。

第一节 首饰设计概述

首饰伴随人类的诞生而产生。在中国,首饰的传统定义是:佩戴在人体上外露部分的特殊装饰物,即依据首饰与人体的关系对其进行定义。在西方,1899年在巴黎的一场首饰设计大赛中出现首饰概念的混乱,导致金银首饰行业从业者展开了对首饰一词的讨论并作出如下定义:首饰包含工艺精美首饰、高档镶宝首饰及金银素金首饰(Jewellery includes bijouterie、joaillerie and orfevrerie)。

工艺精美首饰:精美的工艺价值大于材料价值的首饰(Bijouterie:jewellery esteemes for the delicacy of the work than the value of the materials)。

高档镶宝首饰:用钻石与精美宝石制作的高价值的首饰(Joaillerie:high jewellery in diamonda and precious stones)。

金银素金首饰:金银首饰(Orfevrerie:goldsmith and silversmith)。

从西方对首饰的定义可知,传统意义上西方的首饰是依据物体本身的特点来进行定义和分类的。从这一个角度可以看出东西方思维方式的不同。

20世纪60年代,随着第二次世界大战带来的反思,首饰概念的内涵和外延不断拓展,产生了当代观念艺术概念(contempory jewelry),它突破了原有的对首饰材料、工艺以及人体佩戴关系的描述和限制——用任何材料、以任何方式呈现的承载艺术家思想和观念的立体空间形态物体都可以称之为"首饰"。

从首饰概念的内涵与外延的变化可以看出,首饰作为一个物质载体,其主题、形式及功能各要素的变化实质是其背后社会文化的发展变化,这无疑影响着首饰设计的目的和表达形式。

虽然首饰很早就产生了,但首饰设计却是近代的一个概念。从古至今,人类最基础、最主要的活动是造物,而设计便是造物活动预先进行的计划,即把规划、设想和解决问题的方案以文字或视觉传达的方式呈现出来。在很长的历史时期内,首饰都是由手工作坊的工匠们根据经验制作,设计意识蕴含在手工艺的造物活动过程中。首饰在生产之前,已经过周密的思考并设计出图样,使之成为有图可依、有案可考的设计,这时首饰设计过程开始出现,这大大增加了加工的预见性和可靠性。首饰设计正式诞生的具体时间可能追溯到我们能够找到的最早首饰设计手稿的时间。到19世纪末20世纪初,首饰设计的进一步发展使得首饰设计逐步从制作中分离,并产生了专门从事设计的设计师,此时首饰设计不再是首饰加工的简单附属,而成为一项独立的工作。

相比工业设计、机械工程设计等,首饰设计属于艺术设计的范畴,有自身的设计目的和设计考量标准。

一、首饰设计要素

1. 定义

首饰设计是以首饰为对象的造物计划活动,指用图纸表达的方式对首饰进行创作,即将头脑中对某一首饰的创意和构思用设计图逼真地表现出来。它是一种造型设计,也是一种对材料的创造和工艺的实践,把人脑中能体现情感及和谐的材质美、造型美和工艺美,以及具有装饰功能、使用功能或彰显身份地位功能等的设计形式用图样表现出来,它强调主题、功能与美学造型的一致性。由于首饰创作的最终成品是实物,无论是设计师自己完成设计的物化还是由首饰制作的起版师完成物化,都可能在物化过程中对设计方案进行修改和完善,因此首饰设计实际上包含了从图纸创作延伸到设计物化的全过程。

2. 首饰设计三要素

一般来说,一款首饰设计作品包含三个要素,即主题要素、形式要素和功能要素。

主题要素即设计语言,是首饰作品的内在灵魂,不同时代、不同地区,因社会政治、经济和文化等发展水平和发展状态不同,首饰所传达的主题要素也会有所不同,但人类社会作为发展共同体有着一致的文明发展进程,某些追求希望和美好的主题是跨越时空的、永恒的,比如表达优秀传统文化的主题、歌颂美好爱情的主题等。

例如TTF每年举办的生肖主题首饰设计大赛,以生肖为载体(图5-1~图5-3),通过大赛作品向世界传达中国的传统文化和优秀品德。

形式要素体现作品的艺术形象。它是指以各种表

图5-1 《树与马》(TTF马年生肖设计大赛作品)

图 5-2 《生生不息》
（TTF 鸡年生肖设计作品）

图 5-3 《法兰西雄鸡》
（TTF 鸡年生肖设计作品）

现手法（如具象叙事化设计、抽象构成法设计、意象审美式设计等）将首饰蕴含的设计语言表达出来，包括形制、材料、工艺、色彩应用等。在社会发展的不同阶段或同一阶段的不同地区，由于工艺技术发展水平不同、审美价值观不同等，形式要素的表达明显不同。

例如，在古罗马时代的首饰中，由于古罗马人统一了地中海地区，建立了自己的国家，因此他们以胜利者的姿态面对世界，无畏的眼睛、整齐的头发、紧闭的嘴唇，征服者的头像成为古罗马极具代表性的首饰表达形式（图 5-4）；而同处于古罗马时代的柯尔特人属于流落到罗马的德国民族，他们在保留自身淳朴乡村文化的同时，精湛的雕金和颗粒金等工艺的表达成为他们的首饰的主要形式（图 5-5、图 5-6）。

图 5-4 古罗马时代征服者头像戒指

图 5-5 古罗马时代雕金工艺

图 5-6　古罗马时代颗粒金工艺

首饰设计最终都是通过造型来实现表达,这体现了设计师的造型能力。造型的基础一方面是设计师对设计素材的掌握和对生活的感悟,以及对审美风格的选择与把握;另一方面就是设计师对构成学的学习和应用。任何造型都离不开点、线、面的构成,大家在造型训练时需要大量尝试并探索如何对设计素材进行抽象变形、分割和组合。

功能要素体现了首饰的实用要求,一方面是考虑首饰选材、材料搭配及加工工艺实现的可行性;另一方面指首饰是否符合佩戴要求及其他特定的结构要求(如可拆卸活动结构、内置芯片结构等)。

首饰设计师在进行首饰设计时应综合考虑以上三要素的要求,实现以设计目的为核心的形式和功能的统一。

二、首饰设计学习内容

在进行首饰设计时,首先要去寻找作品将要表达的思想即主题,将社会的、文化的、时尚的某些元素提取出来,然后去寻找表达这种思想的合适手段和形式,把提取出来的主题以艺术的风格附加到合适的载体上,再回到社会中,引起人们感情的交流。因此,学习首饰设计,一方面要学习首饰设计的理念,另一方面要学习首饰设计的方法。

设计理念是设计好作品的根本。在常人眼中,首饰是装饰品,而对设计师来说,首饰是艺术,是以一种无声的语言表达的思想。任何艺术作品都能告诉我们一些和时间或社会相关的事情。艺术家们在作品中表达思想和感情,它反映了某个时代特定的审美,因此首饰带有明显的时代烙印,它告诉人们在它产生的那个时代人们喜欢什么,信仰什么,甚至可以反映那个时代的经济、政治和宗教状况。了解这一点对一个设计师来说非常重要。这要求设计师有深厚的知识底蕴,通过典型作品的产生根源探讨其背后的首饰文化,同时讲古论今,深入思考我们这个时代首饰的发展特点、时代需求。现代社会科技高速发展,人民追求幸福生活的愿望迫切,如何以首饰为载体去推动中华优秀传统文化的传播,如何提升全民的美育素养,如何为大众带来更美好的生活,如何站在国际舞台上讲述好中国故事,等等,一个设计师需要深度思考这些问题并努力践行,才会在首饰设计中拥有源源不断的创新原动力。

设计方法是设计师要掌握的技术和方法,它是将好的设计主题和理念以动物、植物、几何形态、反映社会历史及文化的装饰图案和美术图案等表达出来的方式。选择和创造造型元素的过程是一个抽象和具象的过程,也是一个个性化的过程,它体现了设计师的审美修养和造型能力。最后就是设计的表现——设计效果图的制作,包括立体图和三视图。

首饰设计作为造型设计,离不开对材料及工艺的应用。设计没有统一的范式和标准,对材料语言和工艺语言的探索会为首饰设计创新带来无限可能性。因此作为一名首饰设计师,需要了解首饰用材料的特点和工艺属性,学习各种首饰制作工艺,了解先进的科学技术,围绕人民大众美化生活的需求,围绕文化自信和活态传承的创新发展,发扬工匠精神,不断思考、不断实践、不断创新,设计出人民满意的首饰作品,这也是设计师应该承担的责任。

第二节 首饰设计方法

首饰设计从最初的灵感产生到创意的输出和表达,需要设计师捕捉灵感、转化灵感并最终将其呈现出来。设计过程是设计师思想理念的表达和实现,是对臆想目标的求解过程,也是公布求解答案的过程。根据现代首饰设计的概念,在作品物化生产之前,首饰设计师需要先将大脑中的创意以设计图的形式表达出来,并对其进行审视和修改完善。这一过程避免了由于造物的不确定性产生的高成本、低效率问题。为满足现代团队协同创新或设计服务对象的需求,一个设计可能需要若干人共同协作完成,一个直观有效的设计图可供设计师自己及相关群体讨论、检查和修改,以获得成熟的设计来保证最终的物化能顺利进行。

一、首饰设计的过程

首饰设计的过程包括设计目的的确立、创意构思的概念草图表达、设计演化的设计草图绘制、正式设计图的绘制以及设计物化中的调整打磨。

1. 设计目的的确立

不同社会发展阶段首饰的形式和意义有所不同,并随时代的发展不断更新演进,体现出显著的时代特点。

中国远古时代,金属尚未被发现和使用,首饰以玉石、动物骨骼牙齿等为材料,根据对自然的模仿进行形式表达,如有的可能作为原始宗教崇拜的符号,比如巫师佩戴圆形的玉珏,象征获得与神灵沟通的能力;有的可能是对部落中勇敢者的奖赏及地位的表征。中古时期及以后,首饰进入传统艺术发展期,包括金、银、宝玉石等在内的各种材料被广泛使用,首饰设计也更注重装饰性,既能彰显王者的威仪,也能寄托普通民众的美好心愿,中国传统吉祥图案被大量应用,充分体现出"图必有意,意必吉祥"的设计表达目的(图5-7、图5-8)。进入现代,随着包豪斯设计理念在全球的广泛践行,首饰也和其他艺术一样全面介入大众生活。对材料的合理应用,对实用功能的关注引导使现代首饰设计"以人为本"设计目的确立,简约风格大量出现(图5-9、图5-10)。进入20世纪60年代,当代观念首饰艺术的出现引发"首饰究竟是什么"的思考,这种思考是非常有益的,虽然在探讨的过程中也出现了一些不那么令人舒适、令人认同的表达形式和形象,但这种思考引导部分设计学者重新审视首饰的设计目的及其意义,这将是首饰在当代社会获得新发展的一个起点。

图5-7　金镶宝石蝙蝠簪
（故宫博物院）

图5-8　黄杨木嵌金蝠珠石如意
（故宫博物院）

图5-9　LOVE耳环（卡地亚）　　　　图5-10　Juste un Clou手镯（卡地亚）

如果说传统首饰设计是属于"物本体"设计,强调注重材料、工艺和造型本身造就的装饰性、美观性以及珠宝材料的保值性,那么现代首饰设计的重心就转移到了物与人的关系上,从"人本位"出发去探索首饰的形式、功能和审美。在"物本体"设计思维模式下,设计师关注的是如何凸显宝石之璀璨、花丝工艺的繁复惊艳,而"人本位"设计思维则更多地体现了设计的本质,即以解决一个问题为导向。围绕当代社会大众的美好生活需求,首饰可以承载的功能和期盼会更多,如首饰是否可以成为隐形通信工具,危急时刻是否可以定位和发送求救信号?首饰是否可以具备保健医疗功能从而充当人类的健康卫士?如在新冠肺炎疫情迟迟不退的当今世界,大家普遍佩戴的戒指是否可以同时具备血氧检测功能?手镯也许可以通过颜色变化显示人体体温的变化?首饰是否可以成为残疾人的守护天使,把冰冷的假肢或者是不能承重的矫形器具全都融合包裹在温馨或酷炫的首饰之下?这种智能可穿戴首饰的设计充分体现了首饰设计的"人本位"理念和价值观,但这也对首饰设计师提出了新的要求——具备应用整合其他学科领域知识以实现设计目的的能力。科技时代的首饰设计无疑包含了科技要素,这是时代的特征。

随着人与环境之间的协调发展,首饰设计的视野进一步放大到人与环境的关系。首饰与人的关系不再只停留在佩戴时刻,它全方位参与到人的生活中。从单一的可佩戴到可摆放、可观赏、可把玩的多方式呈现,更为宏观的设计思维给首饰设计的未来带来了无尽可能。例如设计师金若雨的作品《水果的仪式》系列首饰(图5-11~图5-13)在佩戴和收纳之间倡导生活美学观念,在饰人、饰物、饰景的背后是装饰愉悦的心情和美好生活的设计理念。

图5-11 《水果的仪式》1(金若雨)

图5-12 《水果的仪式》2(金若雨)

从"物本体"到"人本位",首饰设计重心的转移使设计思维模式不断更新。以观念+功用+审美+科技的融合创新,使首饰设计不再是一个孤立的造物行为,而是一个被消费者需求所驱动的系统,充分体现了设计"以人为本"的思想以及首饰设计团队协同创新设计的新范式。这一切都源于设计的根本目的就是创造一种方法,解决一个问题。首饰设计自然也不例外。

图 5-13 《水果的仪式》3（金若雨）

2. 创意构思的概念草图表达

根据设计的最终目的来构思一个好的创意，并选择素材进行概念创意草图绘制是设计师输出头脑中设计的第一步，是非常重要的开端。俗话说"巧妇难为无米之炊"，灵感的火花以及丰富的设计素材的积累是设计师的设计基础。设计来源于生活，设计师需从日常生活中搜寻首饰设计的灵感，深入生活，观察自然景色、社会现象，抑或是人情世故等，有时候生活中的一些经历、一段故事、一个画面都可以引发设计师的设计灵感，而原始设计元素则来源于设计师在观察生活的过程中记录下来（写生）的物象，包括人物的、动物的、植物的、建筑的、美术的等（图 5-14、图 5-15），而不是质感、光影和色彩。比如对结构的观察，设计师要细心观察对象的各个部分，以及各个部分的衔接方式；观察对象内部组织形式，如进行解剖写生，也可以发现美的造型元素（图 5-16）。另采用不同角度观察和选形，可以增强设计师选择设计元素的能力并增加其选择途径。

图 5-14 水果的切面图

图 5-15 蔬菜的切面图

在这一阶段，设计师需考虑以下几个问题：选择什么样的设计审美风格，如何搜集选择素材，如何对原始素材进行抽象、变形等演变，作品的大致造型特征是怎么样的，设计中是否具有特殊结构与全新的功能设计。

围绕设计目的，确定了设计创意及素材之后，设计师要绘制概念创意草图。设计师只需要用线条勾勒大致的造型框架，从视觉上感受造型的整体审美。这个阶段非常需要设计师的发散性思维，需要设计师绘制大量的、几乎是穷尽式的概念创意草图。

例如，杨砚墨的项链设计作品（图5-17），设计师观察了大量花卉植物的结构、特征并总结其生长规律后，对花瓣与叶片的包覆结构、表面纹路、花蕊间的衔接方式、生长趋势等进行了细致观察与解剖写生，提炼出大量具有形式美感的造型元素（图5-18），给《花园》主题概念的产生及相应的造型构建带来了启发。

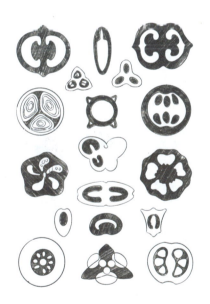

图 5-16 果核的切面图

图 5-17 《花园》实物图

图 5-18 《花园》素材图及元素提取

金若雨的《一杯茶的时间》系列作品(图5-19、图5-20),在提取灵感素材时,以茶这一物质与精神并见的意象作为媒介,通过写生观察,提取水、茶、器、叶等意象,试图捕捉制茶、饮茶、倒茶时的动态感。

图5-19 《一杯茶的时间》系列作品的灵感来源

图5-20 《一杯茶的时间》系列作品的元素提取

马君怡的生肖设计作品《狗》(图5-21)在设计之初,也观察了大量狗的形态和姿态,并对其进行线条提取和创意思考(图5-22)。

图5-21 生肖设计作品《狗》　　　　　图5-22 生肖设计作品《狗》的设计素材及灵感图

3. 设计演化的设计草图绘制

在概念创意草图的基础上,设计师需要进一步深化概念创意,明确设计细节与形式功能表达,包括首饰设计造型、结构、材料应用等。设计草图仍然是以线条绘制的方式进行表达,与概念草图不同,它要明确绘制出首饰的类型(戒指、吊坠或胸饰等),清晰表达首饰造型中点线面构成的准确空间形态、空间关系、比例大小和各种结构(如线条的流畅、曲面的反带、不同部分的空间高低位以及结构和功能的实现方式等)。

点、线、面是首饰设计造型中的基本构成要素,对点、线、面属性的了解和应用是设计师的基本能力。点是一个相对概念,是在与周围环境的大小比较中获得的定义,如将庞大的地球放置宇宙空间中,地球则成为一个点,而在各种宝石的应用中,较小的宝石或者用以群镶的宝石也可以视为一个点。点有聚焦的作用,也有对设计中的线材进行视觉终止的作用。线则是点移动的轨迹,可以分割画面空间、表现物象的形体轮廓与内部结构,在设计作品中起着重要的作用。线的粗细、曲直、倾斜、刚柔、起伏、波动也会给观者带来不同的心理感受。面是线移动的轨迹,是体的外表。面是构成各种可视形态的最基本的形,首饰设计中常用的面包括由直线或曲线组合的几何面及非几何面。非几何要素主要指由各种生命活动和偶然性因素所形成的造型元素,如动物、植物、人物等的各种自然形态及运动状态。点、线、面的合理巧妙应用可以为作品带来更加丰富的空间层次与形式美感。

设计草图基本决定了首饰的最终造型。在设计草图的绘制过程中，设计师需要对概念创意中的元素进行深度演化，有意识地应用减法法则和加法法则，构建不同的审美视觉感受。比较容易出现的问题是设计师经常会不自觉地将设计元素的形态作为最终首饰造型的形式，也就是素材即为造型、纹样即为造型的固化设计思维。设计师积累的很多素材一般为实体形态，而首饰造型作为空间立体形态，包含了实体形态和非实体形态，所以需要有意识地对元素的形变、减法法则和加法法则进行灵活应用，以期获得由实空间和虚空间共同构成的具有完美空间形态的首饰。

在设计演化过程中，设计师也可以有意识地对形式美法则——均衡与对称、节奏与韵律、调和与对比、变化与统一进行应用。设计中还需要考虑色彩的搭配，不同的色彩搭配可以给创作带来更多的可能性，不同的色彩组合会呈现出不同的视觉效果，并带给观者不同的心理感受。协调的颜色搭配会令人感到愉快、安详，不协调的搭配会给人混乱和不安感。色彩也是首饰作品情感和风格表达的重要因素。

在《花园》的设计草图绘制过程中，设计师挑选了部分概念创意草图进行设计延伸，这一阶段，设计师主要对单片及多片花的形状或多个元素的排列组合方式进行构思，以聚合、放射、旋转、累叠等方式将花瓣元素组合在一起，构成不同的花形，使每种花具有不同的观赏效果与空间美感。此外，在设计草图绘制阶段，设计师也完成了首饰的结构设计，如花卉部分与佩戴结构之间的连接方式与配色设计（图5-23）。

图5-23 《花园》的设计草图

这里也放上马君怡的生肖设计作品《狗》的设计草图及最终渲染效果(图5-24)。

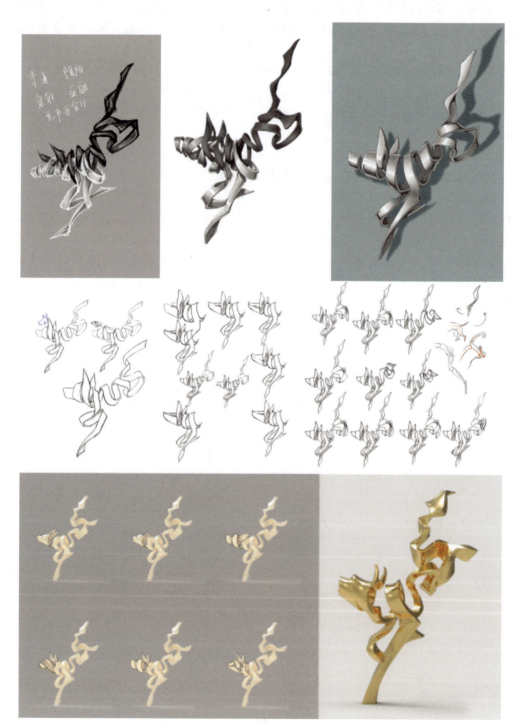

图5-24 生肖设计作品《狗》的设计草图及最终渲染效果

4. 正式设计图的绘制

正式设计图的绘制包括三视图和立体效果图,对于有设计细节或者有特殊结构的还需要补充设计细节放大图等,其目的是完整地展示设计师的设计,它既是实现设计物化的起版标准,也是接受设计批评和修改的对象。

随后,设计师对设计草图进行完善与细化,绘制出首饰的完整形态,上色并添加高光、纹理、渐变色等细节,将首饰作品的色彩、结构、材料清晰地呈现出来。

下图为杨砚墨《花园》首饰设计的手绘正面视图(图 5-25)。

图 5-25 《花园》首饰设计的手绘正面视图

5. 设计物化中的调整打磨

设计师或起版师根据正式设计图的要求选择手工雕蜡、数字化建模或者手工金工起版来完成物化。物化过程的调整主要根据材料和工艺的要求进行，可能在实物基础上进一步调整线条粗细弧度、曲面厚薄反转及作品尺寸等细节，让设计达到更为完美的视觉效果。

例如，在设计作品《一杯茶的时间》中，设计师确定了效果图（图 5-26、图 5-27）之后就进入首饰制作流程。在制作过程中首先考虑的是玉雕部分。根据生活美学"顺势而为"的造物理念，制作时基于现有玉料的造型、厚度、大小，对设计图进行最大程度地再现（图 5-28），但在实物制作的过程中也会因为一些现实原因需再次修改设计图。例如未考虑碧玉原料中隐藏的裂隙，所以原本的叶片大小被迫从 47mm 缩小到 25mm，因此设计师重新修改了设计图（图 5-29），将原先"滴落"水滴的部分由金属替代。然后是金属部分，设计师以桂花树的叶片作为参照，用蜡雕工艺复刻出了叶脉（图 5-30）。设计师选取其中 7~8 片大小合适的叶子，铸造出金属件（图 5-31），批量翻模倒出约 30 片进行排列组合，确定造型之后焊接（图 5-32、图 5-33）。接着是镶嵌，镶嵌圆形碧玉的爪镶镶口由 Rhino 建模 3D 打印而成，使用金刚砂针打磨出砂金肌理效果（图 5-34）。最后对碧玉打孔，以类似珍珠镶嵌的方式将蜻蜓镶嵌在玉石之上。成品图见图 5-35~图 5-37。

图 5-26 《一杯茶的时间》吊坠设计稿

图 5-27 《一杯茶的时间》胸针设计稿

图 5-28 《一杯茶的时间》玉雕部分制作过程

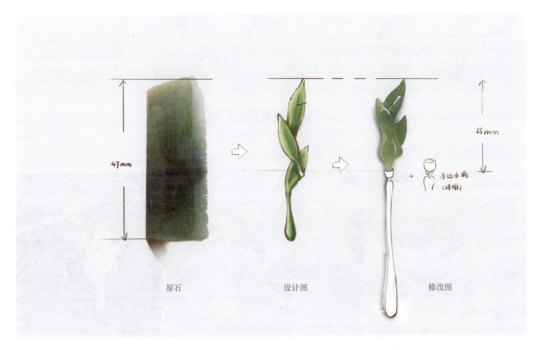

图 5-29 《一杯茶的时间》重新修改的设计图

图 5-30 《一杯茶的时间》蜡雕工艺复刻出的叶脉

图 5-31 《一杯茶的时间》铸造出的金属件

图 5-32 《一杯茶的时间》焊接过程1

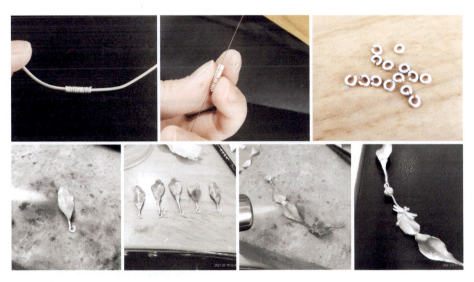

图 5-33 《一杯茶的时间》焊接过程 2

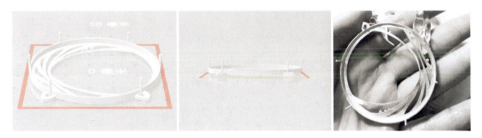

图 5-34 《一杯茶的时间》中由 Rhino 建模 3D 打印而成的爪镶镶口

图 5-35 《一杯茶的时间》成品 1

《一杯茶的时间》2021

图 5-36 《一杯茶的时间》成品 2

《一杯茶的时间》2021

图 5-37 《一杯茶的时间》成品 3

首饰设计 第五章

如果不是设计师本人完成制作,则需要设计师进一步与制作人员沟通细节,确保实物制作忠实于设计原意。例如设计师徐婧竞这枚旋转戒指(图 5-38),设计有隐蔽的可旋转活动结构,使紫色主石通过旋转位于戒指的不同位置制作。制作类似这枚戒指这种设计复杂的作品时,设计师就必须与制作人员进行沟通。

图 5-38　旋转戒指

由于现代首饰融入了先进的制造技术,尤其是 3D 打印的应用使得设计师可以更加方便快捷地得到蜡质或树脂材料的实物模型,为设计师在物化过程中的设计调整提供了更加直观的条件,以便设计师对首饰设计进行审视和讨论。

二、首饰设计的表达

首饰设计正式设计图的表达主要有两种形式:手绘设计表达和数字化设计表达。

1. 手绘设计表达

任何一件首饰作品都存在六个视图。通常首饰制图是以投影和透视为基础,分别绘制设计作品的三视图和立体效果图。三视图最早应用于建筑和工业制图中,目的是更全面地展示设计形态,使施工人员能够准确地理解设计意图,以达到设计方案和实物制作的完整统一。绘制首饰三视图是学习首饰设计必须掌握的技能之一,这对于完整而准确地表达设计师的设计意图是必不可少的。一般来说,三视图为正视图、顶视图和侧视图,可根据设计的表达需要进行选择,如设计的首饰作品左右不对称,则需要绘制双侧视图;如设计的首饰作品底部也有细节表达,则底视图也需要绘制。无论是三视图还是六视图,均需要注意各视图之间比例一致,空间关系一致,因为它们表达的是同一件作品。三视图还可以清晰地表达产品的细节和尺寸。首饰三视图一般要求按1∶1绘制,以帮助制作者更方便把握首饰作品的尺寸,正确领会设计师的设计要求。首饰局部图用于表现首饰作品中某些特殊空间结构或工艺,其作用是在三视图无法清晰有效地表达某些空间结构或构成时,加以辅助说明。立体效果图则需要尽可能表达设计作品的全貌或主要部分,并用色彩表达材质和肌理的真实效果(图5-39～图5-40)。

图5-39 蓝宝石戒指三视图及效果图(谢媛供图)

图5-40 珍珠戒指三视图及效果图(谢媛供图)

图5-41、图5-42是从设计灵感创意到最终完成首饰设计正式图的主要流程。

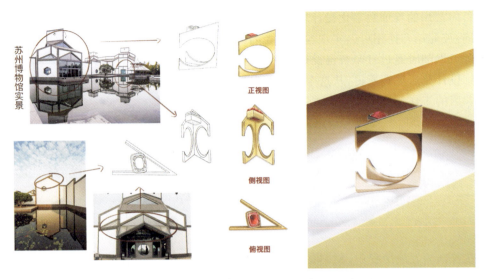

图5-41　18K金镶红宝石戒指设计图（李儋璟萱供图）

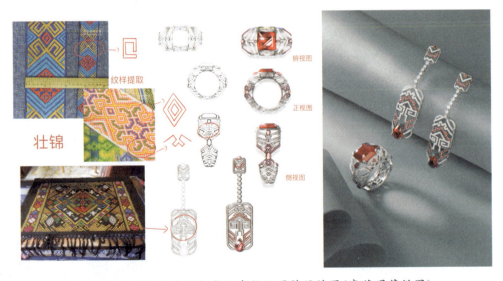

图5-42　18K白金镶红宝石戒指及耳饰设计图（李儋璟萱供图）

2. 数字化设计表达

数字化设计应用电脑辅助设计技术，借助设计建模软件表达虚拟化的首饰实物效果。它易于存贮，修改方便，渲染逼真，可以清晰准确地表达细节和结构关系，特别是可以直接通过快速成型技术如3D打印或者CNC得到实物，而且设计图和实物之间不存在差异。有些软件还带有金重估算功能，设计完成就可以知道用金量，方便设计师根据成本需要修改设计图，控制金重。数字化设计六视图是同步的，设计过程中任何视图中线条绘制调整或编辑变化都同步显示在其他视图中,因此设计师不再需要分别绘制三视图或六视图。详情可见本书第六章第二节:首饰3D打印先进制造技术。

目前常用的首饰数字化设计软件有 JewelCAD、Rhino 和 Zbrush 等,软件特点和优势各不相同,彼此结合使用可以实现各种强大的设计表达功能。由于 3D 打印技术的快速发展,设计师可以随时通过打印获得设计模型,对照模型进行修改、调整也更为直观和高效。数字化首饰设计是所见即所得,从这个意义上来说,数字化首饰设计师同时承担了设计图表达和实物起版的工作。

第三节 首饰设计材料

在首饰的发展历程中,材料的应用与创新一直起着至关重要的作用。材料的特性、肌理、颜色及美学价值直接影响着首饰的理念表达,在首饰设计中如何处理好材料运用问题是所有设计师的必修课。

一、贵金属类材料

贵金属类材料主要指金、银、铂和钯及其合金,它们是首饰中的常见材料,设计师可以根据首饰造型特点、顾客的喜好以及工艺的要求,选择其中的一种或几种进行设计制作。伴随金属而生的还有金属工艺技法,因此设计师需要足够了解这些材料的颜色、硬度、抗氧化性等属性,才能更好地选用合适的工艺实现首饰设计的物化。

1. 金

金(图 5-43)是人类最早发现并用于首饰制作的金属材料。早在新石器时代,人类就已经接触到了黄金材料。由于它稀少、特殊和珍贵,自古以来被视为五金之首,有"金属之王"的称号。在自然状态下,足金外观呈金黄色,熔点为 1 064.43℃,因此有"真金不怕火炼"的说法。足金性质柔软,抗氧化性强,韧性和延展性都极好,可以制成 0.001mm 厚的金箔,在其不断的情况下最细能拉到直径 0.01mm,每米重量为 0.001 5g 的细丝,方便制作成各种片材和线材,非常适合于首饰造型。

足金添加银、铜、锌等不同补口元素可以获得不同含金量的合金。首饰中金的常用含量通常用符号 K 表示,人们习惯将足金标记为 24K,18K 黄金合金含有 75% 的黄金,9K 黄金合金含有 37.5% 的黄金。同时 K 黄金合金硬度提高,可以用于宝玉石镶嵌,因而被广泛应用到珠宝首饰制作中。

图 5-43 黄金

K黄金合金的颜色有多种,取决于补口元素配方,常见的K黄金合金颜色有不同深浅的黄色、白色和古铜红色。为了获得更好的表面颜色及光亮度,常对首饰成品表面进行电镀,以获得更加亮白的颜色或者黑色等。

黄金及其K合金的成型及装饰技法很多,包括锻造、铸造、油压、激光粉末熔覆、錾刻、花丝、金银错、木纹金、金珠粒等,其金灿灿的颜色符合中国人传统的审美意识,给观者带来温暖、富贵、吉祥、喜庆、热烈等美好感受和幸福感(图5-44、图5-45)。当然黄金的强抗氧化性也使其性质稳定,经久不变,加上其储量资源有限,因而从古至今它都是一种稀少而高级的贵重材料,人类对黄金的应用也折射出不同时代、不同社会的文明和文化发展史。

图5-44 足金婚嫁首饰百年之好系列（六福珠宝）

图5-45 18K金婚嫁首饰浪漫恋曲系列（六福珠宝）

2. 银

图5-46 银

银(图5-46)同样也是一种历史悠久的贵金属,它不仅可以作为货币流通,而且是一种装饰的主要载体,在公元前3400年,埃及人就已经开始使用银制品。在自然界中,银有单质存在,但绝大部分是以化合态的形式存在。纯银在自然条件下为白色金属,呈金属光泽,密度为10.5g/cm³,熔点为961.78℃,具有在所有金属中最高的导电性、导热性以及最低的接触电阻,化学稳定性较强,并且还有很好的延展性,仅次于金。同时,银还有很强的反光能力,对可见光的反射能力是所有金属中最强的,故十分受市场青睐,被广泛用于首饰、装饰品、餐具、贺礼、奖章和纪念币中,根据含银量的不同还可以分为925银、素银、藏银、泰银等。其中,传统上的藏银为30%银加上70%的铜,但即便是这样,传统工艺的藏银在市场上也难以见到了,大多以白铜(铜镍合金)替代。

现代市场有较大一部分首饰由925银制作,925银指的是含银量92.5%的银制品。925银一般也称为标准银,标志为"S925"或"Ag925",与足银相比它更不易变形,常用于时尚的项链、戒指、手链、耳钉中。925银至少含92.5%的纯银,剩下的7.5%可以是其他任何金属,一般来说,这种金属为铜。长期的试验证明,铜不会影响银美丽的色泽,与银堪称理想拍档。加入少量铜不会对925银的价值产生较大影响,其实,925银的价格还受制作时间、工艺技巧以及设计复杂度的影响。此外,以925银制成的首饰常镀有一层铑,以营造亮白光泽之感,且更耐磨。

  银饰品在首饰产品中占有巨大的消费市场。随着国民物质生活水平的日益提升,人们对美和美好生活的需求水平提高,银饰已不再仅具单纯的保值功能,或作辟邪祈福之用,而作为一个流行元素流行起来。现代银饰与传统银饰仍有着千丝万缕的联系,这些联系主要体现在首饰纹样、工艺技法、风格特征以及文化内涵上。现代银饰的发展大多扎根于中国优秀的传统文化土壤中,从中国传统工艺文化艺术领域中汲取营养,并且做到了扎根传统与走向国际兼容并蓄,美美与共。

  银材料成型及装饰技法与黄金材料相似,工艺上也多用浇筑、锤揲、鎏金、焊接、镶嵌、炸珠、花丝,还有银丝编织、包金、错金银等技艺。传统的银饰加工工艺是现代银饰工艺的基础。现代首饰工艺是在传统加工技法的基础上,采用现代机械辅助的方式,使首饰达到更加精致美观的效果并实现首饰的规模化生产。今天,银饰加工工艺在世界各个地区都延续了历史上留存的独特的地区加工方式,这使得银首饰呈现出极大的个性、工艺性和民族性。

  美国金属工艺艺术家Mary Lee Hu基于对对称美与自然形态美的追求,运用不同规格的金属丝线进行编织、缠绕,制作出复杂生动的首饰形态。轻松、自然、和谐是她作品的一大特点(图5-47)。艺术家充分运用材料特点,展示了金属柔软美的一面,并且她还结合篮编、藤编,开发了许多金属编织的新技术,探索金属与纺织技术之间的关系。

  中国首饰艺术家任开,应用花丝工艺制作栩栩如生的小鸟。立于松石上的小鸟,小巧的鸟嘴衔着绿松石,让人顿时觉得小鸟"活"了起来,给原本冷冰冰的金属作品注入了生命,令人叹为观止(图5-48)。

图5-47 银编织作品(1977年)

图5-48 《向本——致敬达·芬奇》(2017年)

图 5-49 铂金

3. 铂

铂金（图5-49）隶属于铂族金属，在自然界铂金储量更少，每年的铂金消耗量仅为黄金的3%。铂金在自然状态下呈银白色，其元素符号为Pt，密度为21.5g/cm³，熔点为1755℃，摩氏硬度为4.3，延展性强，同样可以制作成铂丝与铂箔，具有较高的强度和韧性，在高温下化学性也较为稳定，不怕腐蚀，抗高温氧化；颜色晶莹洁白，是纯洁、高贵、典雅的象征，尤其是镶嵌钻石后，更显出钻石的洁白无瑕，分外闪耀。在首饰市场中，常见的铂金首饰有Pt900、Pt950和Pt999。

铂早在公元前700年就在人类文明史上闪烁出耀眼的光芒，当时古埃及人用铂金铸成象形纹装饰神匣。到公元前100年，南美印第安人掌握了铂金加工工艺，制成不同款式的铂金首饰（王治中，2001）。就连举世闻名的霍普钻石，也被镶嵌在铂金链上。

但是，铂金在生产加工时会出现两个弊端：其一是因其硬度低，不利于许多复杂精细的首饰款式的生产制造，比起其他金属材质的首饰，铂金对技术工艺的要求更高，生产成本也更高；其二是铂金的黏性高，在车花制作中，更容易黏车花刀，对车花刀的损耗更快，这同样增加了生产成本。

中国市场从2000年开始就已经成为全球第一的铂金消费市场（李珅等，2013），消费集中在婚嫁首饰中，由于铂金不会褪色或者变色的洁白外观，人们认为它可以代表爱情的纯贞，并且以铂金为主材料可以突出钻石的亮度和闪烁度。国际铂金协会也在2019年发布中国的旗舰品牌"铂金时刻"，以铂金为主材料设计制作针对"千禧一代"的铂金首饰产品。我国周大福、六福珠宝、谢瑞麟等品牌也相继推出了铂金时尚首饰（图5-50）。

4. 钯

钯（图5-51）是铂族金属元素中的一员，早在1803年英国化学家沃拉斯顿就从粗铂中将其分离出来，并广泛应用在各行业中，但受铂的影响，钯的消耗量并不高。

图 5-50 Pt950 时尚首饰
铂金新意系列（谢瑞麟）

钯是世界上最稀有的贵金属材料之一，只有俄罗斯、南非等少数国家有产出，每年的总产量不到黄金的5%。它的主要物理性质和化学性质与铂十分相近，延展性强，熔点为1552℃，摩氏硬度为4~4.5，密度为12.5g/cm³，相同体积的钯金重量要远轻于铂金。钯常与铂伴生，并且外观与铂也极为相似，呈银白色，不溶于有机酸、冷硫酸或盐酸，但溶于硝酸和王水，常温下不易氧化或失去光泽。钯金首饰的戳记是Pd字样，纯度以千分数表示。

钯金真正广泛应用在首饰上起源于中国。2003年，当铂金价位持高时，中国珠宝商为了减轻资金成本风险，运用铂族中另一价格适中的成员——钯来制作首饰，钯金首饰也就此诞生。随后2005年钯金首饰在北美兴起，全球对钯金首饰（图5-52）的需求量呈指数级增长。钯金材料因其物理化学特性、稀有性,以及与铂金外观相似的特点而成为铂金首饰的完美替代品。并且相同体积的钯金比铂金重量要轻许多,佩戴起来轻便舒适,一度成为首饰材料的热门选择。但是钯金的化学性质没有铂金稳定,钯金首饰在佩戴一段时间后就会变得灰暗,甚至变黑,需要定期进行清洁,另外,由于钯金存在一些独特的物理、化学特性,加工难度比铂金大,对各个加工环节都有很高的要求,熔炼时,其熔体容易飞溅,损耗高,如果处理不当,钯会变脆,使其返修率增高,因此,钯金首饰逐渐淡出了人们的视野。

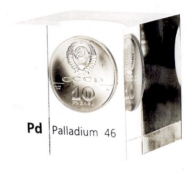

图 5-51　钯金

图 5-52　钯金属首饰(Lara Bohinc)

以钯金材料为主材料的首饰虽然越来越少,但在首饰加工中钯金仍是不可忽视的材料。在日本和中国早期的铂金首饰中,其中的配料或补口元素就是用的钯金,所以钯金在首饰界仍然具有一定地位,并且近年因钯金供应缺口,其回收价格也逐渐升高。

二、非贵金属类材料

金属材质的应用与金属工艺的发展得益于科学技术的进步。首饰艺术发展至今,在材料的选择上依然注重材料对设计语言的表达。受到现代设计理念的启示以及工艺技术发展的助力,艺术家们在注重个人审美的同时也开始关注材质本身美感,通过不断地探索与创新,赋予材质更多的精神内涵。

1. 铜

铜是历史中最早被使用的金属。考古发现,大约在公元前 5000 年,埃及人就已将铜制作成武器使用,中国约在公元前 3000 年新石器时代晚期开始使用铜。纯铜在自然状态下呈微红色,有明亮的金属光泽,用于首饰制作的铜(图 5-53)主要是纯铜和铜合金。纯铜密度为 8.96g/cm³,熔点为 1 083.4℃,硬度比金、银稍高,含氧量极低,容易氧化和硫化,具有延展性和柔韧性,适合作为首饰的基材使用。

2. 钛

钛(图 5-54)的名称来源于希腊神话中大地之子 Titans 之名,以表示钛天然所具有的强度。关于钛的历史,可以追溯到 1795 年,当时德国化学家克拉普鲁斯首次发现这种新元素,并为其命名(刘颖鑫,2017)。钛是一种银灰色的金属材质,早期常被用于制作航天、军工等行业的精密部件,因此也被称为"太空金属"。钛的熔点为 1668℃,沸点为 3287℃,密度为 4.54g/cm³,具有顺磁性,导电性和导热性较差。与其他金属相比,钛是一种良好的结构金属,相对密度轻、硬度高、强度大,有延展性,而且耐腐蚀,并且钛能与大多数金属和许多非金属形成合金,在钛中加入其他金属,可以增加钛的强度,如含锰 7% 的钛合金的抗拉强度是钛金属的两倍。

图 5-53 铜片材料

图 5-54 钛金属

从 20 世纪开始,就有许多学者以钛金属为主材料进行艺术创作。新材料的应用往往与工艺的进步与革新相辅相成,对材料属性的研究与探索能使材料更好地表达设计思想,因此,钛金属处理工艺也在日益精进。作为目前国际上流行的首饰材料,钛金属因其独特的物理化学属性而受艺术家与消费者的喜爱。钛金属材质坚硬、不易变形,密度相对较小,佩戴轻便,相同体积的钛重量仅相当于 18K 金的 1/5 到 1/6。并且随着加工技术的提高,经过氧化工艺处理后,钛的表面可呈现出不同的颜色。丰富的钛金属的氧化色给现代首饰设计的多样化形式表达提供了更大的空间。

对于钛金属着色,常见的方法有大气氧化法、阳极氧化法。

①大气氧化法:运用电炉、火枪等工具在大气中对钛金属进行加热,使其表面形成彩色的氧化膜,也称为"高温氧化法"。

②阳极氧化法:利用电解作用,在特定的电解液中使钛金属表面形成有色的氧化膜,随着电压或者电解液的变化可获得不同颜色膜层(张福文,2014)。

大气氧化法相对简单,但是着色种类少,色彩饱和度不够,彩色膜紧密度不够,容易出现脱色现象,优点是可以利用火枪做出渐变色和特殊艺术效果。而阳极氧化法可以得到更为准确的色彩,并且颜色饱和度高,彩色膜附着力强,可以呈现出缤纷的色彩效果。

比利时艺术家 Laurent-Max de Cock 运用阳极氧化法着色钛金属,在他的作品中钛金属呈现出多彩的自然世界(图 5-55)。由于钛金属的硬度极高,用手工切锯钛的方式费时费力,在制作过程中一般会利用激光切割技术,所以在钛金属作品中,可以很明显地看出工业痕迹。同时,钛金属熔点很高,想要将它们焊接在一起十分困难,于是艺术家采用了铆接的方式将钛金属片材冷链在一块。明确利落的切割线条、层叠的块面、融洽的冷焊风格,赋予了钛金属作品独特的韵味。

图5-55 钛金属首饰(Laurent-Max de Cock)

艺术家杨钊的作品《静止与旋转》(图5-56)采用可以呈现出丰富颜色的钛金属进行制作。由于金属钛比银和金的硬度要高,而且链接时需要惰性气体保护,造成了工艺上的技术瓶颈,因而要针对成型手法进行调整。杨钊最终采用冷链接的方式,用激光切割出数个相同的小单元,然后手工挫磨,再箍起来,通过不断地重复,使其作品具有韵律感,可拆卸与组合式的指环与别针结构更是为佩戴增加了多种可能。

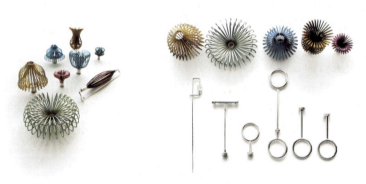

图5-56 《静止与旋转》首饰系列

3. 铝

在各种常用的金属中,铝(图5-57)的密度小,为2.7g/cm^3,熔点为660℃,导电、导热和反光性能都很好。在空气中,铝的表面会生成一层致密而坚硬的氧化铝薄膜,成为铝的天然保护层,因此铝有良好的抗腐蚀能力。铝和铝合金因熔点较低、容易弯折切削进行造型并且延展性好,常被制成棒状、片状、箔状、粉状、带状和丝状,其表面也可电镀其他金属。铝和钛金属一样也可以通过阳极氧化法在表面形成鲜艳的色彩,并且因其熔点低,铸造性能好,逐渐被首饰艺术家们重视。

英国首饰艺术家Jane Adam大胆地将传统首饰用材中从未出现的铝作为主要材质加以

运用,在过去的30年里,她致力于阳极氧化铝的实验和创新,并开发了一种独特的染色、印花和纹理制作工艺。这种材料原来一直用于工业生产中,Jane Adam通过对铝表面的处理,将铝这种材质的自身特质和色泽充分地展示出来(图5-58)。她在铝的表面创造出了多种肌理,然后在这些肌理上通过阳极氧化的方式进行染色和晕染,从而使普通的铝展现出非凡的艺术效果。

图5-57 铝金属　　　　　　　　　图5-58 *Ochre pearl necklace*(2018)

4. 锌

锌(图5-59)是一种银白色略带淡蓝色的金属,密度为7.14g/cm³,熔点为419.5℃。在室温下,性较脆;100~150℃时,变软;超过200℃后,变脆。锌的化学性质活泼,在常温下的空气中,表面会生成一层薄而致密的碱式碳酸锌膜,可阻止进一步氧化。当温度达到225℃后,锌剧烈氧化。锌易溶于酸,也易从溶液中置换金、银、铜等。它的氧化膜熔点高,但锌本身的熔点却很低,所以在酒精灯上加热锌片,锌片会熔化变软,却不下落,正是因为氧化膜的作用。锌金属材料主要用于钢铁、冶金、机械、电气、化工、轻工、军事和医药等领域。

图5-59 锌金属

荷兰艺术家Lucy Sarneel擅长采用锌制作首饰作品,锌是她的家乡荷兰的雨管及建筑中的常见材料。艺术家从艺术形式和对材料的处理两方面突破了我们对锌的认知,巧妙地运用金属锌为材料制作首饰,记录家乡快要被遗忘的传统、谚语、流行图案和民间传说等(图5-60、图5-61)。

图 5-60 《生活的乐趣》(2008 年)

图 5-61 《爱的勺子》(2006 年)

三、宝玉石材料

宝玉石是首饰中不可或缺的重要材料。这些美丽的材料大部分都是处在某种极为特殊的自然地质状态下经过千万年的生长而来的,可以说它们是大自然的馈赠。每一种宝石都具有自己独特的自然美,并被赋予各种不同的精神含义。中国大约在 5000 年前,就已经开始用松石、玛瑙、珍珠等宝玉石制成串珠、项链和手镯等首饰,而且大都经过切、割、琢磨和钻孔,具有较高的工艺水平。这些古老的宝玉石材料的选择和应用折射出古人对美的认知和理解。

1. 天然宝石

天然宝石是指由自然界产出,具有美观、耐久、稀少性,可加工成装饰品的矿物单晶体或双晶。天然宝石的品种很多,为了对众多的品种进行分类命名和深入研究,往往用矿物学的分类方法对宝石进行族、种、亚种的细分(李娅莉等,2011),例如刚玉族、绿柱石族、金绿宝石、单晶石英、托帕石、碧玺、橄榄石、尖晶石、石榴石族、锆石等。

天然宝石因其色彩瑰丽、晶莹剔透、化学性质稳定,是首饰制作中的常用材料。在传统首饰中,宝石不仅是美的代表,也是身份的象征。对宝石材料,最常用的手法就是按照光学原理对其进行几何切割。

1)钻石

在宝石材料中,人们最为熟知的就是钻石,它与红蓝宝石、祖母绿合称"四大宝石"。钻石(图 5-62)的原石就是金刚石,它有着强金刚光泽,是世界上最坚硬的天然矿物,摩氏硬度为 10,但脆性相当高,用力碰撞就会碎裂。纯净的钻石是由碳元素组成的,呈透明无色;若掺入了微量的硅、铝、钙、镁、铁或硼等杂质,则会产生不同的颜色,比如带黄色的钻石,这类钻石含有氮元素;蓝钻含有微量硼元素。钻石的产地分布在印度、巴西、澳大利亚、南非、刚果民主共和国(旧称为扎伊尔)、博茨瓦纳、俄罗斯和加拿大等国,其中,最大的钻石出产地是澳大利亚。

钻石美丽、稀有、坚硬,在爱情中象征着纯洁、独一无二与坚贞不渝,所以在现代婚庆习俗中,人们会购买钻石作为婚戒的主石。全球最有名的钻石公司戴比尔斯(De Beers),秉承着钻石作为大自然艺术杰作的理念,致力于打造富有创意的首饰设计。戴比尔斯的 Talisman 系列将天然原钻与抛光钻石搭配在一起进行设计,这也是这个系列的寓意所在(图 5-63)。

图 5-62　钻石　　　　　图 5-63　Talisman Medal 白金钻石项链(戴比尔斯)

2)红蓝宝石

红宝石和蓝宝石是刚玉矿物中两个最重要的宝石品种,除红宝石和蓝宝石外,刚玉还有许多其他颜色,在商业上除了红色的刚玉宝石,其他所有色调的刚玉宝石被统称为蓝宝石。所以,蓝宝石并不是仅指蓝色的刚玉宝石,它除了拥有完整的蓝色系列以外,还有其他多种颜色,这些彩色系的蓝宝石被统称为彩色蓝宝石。除蓝色外其他不同颜色的蓝宝石命名时需在前面加颜色特征,如绿色蓝宝石、黄色蓝宝石。

出产于缅甸抹谷等地的血红色的红宝石最为名贵,俗称"鸽血红",因其浓艳的色彩可以称得上是"红色宝石之冠"。天然红宝石大多来自缅甸、泰国、斯里兰卡、非洲和澳大利亚。从古至今,人们对红宝石的追求一直热情不减:作为浪漫与成功的象征,红宝石一直是代表财富、健康、智慧、爱情的理想礼物,传说佩戴红宝石的人将会健康长寿、爱情美满、家庭和谐。国际宝石界把红宝石定为七月生辰石,它是高尚、爱情、仁爱的象征。在欧洲,王室的婚庆上,依然将红宝石作为婚姻的见证(图 5-64)。

蓝宝石的颜色有粉红色、黄色、绿色、白色等(图 5-65),甚至在同一颗宝石上有多种颜色。蓝宝石中的极品,为克什米尔地区出产的"矢车菊蓝"蓝宝石,蓝宝石的主要产地分布在缅甸、泰国、斯里兰卡、马达加斯加、老挝、柬埔寨、赞比亚等国。蓝宝石象征忠诚、坚贞、慈爱和诚实。星光蓝宝石又被称为"命运之石",人们认为它能带来好运,并保佑佩戴者平安。世界宝石学界将蓝宝石定为九月的生辰石。

萧邦 Precious Chopard 高级珠宝系列中,设计师采用水滴形、三角形和圆形钻石铺排,镶嵌色彩鲜艳的红宝石、蓝宝石,打造璀璨夺目的视觉盛宴(图 5-66、图 5-67)。

3)祖母绿

图 5-64　刻面红宝石　　　　　　　图 5-65　彩色蓝宝石

图 5-66　Precious Chopard 红宝石项链图　图 5-67　Precious Chopard 蓝宝石戒指
　　　　　（萧邦）　　　　　　　　　　　　　　　（萧邦）

　　祖母绿,其化学成分为铍铝硅酸盐,属六方晶系,常呈柱状,具六方双锥和平行双面,柱面可见纵条纹,有不完全底面解理,摩氏硬度为 7.25～7.75,密度为 2.7～2.9g/cm³,视品种而变。祖母绿(图 5-68)是绿柱石家族中最漂亮也是最昂贵的成员,由于其晶体结构中含有铬和钒元素,而呈现纯正美丽的绿色,色彩稳定,不受光和热的影响,被视为宝石中的珍品。

　　祖母绿是所有宝石里内含物最多的宝石,包含固态矿物晶体、液态羽状体、气态空洞、两相或三相包裹体,珠宝界美其名曰"祖母绿花园"。这本是美中不足,然而这些内含物现在已成为祖母绿的特色,是鉴定天然祖母绿的特征之一。祖母绿的产地分布在哥伦比亚、奥地利、中国、印度、澳大利亚、巴西、南非、美国、挪威等国。质地上乘的祖母绿产于哥伦比亚,其颜色为纯绿色,少数为黄绿色或蓝绿色。

　　高级珠宝品牌格拉夫(Graff)以品质出众的祖母绿久负盛名,多年来严格挑选世上最绝美的祖母绿,雕琢出瑰丽无匹的高级珠宝。Tribal 系列祖母绿首饰套装,由项链、戒指和耳坠组成。其中设计最复杂的项链共镶嵌总重 418ct 的祖母绿,运用水滴弧面形、祖母绿型和扁珠型切割,色调饱满而深邃(图 5-69)。

图 5-68 祖母绿

图 5-69 Tribal 祖母绿项链（Graff）

4）尖晶石

除了钻石、红蓝宝石、祖母绿这"四大宝石"以外，在首饰中常用的宝石还有尖晶石、托帕石、石榴石、水晶等。

尖晶石的颜色多种多样，有红色、粉红色、紫红色、无色、蓝色、绿色等。尖晶石还具有特殊光学效应，如星光效应（四射星光、六射星光）、变色效应，其中星光效应少见。尖晶石火彩漂亮，颜色丰富，拥有超高颜值，已经得到了国际市场的广泛认可，吸引了很多首饰收藏者。很多大牌首饰，尤其是高级首饰系列，纷纷选择了尖晶石作为主石或辅石来设计。

5）托帕石

托帕石（图 5-70）又称为黄玉，属于斜方晶系，一般呈柱状或不规则的粒状或块状，柱面有纵纹，呈玻璃光泽，摩氏硬度为 8，密度为 $3.53g/cm^3$，折射率为 $1.619\sim1.627$。它是由火成岩在结晶过程中排出的蒸气形成的，一般产于流纹岩和花岗岩的孔洞中。黄玉颜色多种多样，一般为无色、黄色、蓝色、绿色、红色、褐色等，在阳光下长时间曝晒会褪色。黄玉产地分布于全世界，有巴西、缅甸、美国、斯里兰卡等。在西方，黄玉可以作为护身符，能辟邪驱魔，使人消除悲哀，增强信心。中国对黄玉的认识和使用有着悠久的历史，它是一种色彩迷人又便宜的中档宝石。世界宝石学界将黄玉定为十一月的诞生石，它是友情、友谊和友爱的象征。

图 5-70 托帕石

6）碧玺

碧玺又称电气石，属三方晶系，晶体呈柱状，常见单形有三方柱、六方柱、三方单锥，摩氏硬度为7~7.5。1768年瑞典科学家林内斯发现碧玺具有压电性和热电性,在受热或摩擦时会产生静电磁场,能吸附周围较轻的物体,这也是其中文学名电气石的由来。碧玺是宝石级电气石的总称,化学成分较复杂,是以含硼为特征的铝、钠、铁、镁、锂的环状结构硅酸盐矿物。它呈现各式各样的颜色,有无色、玫瑰红色、粉红色、红色、蓝色、绿色、黄色、褐色和黑色等,有的碧玺晶体两端或晶体内外颜色表现各异,也称"双色"碧玺、"三色"碧玺、"西瓜"碧玺等(图5-71,图5-72)。

图5-71　各种颜色的碧玺　　　　　　图5-72　"西瓜"碧玺原石

2. 天然玉石

天然玉石指没有经过人工化学处理的玉石,由自然界产出,美观、耐久、稀少且具有工艺价值的矿物集合体,少数为非晶质体。玉石的具体品种是根据构成矿物集合体的主要矿物成分来划分的,也有一些是根据产地和传统的名称来命名的。首饰中的常用玉石有翡翠、软玉、孔雀石、绿松石等。

1)翡翠

翡翠是以硬玉矿物为主的辉石类矿物组成的纤维状集合体,摩氏硬度在6.5~7之间,化学成分为铝钠硅酸盐,属单斜晶系,常呈柱状、纤维状、毡状致密集合体,原料呈块状,次生料为砾石状。高档翡翠为玻璃光泽,半透明至不透明,密度为3.30~3.36g/cm³,折射率为1.65~1.67。翡翠的色彩丰富,其中绿色为上品,最好的产区是缅甸,被称为"东方瑰宝"。翡翠传入中国后与传统的软玉文化深度融合,为翡翠的发展增添了灿烂的光辉(图5-73)。

2)软玉

软玉也称和田玉,呈油脂光泽,摩氏硬度为6~6.5,密度为2.9~3.1g/cm³,颜色有黄色、白色、碧绿色、青色、墨色等。软玉产地分布在中国新疆、青海、四川、贵州等地,以及俄罗斯、韩国、新西兰等国。软玉是中国延绵几千年的玉文化的主要载体。今天,和田玉依旧是最能代表中国玉文化精髓的材料。图4-74是设计师苏洁峰的作品《缱绻》,被雕琢掏空成缎带造型的白玉(和田玉)体现了东方美学的温润和飘逸。

3)绿松石

考古发现绿松石最早被人类应用是在9000年前。绿松石也是深受古今中外文人雅士喜爱的一种玉石材料,中国古人称其为"碧甸子""青琅玕""天国宝石"等,并将其视为吉祥幸

图 5-73 翡翠首饰（大树珠宝工作室）

图 5-74 《缱绻》（和田玉首饰）

福的圣物。绿松石化学成分为铜和铝的含水磷酸盐，属于三斜晶系，常见隐晶质块状、结核状、脉状和皮壳状，摩氏硬度为 5.5~6，结构疏松时硬度低，密度为 2.60~2.90g/cm³，因产地不同而有所变化。绿松石的主要颜色有淡蓝色、蓝绿色、浅绿色、黄绿色、苍白色等，产地有中国湖北、新疆、青海、安徽、内蒙古、云南等地，伊朗、埃及、美国、墨西哥、印度、澳大利亚、智利及俄罗斯等国。其中，我国湖北产出的绿松石在世界上享有盛名（图 5-75）。

3. 天然有机宝石

天然有机宝石是指由自然界生物生成，部分或全部由有机物质组成，因其美丽的颜色、特殊的光泽和柔韧的质地，可用于首饰及装饰品的材料，例如琥珀、象牙、珍珠、珊瑚、龟甲等。

图 5-75　绿松石拼贴镶嵌首饰（陈静，2021 年）

1）珍珠

在天然有机宝石中，最为常见的就是珍珠。珍珠是一种古老的有机宝石，主要产于贝类、蚌类体内。天然珍珠种类丰富，形状各异，色彩斑斓，但最典型的是圆形和梨形。珍珠可呈现各种颜色，但通常是白色或浅色，且有不同程度的光泽，可作装饰或入药。中国的淡水珠主要养殖区在诸暨、常德等市和苏州、江西、湖北、安徽等省。珍珠有白色系、红色系、黄色系、深色系和杂色系五种，多数不透明。由于养殖珍珠的生长过程和宝石学特征基本与天然珍珠相同，所以也被划归为天然有机宝石。国际宝石界还将珍珠列为六月生辰石，结婚十三周年和三十周年的纪念石。具有瑰丽色彩和高雅气质的珍珠，象征着健康、纯洁、富有和幸福，自古以来受到人们的喜爱。

珍珠分为淡水珍珠和海水珍珠两种。淡水珍珠绝大部分来自中国，产量占全世界的80%。淡水珍珠的圆度和光泽是影响其价格的主要因素。海水珍珠类别有Akoya珍珠（图 5-76）、南洋珍珠（图 5-77）和大溪地珍珠（图 5-78）等。

图 5-76　Akoya珍珠　　图 5-77　澳洲南洋金珠　　图 5-78　大溪地黑珍珠

2)珊瑚

珊瑚是一种海洋动物珊瑚虫分泌的支撑骨架,摩氏硬度为 3.5,密度为 $2.65g/cm^3$,折射率为 1.48,呈蜡状光泽或油脂光泽,微透明至不透明。珊瑚因颜色漂亮、造型奇特,经巧妙构思、因材施艺可加工成珍贵的装饰品。早在三四千年前,瑞士就有珊瑚饰物,珊瑚在宗教中享有特别的地位,是佛教七宝之一,常用于装饰寺庙的神像,也常用于制作念珠和护身符。珊瑚的颜色是决定其价值最主要的因素,一般桃红色和深红色的珊瑚最为珍贵(图 5-79~图 5-81)。

图 5-79　阿卡珊瑚

图 5-80　珊瑚枝

图 5-81　莫莫珊瑚

3)琥珀

琥珀是一种透明的生物化石,是松科、柏科、云实亚科、南洋杉科等植物的树脂化石,故又被称为"松脂化石"。琥珀是树脂滴落,掩埋在地下千万年,在压力和热力的作用下石化形成的,有的内部包有蜜蜂等小昆虫,奇丽异常。琥珀的硬度低,质地轻,性极脆且摩擦带电,并且形状多样,表面及内部常保留着当初树脂流动时产生的纹路,内部经常可见气泡及古老昆虫、动物或植物碎屑,常以结核状、瘤状、小滴状等产出。琥珀的颜色为黄色、棕黄色及红黄色,有松脂光泽,产地主要为波罗的海沿岸国家,如俄罗斯、波兰,还有缅甸、多米尼加、中国、墨西哥(图 5-82)。

图 5-82　《荷·听雨声》
（琥珀胸针,任开）

4. 人工宝石

人工宝石指完全或部分由人工生产或制造,用作首饰及装饰品的材料。人工宝石包括合成宝石、人造宝石两大类。

1)合成宝石

合成宝石指按照某些天然宝石的化学组成,模拟在自然界中形成时的物理化学条件,用人工结晶或重结晶方法生成的人造宝石。这种合成宝石的晶体结构、物理化学属性与相应的天然宝石基本相同,例如合成红蓝宝石、合成祖母绿等(图 5-83)。

2)人造宝石

人造宝石指由人工制造且自然界无已知对应物的晶质或非晶质体。例如仿钻石的合成立方氧化锆(图5-84)。

图5-83 合成星光红蓝宝石(GIA东京实验室)　　图5-84 合成立方氧化锆

天然宝玉石是一种不可再生的资源,在长期的开采中很多高品质的宝石矿床已经濒临枯竭。人工宝石能够有效地缓解天然宝石供应不足的问题,相比天然宝石而言,人工宝石具有更加绚丽的颜色、多样的纹理等,在现代科学技术的引导下,人工宝石的出现能够最大限度地缓解供需矛盾,同时也能够在不断挖掘其设计价值、应用价值与美学价值的同时,不断拓展其应用范围和设计空间,为现代首饰的设计提供更多的思路与灵感。

5. 宝石材料的琢型运用

为了充分展现宝石材料独特的光学效应,设计师通常赋予其一定的造型式样进行切磨加工,这种造型式样称为琢型。宝石材料的切磨工艺大致可以分为两大类:弧面型和刻面型。

弧面型是早期的一种宝石加工样式,它易加工,易镶嵌,最初被运用在绝大多数的宝石中,现在仍可见于多晶质材料、内含物较多的单晶宝石和具有特殊光学效应的宝石中,如欧泊、月光石、星光红宝石等。

宝石刻面型的加工工艺始于14世纪,至今仍在不断地变化和发展。常见的宝石刻面型有圆多面型、祖母绿型、交叉琢型、混合琢型等。圆多面型是17世纪由威尼斯宝石工匠发明的,主要用于高折射率和高色散的无色宝石,主要是钻石,也可以用于彩色宝石。圆多面型有许多变形,如蛋形刻面型、梨形刻面型、心形刻面型、马眼形刻面型等。"八心八箭"切工是1977年由日本的Shigetomi首次推出的,这种切工对切磨比例和对称度要求极高,其成品率约为35%。祖母绿型又称为阶梯型,这种琢型的特征是宝石的四个角被截断,形成一个八边形,这种琢型可以使宝石因镶嵌加工而造成损坏的可能性降到最低。阶梯型常见于祖母绿中,因此被称为祖母绿型。祖母绿宝石脆性大,加工中极易破损,而这种阶梯形琢型的发明能极大地提高祖母绿宝石切割的成品率。

当代宝石材料的琢型开发更为活跃,各类宝石款式设计和切割展赛的举办,很大程度上促进了宝石琢型的发展。

图5-85是纽约家族珠宝商Kwiat2021年在拉斯维加斯Couture Show珠宝展上推出的一款全新的钻石切割琢型——Kwiat Cushion Cut,此琢型共由53个切面组成,琢型更为

纤长,亭部相对较浅,具有比同等重量的传统枕形切割钻石更大、更明亮的视觉效果。此前该公司还曾设计推出过 Kwiat Tiara 圆形明亮式切割、Fred Leighton Round 圆形明亮式切割和 Ashoka Cut 枕形切割琢型,如图 5-86 所示。

图 5-85　Kwiat Cushion Cut（Kwiat）

图 5-86　Kwiat Tiara 圆形明亮式切割、Fred Leighton Round 圆形明亮式切割和 Ashoka Cut 枕形切割琢型（Kwiat）

图 5-87　梅花琢型

国内钻石琢型的设计也蒸蒸日上,图 5-87 是我国真诚美公司于 2004 年设计推出的梅花琢型,此琢型共有 81 个刻面,从亭部观察时,呈梅花状图案(真诚美珠宝,2008)。国内品牌周大生"LOVE100 星座极光"系列的钻石采用百面切工,其琢型设计出自比利时切工大师 Gabi Tolkowsky 之手,共 100 个刻面,具有"十二心十二箭"的视觉效果。

对于彩色宝石,新式切割更追求体现宝石绚丽的色彩。2000 年,Rogerio Graca 为庆祝和纪念千禧年,开创了千禧切工。这种花式切割使宝石具有 1000 个刻面,亭部有 624 个刻面,台面有 376 个刻面。因此采用千禧切工的宝石,其工作量约为其他普通切割方式的 18 倍。千禧切工适用于净度较高的宝石,如水晶、石榴石、托帕石等。

当宝石切磨突破传统的束缚,宝石将绽放出从未有过的璀璨光芒。*Dom Pedro-Ondas Maritimas* 是一颗 10 363ct 的海蓝宝石,它是 Munsteiner 最著名的作品,如图 5-88 所示。Bernd Munsteiner 发明了奇幻切工（Fantasy Cut）,即在宝石背面进行雕琢的切割方式。Bernd Munsteiner 的创新启发了诸多宝石学家,图 5-89 所示,Richard Homer 凭借对一颗 36.74ct 的帝王托帕石的切割设计荣获 2013 年美国宝石协会（AGTA）光谱奖。别出心裁的创意同样可见于华人珠宝设计师陈世英的作品中,他开创了以自己名字命名的雕刻法（Wallace Cut）,结合雕刻及宝石切割等技巧,充分显现了光影与宝石的魅力。图 5-90 和图 5-91 所示的《荷莱女神》是世英切割的代表作品,实像与影像重叠,虚实相生,获 1987 年国际设计大奖。

图 5-88 Dom Pedro-Ondas Maritimas （史密森尼国家自然历史博物馆）　　图 5-89 Richard Homer 设计切割的帝王托帕石

图 5-90 《荷莱女神》　　　　　　　　　　图 5-91 《荷莱女神》细节

珍珠的创新加工工艺以国外首饰设计为主，珍珠雕刻极大地提高了珍珠及珍珠首饰的趣味性和情感性。以下列举两种颇具代表性的珍珠雕刻工艺。刻面珍珠的加工工艺起源于日本的钻石切割业，这种独特的刻面珍珠名为"华真珠"，它是由日本钻石切割大师小松一男首创并发扬的，每颗珍珠表面有180～200个平整刻面。图 5-92 是致力于加工高品质宝石和创造独特设计的世界顶级宝石切割大师 Viktor Tuzlukov 设计切割的刻面珍珠，区别于日本工厂切磨出的珍珠，他切磨出的珍珠一般有200个左右不对称的小刻面，且珍珠表面平滑。俄罗斯珠宝设计师 Llgiz Fazulzyanov 钟情于刻面珍珠，多次与维克多合作，图 5-93 为 Llgiz Fazulzyanov 获国际珠宝设计大赛的金奖作品《蝴蝶》。

另一珍珠雕刻的代表为美国珠宝公司 Galatea。Galatea Pearl 是世界上唯一具有宝石珠核的养殖珍珠，其内核采用珊瑚、绿松石、欧泊等宝石材料，这种以宝石为内核的珍珠结合手工雕刻为首饰创作带来更多的可能性，如图 5-94 所示。

宝石琢型的设计是一项复杂的工作，计算机对预先分析宝石光学效果具有一定的辅助作用。专业设计软件 Gem Cad 可以设计多种宝石刻面琢型，通过控制角度建立宝石模型，再分析宝石光学效果，优化刻面角度，反复调试，以达到理想效果。目前关于宝石琢型设计的软件较少，设计仍存在一定局限性。

首饰设计 第五章

图 5-92　刻面珍珠(Granada Gallery)

图 5-93　《蝴蝶》

四、首饰新材料

在首饰设计中，材料是最能直观表现和影响首饰设计的因素之一，按照材料的自身特征来设计和构思成为当代首饰设计很重要的一个原则。现如今首饰设计在选材方面除了贵金属和宝玉石材料，更多的新材料应用到了首饰设计中。首饰材料的多元化创造及应用对当代首饰设计的发展起到了很大的推动作用。

1. 当代艺术首饰材料

图 5-94　Galatea Pearl(Galatea Jewelry by Artist and Chi Huynh)

当代首饰设计风格更加丰富多元，在新材料的探索上也竭尽所能，如皮革、木材、纸张、纤维、现成物、人造材料等。在创作方面，设计师不再只是单一地选择一种材料，不同材料的创新组合也给人们带来了全新的视觉感受和佩戴体验。

1) 皮革

皮革是一种耐磨且韧性极佳的材料，充满疏密和曲直变化的天然纹理与丰富多彩的颜色，让这种材料具有独特的美感。不同的皮革材料有不一样的风格，给人的感觉也有很大差异：牛皮、羊皮等常见皮革给人粗犷、豪迈的感觉，象征着充满自由的生活；蛇皮、鸵鸟皮等稀有皮革给人奢华、原始、神秘的感觉，是身份的象征。皮革首饰的加工比较简单，可运用多种工艺技术，如染色、压花、刻花、编结、高温蒸煮、拉伸延展等。同时皮革原生态的纹理和特殊的质感与各种宝玉石、金属搭配在一起也会产生不一样的美感，因此深受首饰设计师的喜爱。

首饰艺术家 Kadri Mälk 使用皮毛与金属创作了系列首饰，黑色的皮毛与银色金属相搭配，看起来黑暗狂野又富有诗意(图5-95)。

2) 木材

木材是拥有温润触感和质感的材质，具有加工便捷、质地轻盈的特点。木材拥有丰富而独特的肌理,给人以亲切、自然之感,所以十分受首饰艺术家的青睐。木材本来曾是一个生命体,因此使用木材做成的首饰本身富有生命的寓意,在经过切磨之后,其纹理仍然可以保持连续性和独特性。

挪威的首饰艺术家 Liv Blavarp,以片状木材制作灵活的项链、手镯和耳环。她认为,用木材这种环保材料制作首饰,可以在完成更大体积首饰的同时也不会使首饰变得太重。她的作品在自然贴合颈部或手腕轮廓的同时具备优雅的造型以及极强的视觉冲击力,是可以与身体一起运动的小型雕塑(图 5-96)。Liv Blavarp 首饰作品的主题是以天然材料来诠释自然,木材的雕塑感和几何造型都以自然为基调,最终让作品均衡流畅地佩戴在人体上。

图 5-95 *Hunting Field*
(1999 年)

图 5-96 *Voice of the Rocks*

德国首饰艺术家 Dorothea Prühl 用木材创作的首饰作品风格与上一位挪威艺术家 Liv Blavarp 截然相反,Liv Blavarp 的首饰作品展现了完美的工艺技巧,而 Dorothea Prühl 使用木材创作的首饰却如雕塑一般,木雕工艺制作出的造型展示出一种近乎原始艺术的稚拙,木材表面没有任何装饰,展示出木材本来的色泽与质感。Dorothea Prühl 的作品(图 5-97、图 5-98)以令人惊讶的简单和原始的形式,散发出宁静的审美意味。

日本艺术家 Manami Aoki 认为木材是一种坚硬的材料,这也是人们的普遍印象。因此她花了很多时间锤打木头并将其拆开,在这样做的过程中,她发现每块木头都是由木纤维组成的,看起来像人睡醒后头发乱七八糟的样子(图 5-99)。她趣味性地用作品表达了这种状态,令人印象深刻。

3)纸张

纸张作为生活中常见、唾手可得的物品,在当代艺术首饰中也有别样美感。纸张除了在材料质感上会给我们带来新颖的感觉,在颜色的使用上也非常自由。通常我们很难想象柔软又轻薄的纸张做成首饰后会是什么样子。

图 5-97　*Motte*（2017 年）　　　　　　图 5-98　*Zwei Großevögel*（2020 年）

图 5-99　*Kushi-ireru-ki*

日本艺术家 Michihiro Sato 喜欢用脆弱和敏感来形容他的首饰作品。他创新性地使用纸张与金属制作配饰，并在制好的配饰表面，涂上特殊的胶水。这样不仅可以起到固定纸张造型的作用，更能做到内外防潮。含苞待放的花朵造型，不仅美观典雅，同时也平衡了金属的坚硬与纸张的脆弱。当观者看到用纸张完成的作品时，也是在感受艺术家所表达的情感（图 5-100）。

4）现成物

除了天然材料外，现成物在当代艺术首饰中也大受欢迎。最早由马赛尔·杜尚提出，现成物早已成为当代艺术首饰创作中一种常见的材料。现成物材料打破了传统的创作流程，其重点不再是"从无到有"的制作，而是通过创作者的"选择""改造"或"加工"来进行观念的表达。当代现成物首饰的创作者们同样也遵循了这些原则，他们通过改变现成物所处的环

图 5-100　*Coda Paper Art*

境、取消物品原有的使用功能,并赋予其不同的观念与象征性意义,让观者在一个新的环境下以全新的视角来观察、感受和思考。这一过程蕴含着艺术家们对物品功能深刻的反思。

  首饰艺术家吴冕曾使用五金现成品制作了一系列首饰作品(图 5-101),其灵感源自一条名为《女童贪玩,手指被卡水管》的社会新闻,创作者联想到了自己在童年时期的类似经历。在这套作品中,作为材料的五金制品已失去了原有的使用功能,成为了创作者寄托情感,传达观念的物质载体。

图 5-101　《女童贪玩,手指被卡水管》(2016 年)

  设计师叶肖犇的作品(图 5-102)使用了一些与人们日常活动息息相关的物件,如键盘、屏幕、钟表、药品等工业产品,使之成为一种用作展示的日常生活的"标本"。正是在使用这些工业产品的同时,人们的行动也被产品规定了,这种规定常常并不以一种权威和强硬的姿态出现,看似每个人都拥有自由和选择的权力,而事实上人们越来越成为"技术的奴隶"。他意图通过作品提示"我们的生命体验实际上已经被高度地设计好了"这一现象,而这种现象对于绝大多数人已经习以为常,就像空气和水,在大多数时候甚至感觉不到它的存在。

  新西兰首饰艺术家 Lisa Walker 专注于当代首饰领域,喜欢利用各种各样的材料与技术制作首饰作品。她的作品往往更具有概念性,她认为"一切都是艺术的养料",对首饰与当代生活、社会的联系提出了一系列基本问题。图5-103是艺术家受自己的两个小孩的启发,运用废旧的玩具制作成的一条项链,打破了人们对首饰的传统观念。

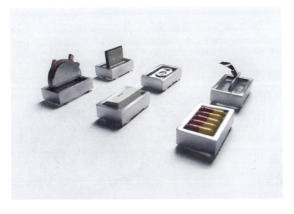 

图5-102 《标本》　　　　　　　　图5-103 *Playmobil Without Hair*(2021年)

5)回收物

随着人们环保意识的增强和循环利用思想的传播,回收物也成为了当代艺术首饰中的一员。这些唾手可得的材料给予了艺术家更多的灵感与创作空间,当代首饰艺术家为回收物赋予个人感情并进行再创造,在提倡绿色环保的同时完成自我表达。

芬兰艺术家Janna Syvänoja的作品就围绕回收的纸张展开,她擅长运用再生纸、地图、目录、字典和其他物品创造出令人惊叹的雕塑和首饰作品(图5-104)。她非常精细地将报纸或目录页切成薄片,然后将每一片纸围绕钢丝弯曲,一层一层地叠在薄片上,使作品在不断变化中生长。

图5-104 *Tools for Conviviality*

6）人造合成材料

观念是当代艺术首饰中非常重要的一个概念和范畴。创作观念就是人们在进行艺术创作时，艺术家对客观环境的反映和思维方式（陈彬雨等，2021）。在表达个人观念时，艺术家已不再受现有材料的左右，在已有材料无法更好地表达艺术家的内心情感时，他们开始探索属于自己的独一无二的个性化材料。

中国首饰艺术家刘骁的《米石》（图5-105），通过研究史前时代石器的视觉现象以及与仪式感相关的视觉形式，试图展现人原本朴素而生动的精神需求。他选用了稻米和尘土作为作品主要材料，将这种毫不起眼的物质转化为珍贵耐久的矿石晶体造型。稻米和尘土都暗含东方价值观，以相对重复排列的仪式感体现其精神层面上与自然的交流和对自然的尊重，矿石晶体的造型也是原始的象征。创新材料的文化内涵赋予了这件作品深刻的人文含义，稻米与尘土的结合作为一种人造的合成材料是极具突破性的"新"首饰材料，以全新的姿态刷新了人们对于首饰材料的认知。内在的文化性和材料的结合都为首饰的创作带来新的路径和方式。

图5-105 《米石》

另一位中国首饰艺术家曹毕飞也是运用自己研发的复合材料进行创作的。他以奶粉为主要材料，混合木胶、颜色粉制作创新材料，命名"奶玉"。曹毕飞同时分享了制作这一创新材料"奶玉"的过程。首先，将奶粉和木胶按照一定比例进行加热搅拌，充分混合后放入所需颜色粉，随后将加工后的成品在通风环境下进行4~7天的固化。而后曹毕飞用手工切割"奶玉"的片材，模仿"金缕玉衣"中的小玉片，再将所有小"奶玉"片用金属丝联结和缝合，构建出器物形态，营造出一种被修葺的感觉。

《瓶》系列作品的灵感来源于中国传统陶瓷日用器皿，比如经典中国陶瓷器皿中的罐和瓶。作品用熔化和重塑的状态，来反映文化状态的临时性（图5-106）。在这些作品中，曹毕飞试图用自己创造的合成材料重新诠释中国汉代时期"金缕玉衣"这一传统连接方法（通过

图5-106 《瓶》

金属丝的连接和固定,将所有小的玉片连成"玉衣"用来保护皇家贵族逝去的躯壳和灵魂)。重新创新这一传统方法,不仅让他学习传统,也将中国传统与当代生活结合起来。正是通过不断探索传统和创新之间、造物理念与个人履历之间的关系,曹毕飞创建出了有共同认知但是又属于个人表达的作品(曹毕飞,2021)。

在国际多文化与社会属性的环境下,文化身份不断进入一个糅合阶段,不断在个人的本源文化和其他文化影响中进行复杂的碰撞与重塑。人造的合成材料在两位艺术家的作品中都扮演着主角,是作品文化与思想传达的中坚力量,因此首饰的材料不仅仅是现有的天然和综合材料,研发"新"材料,即调配自己的复合材料,也是当代首饰创作的重要路径。

2. 3D 打印材料

随着科学技术的进步,3D 打印技术登上了首饰生产的舞台,为首饰行业提供了新的技术与新的材料支持。3D 打印材料与普通材料不同,是专门针对 3D 打印研发的,材料为了配合打印技术,其形态大多为液体状、丝状、条状、粉末状等。在 3D 打印中,除了铸造蜡以外,常用的可以直接作为首饰终结材料的有树脂、尼龙、陶瓷、各种金属粉末等。3D 打印对材料性能的一般要求包括材料满足强度、韧性、热稳定性等性能要求;可以快速精准打印出产品原型且接近最终产品要求;打印材料有利于后期处理工艺。

塑料在首饰 3D 打印中的运用最为常见,它具有优良的综合性能,质量轻且坚固、抗腐蚀能力强、电绝缘性好、容易着色、价格便宜、易加工、可大量生产,常见的有 ABS、PLA、PC、尼龙类材料(PA)和 PEEK 等。

荷兰设计师 Iris Van Herpen 将 3D 打印技术引入时尚圈,她所制作的 3D 打印服装与配饰都充满了科技感与未来感。在设计创作过程中,她不断地将新材料与新技术引入到自己作品中,利用 3D 打印技术制作透明树脂首饰,使饰物与美甲有了新一层的交叠与合作(图 5-107)。

艺术家 Rebecca Strzelec 的首饰作品采用了 ABS 塑料。ABS 塑料是一种用途极广的热塑性工程塑料,具有抗冲击性、耐热性、耐低温性、耐化学药品性等特点。如图 5-108 所示,整件作品外观呈 ABS 塑料本身所具备的颜色——象牙色,两头蒜之间的结构相间错落,可以将其分开也可以拼接在一起,之所以选择 ABS 塑料作为此件 3D 打印首饰的材料,是因为其打印出的首饰制品尺寸稳定、表面光泽性好、有较高的表面硬度、韧性,能够保证所打印的部分结构尺寸精准、不易发生变形。目前 ABS 塑料是 3D 打印材料中最稳定的一种材质。

图 5-107　透明树脂打印首饰

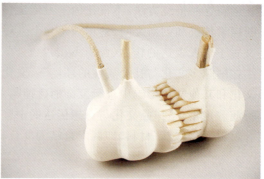

图 5-108　*Garstick*（2020 年）

英国珠宝品牌 Lynne MacLachlan Studio 的产品采用了尼龙作为主材料。Lynne MacLachlan 用创造性的方法对数字化设计和材料进行研究，深入探索尼龙的性能后，使用软件和 3D 打印实现了复杂的产品造型，制作成具有艺术性的前沿首饰作品，并且经久耐用。她利用 3D 打印尼龙的灵活性，制作出了结构可动的领口项链，由于其体积很大，在视觉上给人很强的冲击感，但这并不会使作品变得笨重。尼龙材质非常轻，方便穿戴，几乎像一件纺织品，可以舒服地滑过头顶。尼龙部分 3D 打印完成后，再通过手工染色和组装完成，项链尾端由一个特制的镀金黄铜夹具将尼龙部分整齐地连接在一起。首饰的整体造型基于螺旋几何，以渐变色彩和灵动的乐趣优雅地扭曲和旋转在人们的颈间（图 5-109）。

图 5-109　*Quiver Necklace*

传统首饰设计大多以金属材料为主，金属 3D 打印技术因为可以帮助设计师快速精准地获得首饰成品而受到广泛的重视，目前可以应用于 3D 打印的金属材料包括但不局限于金、银、铜和钛等。

设计师 Lionel T. Dean 借助金属 3D 打印技术制造了一系列 18K 黄金首饰。金属 3D 打印工艺对金属粉末材料的要求较为严格，用于金属 3D 打印的粉末除了具备良好的可塑性外，还必须满足球形度高、流动性好、粉末粒径细小、粒度分布较窄、氧含量低等要求。可以说作为"基石"的金属粉末很大程度上决定了金属 3D 打印技术的成败与打印精度。金属粉末的直接打印也让传统金属材料很难做到的复杂镂空结构更容易实现，而且方便回收和重新利用，更加环保（图 5-110、图 5-111）。

3D 打印方式与 3D 打印材料的出现更加丰富了首饰设计的表现手法和表现效果，虽然某些打印材料还存在打印成型效果不完美的问题，但随着材料技术的不断进步，3D 打印材质也会更完美地运用到首饰中。

图 5-110　*Due Cuore*(2012 年)

图 5-111　*Orbis*(2015 年)

五、结语

首饰的材料是丰富多样的，正是这样多元的材料为首饰艺术的发展提供了许多可能性。同时，对不同材料的探索也体现了设计师的创造力，包括设计思想、设计情感和设计审美。古有"材美工巧是为良"的说法，材料与工艺是首饰的重要组成部分。了解材料特性，再施以合适的工艺，才能让作品更好地表达设计思想。充分地了解材料特性是进行首饰设计的基础工作，是首饰设计师应该具备的基本素质。

第四节　首饰设计与首饰品牌

首饰品牌各具特色，它们通过产品来体现品牌的内涵、价值和文化，而产品是由设计师创造的，从某种程度上来说，设计师是品牌创造的承担者。首饰产品独特的设计元素、造型色彩风格、工艺特点和品牌历史故事等，构成了不同首饰品牌的风格和文化。消费者通过产品的种类和系列特征风格对品牌构成初步的认知，进而去发掘它的品牌历史、文化故事及品牌精神。在这个过程中，设计师将品牌精神融入首饰设计中，完成了品牌内涵的转化，打造了品牌的形象。本节将从首饰品牌的概念、性质与分类，首饰产品与首饰品牌，首饰设计师与首饰品牌来阐述首饰产品、首饰品牌与设计师之间的关系。

一、首饰品牌的概念、性质与分类

1. 品牌的概念

美国市场营销协会（AMA）认为，品牌是一种名称、术语、标记、符号或设计，或是它们的组合运用,其目的是借以辨认某个销售者或某群销售者的产品或服务,并使之同竞争对手的产品和服务区别开来。品牌是消费者与产品之间的联系,是消费者对产品的全面认知的形象。卢泰宏先生在1997年发表的文章中对品牌的内涵进行了解释:"现代品牌的内涵是综合的,它包含许多要素。"品牌不简单等于产品名称或者符号标识,而是包含了名称、商标符号、产品特征,以及其背后的企业文化、理念和精神等消费者全方位认知的形象。它是一种识别标志,也是一种价值理念。因此,品牌是一个以消费者为中心的概念,是消费者对产品的全面认知形象的评价。

2. 品牌的性质

品牌具有广泛的认知性、独特性和差异性。

品牌的差异性区别于各个品牌之间的不同与差异,主要表现在产品和品牌形象上。产品是品牌的重要载体,我们以宝洁、可口可乐和卡地亚为例进行说明。宝洁(Procter & Gamble,简称P&G)是世界最大的日用消费品公司之一,它的产品主要是满足人们日常生活的用品,比如家居护理、美发美容、食品及饮料等(图5-112)。可口可乐公司(The Coca-Cola Company)是全球最大的饮料公司和全球最大的果汁饮料经销商,它的产品满足于所有群体(图5-113)。卡地亚(Cartier)是法国的奢侈品品牌,主要从事钟表及珠宝的制造等(图5-114)。我们可以通过品牌的差异性区别各品牌类型和定位。

图5-112 宝洁

图5-113 可口可乐

图5-114 卡地亚

品牌的独特性是指某一品牌所具有的区别于其他品牌的鲜明个性。它主要表现在市场形象、产品功能、产品定位、产品品质及品牌企业文化等多个方面,是企业在市场上众多品牌中脱颖而出,取得成功的关键。比如周大福在2002年推出的"福星宝宝"定价黄金吊坠系列,刚推出时只有"健康"和"平安"宝宝吊坠,主要面对大众群体。它们诞生于"非典"时期,周大福希望"平安"和"健康"两位天使宝宝可以为大家带来平安和健康。现在这个系列有着"健康""平安""快乐""真情""家和""财富""智慧"7位宝宝成员(图5-115~图5-121)。这与周大福的企业核心价值理念"真诚·永恒"相辅相成。直至今日,福星宝宝仍是周大福特色产品系列中的人气冠军,让周大福在珠宝品牌中独占鳌头。

图5-115 "健康"福星宝宝　　图5-116 "平安"福星宝宝　　图5-117 "快乐"福星宝宝

图5-118 "真情"福星宝宝　　图5-119 "家和"福星宝宝　图5-120 "财富"福星宝宝

图5-121 "智慧"福星宝宝

在日常生活中,消费者长期接受不同品牌的传播,在使用产品和体验服务后,逐渐形成了对品牌的认识即认知性,从而建立对产品的全面认知形象,形成了对产品全面认知形象的评价。这种评价是一种无形资产,可能会给品牌拥有者带来产品溢价。

3. 首饰品牌的分类

品牌是企业参与市场竞争谋求发展的重要支撑与追求。每一个品牌都有着自身的定位，依据不同的标准可以进行不同的品牌分类。

针对市场上不同的消费群体，首饰品牌可以分为高端珠宝首饰品牌、大众首饰品牌和时尚首饰品牌三类。高端珠宝首饰品牌，比如卡地亚（图5-122）、迪奥（Dior）、宝格丽（Bulgari）等，主要针对富裕、高收入群体。大众首饰品牌，主要针对大众群体，比如周大福（图5-123）、老凤祥等。时尚首饰品牌，比如apm（图5-124）、尤目等，主要针对年轻群体。

图5-122　高端珠宝首饰品牌（卡地亚）

图5-123　大众首饰品牌（周大福）

图5-124　时尚首饰品牌（apm）

从品牌主体的角度可以将首饰品牌划分为首饰企业品牌和首饰独立设计师品牌，如卡地亚、周大福、迪奥等都属于企业品牌，而陈世英、赵心绮等则是独立设计师品牌。

根据品牌的辐射区域，首饰品牌可以分为国际品牌、国内品牌等。国际品牌是指在国际市场上知名度、美誉度较高，产品辐射全球的品牌，如卡地亚、迪奥等。国内品牌是指在国内市场上知名度较高，产品辐射全国的品牌，如周大福、老凤祥等。

二、首饰产品与首饰品牌

产品是品牌的重要载体，我们将以卡地亚和周大福为例，展开阐述首饰产品与首饰品牌的关系。

1. 产品打造品牌

首饰品牌不单单是指品牌的识别符号，比如品牌名称、商标等，也是创始人理念、企业精神的展现，更是身份地位、高贵品位等的符号象征。首饰产品是首饰品牌的载体和基础，通过产品来呈现品牌标志与企业理念的完美融合，从而塑造出寓意高贵的符号品牌形象。比如卡地亚的高定猎豹系列，以优雅神秘的美洲豹为原型。1914年，猎豹图案首次出现在一款镶嵌钻石和缟玛瑙腕表的表盘上（图5-125）。1948年，卡地亚为温莎公爵订制了一枚送给其爱妻的胸针（图5-126），首次呈现立体猎豹的形象。这个由黄金打造的猎豹盘立于一颗 116ct 凸圆型切割祖母绿之上，英姿生动。1949 年，温莎公爵夫人在卡地亚购入的一枚铺镶蓝宝石、白色钻石和黄色钻石的立体猎豹胸针（图 5-127），猎豹盘踞于一颗重 152.35ct 的凸圆型蓝宝石上，其头部可以左右转动，展现出猎豹高贵、神秘又顽皮的形象，充满魅力。自从 1914 年首次出现于卡地亚设计作品以来，猎豹形象经历了不断演变和扩展，将女性的独立和自信等特质变成了卡地亚品牌文化的一部分，猎豹系列成为卡地亚的标志性系列。

图 5-125　豹纹女士腕表（卡地亚）

图 5-126　立体猎豹胸针（卡地亚）

图 5-127　立体猎豹胸针（卡地亚）

首饰品牌通过首饰产品、宣传和服务等方式将品牌定位信息准确传达给消费者，比如其鲜明的个性和独特的风格。品牌不断加强与消费者的沟通与交流，从而赢得消费者的信任和偏爱。卡地亚的产品以简约线条、精准造型、匀称比例和精湛工艺打造品牌的隽永风格，并以情感为主题打造了一系列亲民的产品，赢得了更多消费者的喜爱。1924 年路易先生用黄、白、红三色 18K 金为好友设计了一款三色金戒指（图 5-128），其中黄、白、红三色 18K 金分别象征人生中的亲情、友情和爱情。在经历了第二次世界大战后，卡地亚设计师阿尔多·西皮洛将忠贞不渝的螺丝和螺母元素糅合到 LOVE 系列手镯（图 5-129）设计中，手镯由两个半圆组成，需要两个人合作使用专用螺丝刀才可以打开。标志性的三色金和螺钉设计、精美椭圆形身和鲜明的优雅风格，传递出炽热的情感，满足了消费者的情感需求，让象征着阶级、品位、财富、高贵、坚贞和永恒的品牌形象深入人心。

无论是卡地亚的猎豹系列、Trinity 系列还是 LOVE 系列，都是通过产品的某种核心要素来传达品牌文化。在产品的延续扩展设计中，象征品牌精神与价值观的核心要素始终被贯穿其中，保证了品牌打造的连贯性，使消费者逐步构建起对品牌的认知。品牌定位不同、文化与价值观不同也会导致产品特征的不同。

2. 品牌成就产品

品牌是用来区隔不同产品或生产者的符号，品牌的精神、文化、理念与定位造就了产品。国内知名珠宝首饰品牌周大福，以创始人郑裕彤先生"勤"与"诚"的信念为根本，以"真诚·永恒"为核心价值理念。在这样的企业文化和企业精神的驱动下，周大福首创货真价实"四

图 5-128　Trinity 三色金戒指（卡地亚）　　　　图 5-129　LOVE 系列手镯（卡地亚）

条九"足金和"一口价"政策。20 世纪 50 年代的香港金银贸易市场，交易黄金的成色多为"九九金"（即黄金成色为 990.0‰）。成色越高的金饰，越有保值和升值的潜力。然而，当时市面上黄金零售的成色非常混乱，黄金成分不足的现象时有发生。有见及此，周大福于 1956 年首创"四条九"（即黄金成色为 999.9‰）的足金（图 5-130），产品上印有千足金字印，为顾客提供可靠的成色标准，于 1984 年被采纳为香港黄金首饰成色标准。同时，周大福在 1990 年推行了"一口价"政策（图 5-131），摒弃讨价还价的方式，以公平合理的定价保障消费者权益，树立了传统、温馨、诚信可靠的品牌形象。

图 5-130　9999 千足金字印（周大福）　　　　图 5-131　"一口价"标签（周大福）

周大福的主要产品是黄金首饰，在黄金首饰设计中融入了典型的中国传统福佑价值观，运用了大量的中国传统文化元素，如周大福传承系列（图 5-132、图 5-133）使用了龙凤、麒麟、如意、葫芦等经典的传统吉祥图案，体现出鲜明的民族特色。四个九千足金字印和"一口价"政策让周大福的黄金首饰产品赢得了大众的信任，提升了品牌形象。

图 5-132　传承系列"麒麟纳福"挂坠
（周大福）

图 5-133　传承系列手链
（周大福）

通过卡地亚与周大福的例子我们可以发现，不同的品牌，作为品牌认知形象重要载体的产品有着各自的特征，体现着品牌的认知性、独特性与差异性，因此产品对品牌创建和发展起着重要作用。

所以产品与品牌是互相成就的，产品促成品牌，品牌打造产品。两个过程相互交融，相互作用。同时，品牌对产品有反哺作用。当这个品牌建立起来以后，一个很好的品牌会产生品牌效应，促进产品的销售。

三、首饰设计师与首饰品牌

除了产品之外，品牌还与设计师紧密相关。产品是由设计师打造的，设计师个人的经历、性格和喜好也会影响产品设计的内涵与风格。

1. 珍妮·杜桑与卡地亚

卡地亚的灵魂首饰作品是猎豹系列，其关键人物就是被称为猎豹的卡地亚创意总监珍妮·杜桑女士（图 5-134）。珍妮非常喜欢猎豹，她将油画上平面表达的猎豹形象用黄金与鲜艳的彩色宝石搭配，以动感流畅的立体造型打造出全新的猎豹珠宝世界（图 5-135）。她的设计通过胸针、手链、项链等不同形式让猎豹展现出高贵、勇敢、顽皮或温顺的魅力。珍妮·杜桑从 1933 年正式掌舵卡地亚设计部门到 1970 年，她带领着卡地亚打破了卡地亚早期几何抽象的设计路线，以各式带有浓烈异域风情的动植物元素作品创造了无数业界传奇。在她长达半个世纪的设计作品中，猎豹系列尤为突出。珍妮的设计建立并强化了卡地亚倡导女性独立与自信的品牌价值观。

2. 佛杜拉（Verdura）

来自美国的珠宝品牌——佛杜拉珠宝，浪漫、自由，充满了想象力，佛杜拉珠宝的浪漫与灵性和设计师的成长经历有很大关系。这里的灵魂人物就是出生于意大利西西里岛巴勒莫一个贵族家庭的福柯·圣斯坦法诺·德拉·克莱达，在世袭了贵族爵位——佛杜拉公爵

图 5-134　珍妮·杜桑

图 5-135　1933—1970 年间猎豹系列（卡地亚）

(The Duke of Verdura)后，大家都叫他佛杜拉（图 5-136）。佛杜拉出身名门望族，自家庄园里养了许多小动物，还可直通海边。高雅的艺术和精致的生活培养了佛杜拉独特的审美品位，他的许多设计题材与大自然息息相关。1939 年佛杜拉创立了自己的同名珠宝品牌。1940 年佛杜拉的好友影星蒂龙·鲍尔挑选了一颗"捆绑的心"胸针作为他妻子安娜贝拉的圣诞礼物。这枚胸针设计十分精巧，用金属丝带在铺满红宝石的爱心上打了个蝴蝶结，巧妙"混搭"了价值不菲的宝石和出人意料的金属材质。经过佛杜拉的奇思妙想和大胆设计，这些首饰精致又传神，充满了趣味（图 5-137）。

图 5-136　福柯·圣斯坦法诺·
　　　　　德拉·克莱达

图 5-137　佛杜拉作品系列

3. 让·史隆伯杰与蒂芙尼(Tiffany & Co.)

有"珠宝诗人"之称的让·史隆伯杰曾坦言，他深受佛杜拉设计的影响。1956 年，让·

史隆伯杰加盟了蒂芙尼,他的作品(图5-138)以丰富多变的材质、鲜艳纯粹的色彩、大自然的盎然生机以及无穷的想象力赋予了宝石与贵金属蓬勃生机,让蒂芙尼从自然万物中获取灵感的简明优雅之美的品牌风格得到美妙的延续。

图5-138　让·史隆伯杰设计的蒂芙尼作品

4. 克里斯汀·迪奥、维多利亚·德卡斯特兰与迪奥

除了设计师的喜好、成长经历,设计师的性格和对文化、生活的理解感悟最终都会融合在设计之中。比如迪奥的首饰作品设计风格浪漫温馨,玫瑰花是迪奥的代表性设计元素,这与品牌创始人迪奥先生从小到大钟爱玫瑰花有关,每当迪奥先生(图5-139)忆起在诺曼底庄园度过的童年,总将那座花园称为"守护我童年的花园",迪奥先生后花园里的玫瑰一直是他和迪奥品牌设计的灵感来源(图5-140)。1947年迪奥先生设计了名为"花冠"的用于装饰时装的珠宝系列(图5-141),现在被我们称为时尚首饰。

图5-139　克里斯汀·迪奥

1998年,迪奥公司开办新的高级珠宝部,任命维多利亚·德卡斯特兰(图5-142)为艺术总监。维多利亚·德卡斯特兰为迪奥品牌首饰设计增添了新的内涵和风采,充满着童趣与灵气,富有生命力。这与设计师的成长经历、喜好、性格和对生活的理解息息相关。维多利亚·德卡斯特兰从小在巴黎贵族圈子长大,对珠宝有着浓厚的兴趣,五岁时她已拥有惊人的创作天分,能将吊饰手链拆散制成精致的耳环。她非常喜欢彩色宝石,她觉得它们就像糖果般吸引着她。她最爱选用颜色鲜艳欲滴的彩色宝石(如电气石、绿柱石、橄榄石、紫水晶、黄水晶、海蓝宝石及石榴石等)制作各种瑰丽的首饰(图5-143)。

图 5-140　迪奥"玫瑰花"系列

图 5-141　迪奥"花冠"系列

图 5-142　维多利娅·德卡斯特兰

图 5-143　迪奥全新 GEM DIOR 顶级珠宝系列

维多利娅·德卡斯特兰将高级时装元素运用于高级珠宝设计中,如迪奥全新 Dior Dior Dior 系列里的 Dentelle 系列(图 5-144),以奢华入微的蕾丝为创意灵感,通过蜂巢、鱼鳞、螺旋线等网格图案来诠释不同质感的蕾丝面料,网格边缘镶饰着彩宝、金珠、绳索纹来模仿蕾丝花边,以玫瑰式切割的钻石来表现高定时装中的亮片元素。另外,维多利娅·德卡斯特兰也钟爱运用彩漆的装饰手法,迪奥品牌高级珠宝部门研发的新型彩漆色彩比传统彩漆更加艳丽丰富、光泽度更强,保存更持久,如"食人花"系列(图 5-145)中,鲜花、水果和昆虫在设计师的创意下,涂抹上闪亮自然的彩漆,与各类宝石融于一体,演绎出充满现代气息的珍贵作品。迪奥 Jardin de Milly-la-Forêt 高级珠宝系列(图 5-146),融合了最复杂精湛的高级珠宝工艺与顶级的漆艺,表达出珠宝蕴含的无穷诗意与娇媚动人之感。迪奥珠宝从迪奥先生热爱的大自然中孕育出多彩的珠宝配饰,在维多利娅·德卡斯特兰的大胆表达下令人惊叹。

图 5-144 迪奥全新 Dior Dior Dior 系列

图 5-145 迪奥"食人花"系列　　图 5-146 迪奥 Jardin de Milly-la-Forêt 高级珠宝系列

5. 卢西亚·西尔维斯特里与宝格丽

宝格丽也是极具代表性的首饰品牌，多以艳丽大胆的色彩和几何造型示人，这与艺术总监卢西亚·西尔维斯特里（图5-147）的个人经历和喜好有关。卢西亚·西尔维斯特里18岁加入宝格丽的宝石部门，前往世界各地采购彩色宝石（图5-148）；她主张用最能彰显宝石天然色彩的琢型来切割宝石，比如MVSA系列的祖母绿挂坠项链（图5-149）的主石，是一颗祖母绿。

图5-147　卢西亚·西尔维斯特里与她的作品

图5-148　宝格丽珠宝系列　　　图5-149　MVSA系列的祖母绿挂坠项链

6. 吴峰华与TTF高级珠宝

随着中国文化自信的不断加强和民族自信心的不断提升，中国首饰品牌走向世界是实施品牌国际化的需求。作为中国品牌国际化代表的 TTF 高级珠宝，以宋代美学为代表探讨中国文化的当代性，树立了文化自信的典范。

TTF 高级珠宝（图 5-150）是一家落户在法国旺多姆广场，和卡地亚等著名品牌并肩而立的中国珠宝品牌。它以中国传统文化儒家哲学为文化根基，以宋代美学为审美指导，将宋代花鸟和山水绘画艺术作为设计灵感，融入珠宝首饰设计中，如十二生肖和以翡翠为核心的系列设计，诠释了"传统东方文化的当代性演绎"。

图 5-150　TTF 位于巴黎和平大街 9 号的旗舰店

TTF 的生肖首饰设计大赛以十二生肖为主题，运用当代的表现手法，活态创新传承中国传统文化。大赛所呈现的诸多作品（图 5-151）已然成为"创意中国"和"传统东方文化国际化实践"的项目标杆，被《中外文化交流》杂志誉为"国家文化名片"，成为中国文化"走出去"的标志之一。TTF 历届生肖首饰设计大赛标志性作品也掀起了中法两国政界名流、商界精英及主流媒体主编等竞相佩戴的热潮。

《长耳兔》
2011兔年生肖标志性作品
（许二建）

《魂》
2012龙年生肖标志性作品
（许二建）

《胜利之V》
2013蛇年生肖标志性作品
（靳晶晶）

《Tree&Horse树与马》
2014马年生肖标志性作品
（苏芒）

《领头羊》
2015羊年生肖标志性作品
（陈梦媚）

《战》
2016猴年生肖标志性作品
（尤伟）

《法兰西雄鸡》
2017鸡年生肖标志性作品
（保鑫、肖雅洁）

《守望》
2018狗年生肖标志性作品
（童昕）

《喜奔》
2019猪年生肖标志性作品
（程一辰）

《领舞》
2020鼠年生肖标志性作品
（吴翠）

《舞牛》
2021牛年生肖标志性作品
（刘羽菲）

《如虎添翼》
2022虎年生肖标志性作品
（倪璐）

图 5-151　TTF 历届生肖首饰设计大赛标志性作品

"2022中华十二生肖奥林匹克创意大展"的十二个生肖主题代表作品(图5-152)原计划在奥林匹克博览会开幕期间展出,因新冠肺炎疫情影响未能如期展出。TTF高级珠宝选择中国传统文化中的十二生肖作为主题,通过与国际接轨的当代表现手法,将中国文化推向国际,让世界认识中国文化,体现了传统文化的当代性,即通过当代性的表达来活态创新传承发展中国传统文化。

图5-152 2022中华十二生肖奥林匹克创意大展作品

TTF高级珠宝中另一个典型是以翡翠为核心的系列设计作品。中国玉文化是中华民族历史文化遗产之一,翡翠作为玉中极品,是中国人心目中的珍宝。TTF的翡翠设计,将中国玉雕艺术与西方宝石镶嵌工艺完美融合。《玉兰花开》(图5-153)是TTF高级珠宝的经典作品,代表了品牌的格调与性格,它以独特的设计、杰出的工艺及浓厚的东方意蕴,被法国第一大报《费加罗报》珠宝部主编Fabienne Reybaud女士誉为"中国高级珠宝的奠基性作品"。TTF高级珠宝运用高硬度的金属、钻石,以自己独特的方式,展现玉兰花的自然形态,极具意象之美。《暗香》(图5-154)借宋徽宗赵佶《梅花绣眼图》中所绘的梅花之形,通过精雕细琢的高级珠宝工艺使梅花之品性得以充分表现,枝杈间的宝石营造出孤傲高雅之意境。

在TTF高级珠宝品牌的创建和发展过程中,无论是生肖首饰设计大赛作品还是以翡翠为核心的系列设计作品,都完美地演绎了品牌所追求的传统文化和当代性表达,品牌创始人兼艺术总监吴峰华先生是品牌缔造和设计的灵魂人物。

首饰独特的设计元素、造型色彩风格、工艺特点和品牌历史故事等,构成了不同首饰品牌的风格和文化。品牌内涵需要通过产品体现,产品则需要设计师创造,从某种程度上来说,首饰设计师是首饰品牌创造的承担者。设计师将品牌精神融入首饰设计中,完成了品牌内涵的转化,打造了品牌的形象。

除了首饰企业品牌,近年中国首饰独立设计师品牌也迅速发展。它们虽然年轻,却充满活力,如林弘裕高级珠宝设计、锦社和代波军艺术珠宝。

首饰设计 **第五章**

图 5-153 《玉兰花开》

图 5-154 《暗香》

7. 林弘裕高级珠宝设计

林弘裕先生（图 5-155），20 世纪 60 年代生于台湾珠宝世家，拥有 20 余年留美生涯，30 余年珠宝创设沉淀，他于 1983 年创立林弘裕高级珠宝设计，林弘裕先生的珠宝创作始于情怀，行于市场，终于生活，被尊称为设计界的泰斗级艺术灵魂人物。在林弘裕先生的概念里，珠宝题材可以多种多样，设计可以天马行空，但珠宝所承载的文化情感需厚重、才能沉淀源远流长的经典。这种经典是中西合璧的时代引领，是无惧时空的历久弥新，是纳古融今的厚积薄发，更是对行业珠宝轻设计、重量产的突破与颠覆。同时，他的珠宝不浮于繁华与流行，而沉于创思与经典。比如《傲苍穹》

图 5-155 林弘裕先生

（图 5-156，左一），设计师将李白在断崖松树下独自饮酒"把酒问青天"的浪漫不羁形象镶嵌在作品之中，宝石恰到好处地点缀了"独饮断崖松，自在傲苍穹"的闲适意境，诗仙李白独有的桀骜不驯、洒脱自由跃然于上。白鹇又被称为"闲客"，清朝时古人将白鹇作为五品官服的图案。《白鹇》（图 5-156，左三）中以白鹇为表现对象，象征为官不急不躁，无为而治，抛弃尘秽，迎新纳福，吉祥忠诚。林弘裕先生将新锐灵感、设计、情感文化、取材与工艺至臻融合的艺术创作，承袭着中国传统文化的精粹与神韵。

183

图 5-156　林弘裕先生作品

林弘裕高级珠宝设计标志性的鹤系列（图 5-157），以中国传统文化中象征着长寿、清雅、吉祥、忠贞等美好寓意且有着崇高地位的鹤为原型，设计了具有中国元素的高级时尚珠宝。人们常常用仙鹤来比喻高尚的品德，人以"品"为先。林弘裕先生认为"鹤"象征的品德是自己一直所践行的，在"鹤"系列的设计中，每一年他都会有新的思考与探索。这些仙鹤栩栩如生，静中有动，仙气十足，既内敛尊贵，又浪漫多情。

图 5-157　林弘裕先生《鹤》系列

8. 锦社

在过去近半个世纪的发展中，国内大量珠宝首饰品牌产品偏于同质化，但随着人民生活水平和审美水平的提升，人们对兼备文化内涵与审美意蕴的珠宝的需求越来越高。作为具有浓郁东方哲思意味的独立设计师珠宝品牌锦社，以丰富学科内涵为叙事背景，建构出了别具一格的珠宝艺术殿堂。

锦社是当代优秀的独立设计师品牌,由先后毕业于中国地质大学(武汉)珠宝学院、清华大学美术学院,任教于广西艺术学院的李詹璟萱博士创立。李詹璟萱博士作为国家艺术基金资助珠宝艺术家、国家社科基金项目主持人、中国珠宝首饰行业协会首饰设计委员会副主任,长期活跃在学术界和设计界,以活化传承民族文化,将中国珠宝推向国际为己任。

锦社以从自然中抽象出宇宙法则和终极价值的东方哲学作为文化根基,其珠宝设计除了传统常见的自然题材外,还融会多门学科题材,如建筑题材、数学题材、哲学题材、文学题材、化学题材、音乐题材、民族题材等。李詹璟萱博士深刻的学术思考和广博的见闻使锦社的珠宝作品超越了简单的贵金属和贵宝石堆砌,呈现了科学、艺术、哲学浑然天成的融合。

锦社极具特色的风格下有着特立独行的定制规则,它并不一味讨好顾客,在与顾客充分沟通预算和风格后,设计交由设计师全权负责,顾客不再参与任何设计和修改过程,且所有设计遵循"设计稿不看不改、货款预付、工期不能催"的原则。尽管条件如此苛刻,但锦社的作品不仅获得了国内顾客的认可,还获得了包括美洲、欧洲、澳洲等地顾客的追捧,多位国内外文化艺术界知名人士与锦社保持着长期黏性,彰显了客户对品牌的高度信任与赞誉。

锦社的珠宝作品融汇古今,致力于将传统中式元素演绎出新的时代风貌。李詹璟萱博士认为,新中式珠宝的"中式"不应体现在元素的拼贴堆砌上,而应体现在传统美学意境的营造上。中国传统审美是一种强调"潜在的、隐藏的、内在的"美学思想体系,对于含蓄、禅意、飘逸、空灵的意境追求,是新中式珠宝相较于传统中式元素珠宝的最大区别。代表作《苏州》(图5-158)灵感来自于苏州古典建筑中的斜顶、白墙和月亮门,设计师提取这些传统特征元素后,通过现代设计,赋予它独特的意蕴。作品《一面湖水》(图5-159)灵感来源于太湖石和

图5-158 《苏州》

图5-159 《一面湖水》

天池,作品大气磅礴,新中式的洒脱、空灵跃然眼前。锦社作品在追求颠覆传统造型的同时也充分考虑人体工程学,使戒指既具有强烈的视觉冲击力又具有良好的佩戴感。

该品牌强调造型背后的哲思和叙事性,将哲学思辨精神融入珠宝之中。代表作《道德经》(图5-160)灵感来源于道家经典"五色令人目盲;五音令人耳聋;五味令人口爽;驰骋畋猎,令人心发狂;难得之货,令人行妨。"作品将Dior太阳镜、Apple耳机、Givenchy口红、Christian Louboutin高跟鞋、Dior粉饼拆解后,用数字扫描保留原物的尺寸,再以数字雕刻技术进行3D建模,用骷髅和雏菊这两种代表死亡和纯真生命的形象做造型替换,以纯银、黄金镶嵌天然宝石,诠释物欲对人的侵蚀。

锦社珠宝高度关注少数民族元素的当代活化传承。许多少数民族传统工艺因难以适应新时代的语境而濒临失传,锦社对于活化传承路径的解答是在保留核心形式的基础上赋予其现代表达。代表作《锦瑟华年》(图5-161)系列以壮锦为设计灵感,传统壮锦纹理的设计和色彩铺陈都比较"满",容易让人产生压迫感,通过在结构上采用镂空图案形式,在保留经典纹样的同时可以减轻重量,增加作品的通透性,体现出虚实变化和强烈的装饰艺术效果。

图5-160 《道德经》

图5-161 《锦瑟华年》

锦社的创建和发展始终在扎根中国传统文化的同时放眼世界,通过大量优秀作品从众多独立设计师品牌中脱颖而出,备受市场肯定。

9. 代波军艺术珠宝

代波军先生（图5-162）是典型的底蕴深厚的学院派设计师，拥有20余年设计经验。他认为私人手工定制的珠宝是对生活的一种诠释，更是真正懂珠宝的人对珠宝的一种坚持。他的作品（图5-163）使用了异形珍珠、翡翠、欧泊等多种丰富的材料，并根据宝石原石的独特形状设计了各种"奇"与"巧"的灵动造型。尤其是异形珍珠的作品，每件都是绝无仅有的"孤品"，有着独一无二的灵魂和性格，需要设计师从头构思设计、雕蜡制作。他认为真正的艺术珠宝作品，"每一件都是有灵魂的，都是有心脏的，都是有性格的，都是一件视觉艺术作品，是唯一的。"这些作品时而优雅，时而稚拙，不论线条繁简，都浑然天成，仿佛自然将珍珠塑造成这般形状，就是为了它能以这样的形象展示于人前。代波军先生非常认同艺术家达利的观点，珠宝中设计和工艺的价值要远远高于宝石黄金这些材质的价值。代波军先生认为，珠宝设计的价值就是把一般的材料通过设计变成高价值产品。

图5-162 代波军先生

图5-163 代波军先生作品

所以，首饰品牌是通过社会和大众的广泛认知建立起来的，依靠产品表现其特征和文化内涵、精神追求。设计师则成为产品设计和品牌建造的直接承担者，无论是品牌还是产品，最终都是通过设计师的创造性设计来实现，这一切体现了设计的力量！

第六章

首饰加工工艺

第一节 首饰工厂生产工艺

中国是世界上重要的首饰生产国和消费国。中国首饰制造业的真正起步是在20世纪80年代。随着改革开放的不断深入,首饰加工业得以迅速发展,尤其以珠江三角洲地区的深圳和广州番禺为最。这两个地区率先引进和发展了现代首饰产业,在规模、技术、资金、工艺、产品等各方面均领先国内同行,是全国首饰业中门类比较齐全、规模较大的重要加工基地和贸易集散地,在行业中具有重要的影响。

现阶段,随着信息化和科技化的高速推进,首饰的加工已从传统的手工业转变为规模化和机械化的现代化工业。面对激烈的市场竞争与不断变化的国际环境,首饰加工业一直在努力提高首饰加工的技术水平。本节将为大家介绍现代首饰工厂的生产工艺。

一、首饰起版

首饰起版是首饰生产流程中的首道工序,起版方式包括金工起版、蜡雕起版和数字化起版。设计出来的图纸必须制成首版后,才可以进行后面的加工工序。制作首版必须忠于原貌,按照设计图纸的要求严格制作。在工厂生产中,虽然各种起版方式出现的年代各不相同,但一直均在被使用,没有出现某种起版方式完全取代其他方式的情况。

1. 金工起版

金工起版是通过锉、磨、锯、焊等方法直接对金属进行加工,然后拼合焊接成为首饰版件的工艺过程;通常使用金、银、铜制作首版。在金属起版过程中由于金属的硬度比较大,加工相对困难,这种方法需要较长时间的实践训练。

金工起版工艺流程如下。

1)前期准备

分析设计图稿,明确首饰设计图的结构、尺寸、材质(图6-1),将其分解为若干部件,确定部件摆放位置与各部件连接方式(图6-2)。

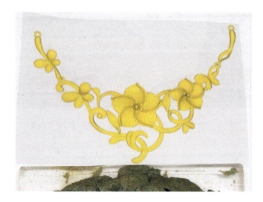

图6-1 分析设计图稿

图6-2 分解部件

2)下料

根据每个部件的形状尺寸下料,并分别制作成型(图6-3)。

3)摆坯

因坯件的层次、大小与位置不同,不在同一平面很难焊接,所以得将部件摆放在胶泥上焊接。我们须按照图纸将部件高低错落地摆放在胶泥上,同时要注意各部件的摆放位置与深浅层次,使其与图稿无异(图6-4)。

图6-3 下料

图6-4 摆坯

4)固定翻模

用石膏覆盖坯件以固定坯件位置(图6-5),待石膏凝固后,将石膏块倒置并清理干净胶泥(图6-6)。

图 6-5　用石膏覆盖坯件　　　　图 6-6　倒置石膏块并清理干净胶泥

5）焊接

在露出的坯件背面进行焊接（图 6-7），焊后趁热将石膏放入冷水中，将石膏去除干净（图 6-8）。

图 6-7　焊接　　　　　　　　　图 6-8　将石膏去除干净

6）检查

检查金属版件正面焊接情况，若存在问题则可补焊和修正（图 6-9）。

7）修锉与执模

对金属版件整体进行修锉、执模。

2. 蜡雕起版

蜡雕是使用各种专业工具将蜡材雕刻成首饰的形态并饰以各种肌理的一种工艺方法。蜡材相对于金属更容易修改和加工，而且没有贵金属损耗的问题，所以深受业界的欢迎。同时由于蜡材的可塑性很强，蜡雕起版更加适合具有一定厚度、造型起伏变化大的首饰。

1）蜡材的介绍

首先介绍雕刻用蜡。首饰蜡材主要分为硬

图 6-9　检查金属版件

蜡和软蜡两种(表6-1)。目前市面上的硬蜡包括蜡块、手镯蜡、戒指蜡、镶口蜡等多种功能用蜡。硬蜡硬而不脆,韧而不黏,便于各种工具雕刻、切割、修锉、钻孔。软蜡性质柔软,主要分为蜡片和蜡柱/蜡条,可以直接用手捏塑、搓揉、延展、拓印、扭曲缠绕,因此极易塑造出自然生动的曲线和造型。

表6-1 蜡材的介绍

类型	名称	图样	特点	用途
硬蜡	蜡块		加工性能很好,具有一定的硬度和韧性,非常适合雕刻	蜡体量厚,适宜制作大件作品,如吊坠、胸针
	手镯蜡			不同尺寸手镯
	戒指蜡			不同尺寸戒指
	镶口蜡			标准宝石镶嵌
软蜡	蜡片		硬度小,容易弯曲、变形,可以自由塑形	仿生饰品如植物叶片及花瓣、昆虫翅膀肌理等
	蜡柱/蜡条			用于装饰边、藤蔓、植物茎脉

2)工具的介绍

了解雕蜡工具也十分重要。雕蜡是一门加减的艺术,不仅可以将材料按照需求进行堆积、拼合,也可以通过工具削切去掉部分结构。在制作中主要用到的工具有锯弓、麻花锯条、锉刀、台机与不同型号的钻头、电烙铁、内孔蜡刀、各种雕刻刀、圆规与机剪等(图6-10)。

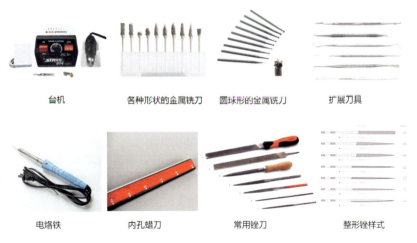

图6-10 雕蜡工具

圆规、机剪可以在蜡上比量,刻出所需蜡的形状、大小。起型时常用锯弓来切割蜡材;平板锉可以快速修整出工件的整体造型,打磨蜡材表面使其更平整;多种锉头形状的锉刀可以贴合不同造型锉磨;内孔蜡刀用于扩戒指蜡的内圈大小。在实际操作中可能会出现蜡材断裂等情况,这时候就需要补蜡(图6-11),蜡材加热很容易融化,电烙铁作为加热工具可以用来熔合、焊接蜡材,也可以用来堆砌蜡材造型以及制作一些特殊效果,如滴蜡珠(图6-12)、流动、熔合(图6-13)等。台机配合不同功能不同型号的针具可以进行打孔、快速削切、镂空等多种工序,可以在蜡材上塑造首饰形体(图6-14)并且装饰各种花纹或肌理。雕刻刀、砂纸用于表面效果处理。

图6-11 补蜡

图6-12 滴蜡珠

图6-13 熔合

图6-14 塑造首饰形体

根据不同的造型需求可以选择合适的工具。在雕蜡工艺中需要使用不同的雕刻工具和雕刻方法,灵活使用这些雕刻工具和雕刻方法可以提升蜡模制作的效率(图6-15)。

3)蜡模的批量处理

当一件首饰需要批量生产时,我们会对此件首饰的金属首版进行压胶模处理(压胶模是将金属首版放在合适大小的金属模框中,填入橡胶片,压胶模时要保证金属首版和生胶片之间没有缝隙、金属版件内部的细微结构也要填满橡胶且版件处于金属模框中央),压胶后注蜡以复制原版,克隆出若干个相同的蜡模。然后在压胶机中经加温、加压,使橡胶熔化再凝

首饰加工工艺 **第六章**

图 6-15　雕蜡作品欣赏（代波军供图）

固成型，压制后再经手工切割胶模取出版件，开胶模时要注意胶模内不能有任何缺陷如残缺、粘连等，这些都有可能造成蜡模的缺陷，需要对这些缺陷部位进行修补。开好胶模后（图6-16）我们可进行注蜡操作，注蜡时应注意蜡温、压力以及压紧胶膜等并使用真空式注蜡机将胶模抽真空，最后往胶模内注蜡（图6-17）复制成批量蜡模（图6-18）。

图 6-16　开胶膜

图 6-17　注蜡

图 6-18　出蜡版

3. 数字化起版

数字化起版是运用电脑软件建模，然后通过3D打印技术导出蜡模或者直接打印金属来实现首饰起版。在数字化建模中，电脑会弥补设计师手工制作的不足，大大降低传统起版方式中对蜡模或金属版件的修整次数及时间损耗，同时可减少起版误差、缺陷、材料损耗，从而达到精美的制作效果（图6-19）。数字化起版能测量和计算出模型所需材质的尺寸及克重，精确的建模能够保证制作工价预算的准确性及首饰快速成型的需求。配合渲染软件，能够预估出设计作品的效果（图6-20）。

数字化起版能够让高校学生、设计师、艺术家更好地实现自己的创意，可以直接参与到起版环节中，能够避免设计初稿与最终产品产生的偏差。运用数字化起版方式结合3D打印技术可以更精准地完成精细图案、镂空、可活动结构、表面肌理等造型的制作，实现首饰设计结构上的多样性与复杂性，再通过失蜡铸造得到金属版，并对其进行执模、镶嵌、抛光等工序即可完成实物成品（图6-21）。

图6-19 数字化起版建模图(GIC)

图6-20 渲染图(GIC)

图6-21 实物图(GIC)

作者总结了3种起版方式的原理与特点,如表6-2所示。

表6-2 起版方式的原理与特点

起版方式		原理	特点
金工起版		通过锉、锯、焊等方法对金属进行加工,然后拼合焊接成为首饰版件的工艺过程	1. 造型更直观、无需后期铸造,工件精密度高 2. 材料耗损大、制作难度大、要求严格
雕刻起版		通过手工方法使用各种工具将首饰用蜡材雕刻成首饰的形状并饰以各种肌理的一种工艺方法	1. 成本低,操作方便,方便制作自然形态的造型 2. 制作尺寸误差较大,制作对称首饰难度大。后期需要铸造
数字化起版		通过JewelCAD、Rhino、ZBrush等电脑辅助软件来进行数字化模型设计,并通过3D打印技术喷蜡制所版件	1. 精确查找,制作复杂形状和特殊造型容易,方便查看和修改模型 2. 建模技术要求高

三、工业化生产工艺

1. 铸造工艺

在现代工业化生产中,首饰制造的一般流程可分为首饰蜡件的制作和失蜡铸造。失蜡铸造又分为种蜡树、石膏灌浆、焙烧脱蜡和真空铸造。

1)种蜡树

做完蜡模后,工人会用电烙铁给蜡模做出水口。水口即蜡模与蜡树主干之间的细蜡条,是浇铸时金属液流入和蜡液流出的通道。要注意水口尽量连接在蜡模光滑平整的位置,不破坏蜡件的造型与肌理,再将蜡模水口的另一端焊接在一根主要的蜡杆上面。蜡模一般与蜡杆呈树枝状排列,所以称为种蜡树(图6-22)。需要说明的是,造型较为复杂精细的蜡模种在树顶部,而造型较简洁的蜡模放在树底部,种的角度应在45°左右,以保证金属液体能顺利流入所有的部位。这样的排列方式可以充分节省空间,一次性铸造大量蜡模。蜡树的主干要牢固地固定在橡胶托上,防止因操作晃动而造成的蜡模脱落。

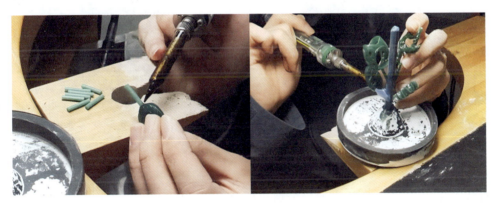

图6-22 种蜡树

在种蜡树之前要对橡胶托进行称重,蜡树完成之后要整体进行称重,以计算出蜡树的总重,方便估算在金属浇铸过程中使用的金属重量(图6-23)。

2)石膏灌浆

接下来是石膏灌浆,这个过程是将蜡树进行称重后放入钢筒内,先使用胶带将钢筒外壁封罩起来,防止倒入石膏浆时石膏大量流出(图6-24)。称取适量石膏与水混合,搅拌后使用真空泵将石膏浆抽真空,以减少搅拌中产生的气泡。此时再将石膏浆倒入钢筒内并没过蜡树顶端1~2cm,然后再次使用真空泵抽真空(图6-25),进一步降低气泡含量,这能够有效地减少铸件上的砂眼,提高铸造的成功率,完成后静置等待石膏固化形成石膏模(图6-26)。

图6-23 称重后计算需要浇铸的金属重量

图 6-24 石膏灌浆

图 6-25 抽真空,进一步降低气泡含量

图 6-26 静置等待石膏固化

3)焙烧脱蜡

石膏固化后,需将石膏模中的蜡模加热熔化,使其流出形成石膏空腔,在空腔中形成一个负形,这个过程称之为焙烧脱蜡(图 6-27)。焙烧的目的主要有两个:一是加强石膏模的硬度;二是使石膏模温度与熔金的温度接近,浇铸时不会由于金属降温过快而形成砂眼和孔洞。石膏模的烘焙为下一步浇铸金属做好了准备,是保证浇铸正常进行的重要工序,该工序中要控制好干燥、脱蜡、浇铸保温的时间和温度。在这个过程中需要注意的是对石膏模的预热处理。如果石膏模升温过快,会造成局部受热不

图 6-27 焙烧脱蜡

均,致使石膏模产生裂纹,影响铸造质量,甚至造成损坏或报废。反之,如果升温太慢,不仅会延长焙烧时间,而且会导致蜡液流出不彻底,也会影响铸件质量。

4)真空铸造

接下来的一步是真空铸造,就是将熔融的金属液注入石膏空腔中从而获得金属坯件

（图6-28）。熔金的过程中需加入氩气，氩气作为惰性气体可以保护金属不易氧化，铸造出来的金属成色会比较光亮。待金属溶液完全凝固后，要将钢筒静置一会，再放入冷水中冲洗（图6-29、图6-30）。炸洗太早容易使铸件降温过快而断裂损坏，炸洗太晚会导致石膏脱离困难，炸洗时可配合高压水枪将石膏冲洗干净。最后通过酸洗去除石膏残渣，得到金属坯件。

图6-28 真空铸造

图6-29 冷水炸洗

图6-30 用高压水枪将石膏冲洗干净

首饰蜡件制作好之后，需要经过失蜡铸造工序铸造出首饰的金属坯件，这些坯件经过整型、修补、打磨、抛光、镶石、电镀等工序最终成为首饰成品。

2 油压工艺

油压工艺是通过模芯、模圈的配合，使用油压机增压压制，将模芯的花纹转移至金银产品上的一种工艺（李江宁，2016），主要用于制作金银币、金银章、金银条、金银盘和金银碗。油压工艺是贵金属产品制作中使用最广泛的工艺，工艺流程如下。

1）压片

熔料开片，使用压片机对贵金属材料进行压片处理，压制成产品需要的尺寸厚度。

2）落料裁片

通过落料模具将其裁剪为预设产品的外形形状，形成贵金属箔片（图6-31）。

3）模具

将金属片放在油压模具的正中间，上下两块油压模具严丝合缝地对齐放好（图6-32），将其安装到油压机上即可进行油压作业，运用油压机的强大压力成型。

图6-31　落料裁片（赵彬供图）

图6-32　油压模具（赵彬供图）

4）飞边

金属片因油压会挤出少许金属料，利用飞边机去除轮廓外围多余的金属片，产品的轮廓基本成型。

5）执模抛光

对贵金属产品进行执模，去除贵金属产品上的瑕疵，再经过抛光，根据最终所需产品效果，还可进行电镀、拉砂、喷砂等金属表面处理工艺，从而形成首饰件（图6-33）。

使用油压工艺制作首饰件，可以令首饰表面更饱满工整，保证产品质量。与传统的失蜡铸造工艺相比，油压工艺可在短时间内大批量生产同种产品，而且产品具有薄、匀、轻、强的特点，大大减少了首饰件的壁厚及重量，降低了生产成本，提高了生产效率和经济效益。因此，油压工艺在首饰制造业越来越受到重视，其应用也越来越广泛。

图6-33　油压工艺投资金条
（周大福）

3. CNC数控加工

CNC是计算机数字控制机床，即使用电脑编程，机床执行规定好的动作加工生产。CNC数控加工其实很早就被广泛应用于各行各业，如汽车行业、手机行业等。CNC数控加工很早就被广泛应用于国际一线珠宝品牌。它们把CNC应用在经典款的打造中，如卡地亚LOVE系列、宝格丽B.ZERO1系列（图6-34、图6-35）。CNC数控加工比较适合制作一些线条明朗清晰、造型精准的首饰。在首饰生产中品牌会根据不同产品的设计风格去选择相应适合的工艺。

图 6-34　LOVE 结婚对戒　　　　图 6-35　B.ZERO1 戒指
　　　　（卡地亚）　　　　　　　　　　（宝格丽）

　　CNC 数控加工的优点是通过电脑编程来设计首饰上的花纹并通过精密机床实现数控精准车花，使首饰精细度高、对称性好、品质稳定，同时 CNC 数控加工生产出的戒指内弧度能使佩戴更加舒适。

4. 电铸工艺

　　电铸工艺是通过将金、银等金属或合金电沉积到模型表面，再将模型去除，从而形成空心薄壁的首饰或摆件产品。这种工艺的特点在于能够准确表现出产品表面轮廓和肌理细节，能够得到表面光洁度好、尺寸精度高的作品。相同质量的黄金在此工艺下可以做出更立体和体积更大的产品。

　　在国内黄金业中，很多品牌都会用到 3D 硬金工艺，这种工艺其实是电铸工艺的改良——纳米电铸黄金工艺。传统的黄金纯金首饰有很多缺点，比如质地柔软、易变形、易产生划痕和刮花等。3D 硬金通过应用先进的纳米电铸技术工艺，突破了传统黄金首饰的很多局限（李江宁，2016），其硬度是黄金纯金的四倍。这种神奇的工艺主要是对电铸工艺的工作温度、pH 值、有机光剂含量和搅动速度等进行技术改良，通过对金原子排列顺序的改变而提升黄金的硬度，同时保证仅在成型工艺上做了变化，而金的纯度没有发生任何改变，可以制造造型精细复杂、硬度高、抗磨性强的中空千足金制品（李江宁，2016）（图 6-36、图 6-37）。

图 6-36　精灵宝可梦黄金挂坠（潮宏基）　　　图 6-37　Hello Kitty 系列（周大福）

电铸工艺的具体流程如下。

1）原模的制作

利用 3D 打印或手工雕蜡，将设计图样制成蜡模。将蜡模置于容器中，倒入硅胶，得到胶模。将凝固后的胶模用刀分开，取出其中的蜡模，得到中空的胶模。通过注蜡机把熔化的蜡注入硅胶模中，待冷却后取出蜡模。刮除蜡模表面多余的蜡，用电烙铁修复蜡模表面的砂洞、气泡和缺损处，修整细节，得到蜡版原模（李小军等，2018；图 6-38）。

图 6-38　蜡版原模

2）涂导电银油

将纳米银粉溶在特制的胶油中，均匀地喷涂在蜡模表面，从而在蜡模表面形成导电层。自然风干银油中的溶剂，银粉导电层固化后黏覆在蜡膜表面。

3）安插挂杆

安插挂杆以达到固定和导电作用。

4）落缸电铸

将蜡模放入含有金化合物的溶液中，在银油表面电铸上金（图 6-39）。通过一定时间的氧化还原反应，在蜡模表面镀上一定厚度的贵金属。

5）除蜡、除银油

在产品水口或其他不起眼的位置开洞，除蜡时蜡将从此洞流出，通过专业的烤盘、除蜡水、超声波清洗仪去除蜡，有时需要反复清洗检查。用浓硝酸配合加热去除银油，该步骤同样需要仔细清洗数次（图 6-40）。

图 6-39　落缸电铸

图 6-40　除蜡、除银油

6）表面处理

可运用抛光、喷砂、压光等手法对产品进行表面装饰。

5. 机织链工艺

贵金属链类首饰在传统首饰制品和现代贵金属首饰种类中占有很大的比重。链类首饰作为装饰品，因人们的审美喜好不同，链类首饰有着丰富的种类和不同的功能，能够作为耳饰、项饰、手链等,可单独成为一件首饰,也可搭配各种串珠、不同风格的吊坠成为一件首饰。各种款式和造型的链类制品,使首饰种类繁复、琳琅满目,在首饰加工行业和销售市场中占据着非常重要的地位,也因此挑战着首饰加工企业的工艺能力和技术水平。

机织链工艺的发展,得益于贵金属本身优良的机械加工性能。在现有技术中,金质、银质首饰链编织设备一般为全自动,只要在输入端送入所用材质的金属丝,就能编织成所需形状的首饰链,再经数道工序加工,就能成为精美的成品首饰链。机织就是用专用的机器做机织链的工艺,可整体拼接成一条长项链,如水波纹、十字链、O字链、扭合子链等多种链条种类(图6-41)。

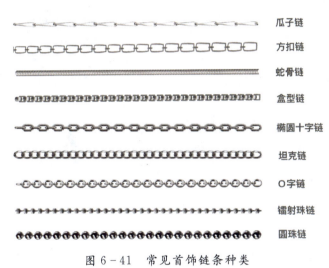

图6-41 常见首饰链条种类

现如今还有很多企业、厂家会自主研发新的链条款式,一方面能够满足市场上珠类、链类首饰的需求,另一方面能够丰富珠类、链类首饰的款式。首饰加工企业所能加工珠类、链类首饰的技术容量和生产能力,能够在一定程度上反映该企业的规模和发展潜力(李晶,2014)。

四、执模工艺

执模是成功浇铸后的第一道工序,执模的要求是把一件浇铸后的首饰铸件,修执成一件线条优美、镶口清晰、尺寸准确的半成品。由于铸造过程中存在缩水和变形等情况,铸件的表面可能会产生砂眼、断裂等问题,将坯件剪去水口后,再使用焊枪、锉刀、砂纸等工具对金属坯件进行补、铧、打磨等工序,制成相对精细的首饰坯件。首饰铸件执模不到位将会直接影响首饰的质量。

执模常用的工具有锯弓、锯条、台机(吊机)、剪钳、平嘴钳、各种形状与型号的锉刀、各种牙针、钻针、戒指棒、卡尺、胶锤、焊具、焊药、砂纸、砂纸卷、镊子等。

首饰类型分很多种,如戒指、手镯、胸针、耳坠、吊坠、链条等。不同的首饰类型在执模时有些许细节不一样,但大体步骤类似,本节以戒指为例来详细介绍执模的工序。

1) 整形

用剪钳或锯弓去掉水口(图6-42),观察铸造出来的戒指坯件是否变形,若变形可用平嘴钳将坯件置于铁板或戒指棒上,用胶锤用力均匀地锤打将其矫正。

2) 锉水口

用卜锉的平面部位将戒指坯件的水口处锉磨平整,锉磨时要注意用力均匀和锉磨的角度,不要锉到其他平滑规整的地方(图6-43)。

图6-42 剪水口

图6-43 锉水口

3) 执模戒指

对戒指的各个部位进行表面打磨,用滑锉、半圆锉分别对戒指外圈、侧面、内圈进行锉磨,去除毛边和突起,使其光滑形顺,结构精细复杂的地方也要执模到位,注意不要破坏坯件上的线条、造型、花纹、肌理(图6-44)。

4) 打砂纸

用砂纸除去坯件上的锉痕,使戒指表面光亮平滑(图6-45)。可以选用不同目数的砂纸,如400目、600目、800目等(从目数小的依次用到目数大的)。根据戒指的造型结构,可以将砂纸做成砂纸卷、砂纸尖、砂纸飞碟便于抛光。有些戒指要求镶嵌的,且镶石后很难清理及使镶嵌部位光亮的,则要用毛扫将钉位、爪位车光亮。

图6-44 戒指执模

图6-45 打砂纸

五、镶嵌工艺

金属与宝石的结合，使整件首饰更具装饰美和时尚感，这便是镶嵌工艺的魅力。如果没有精湛的镶嵌工艺，宝石就无法佩戴在人们的颈间、手腕和指间。正是如此，首饰才具有了佩戴性。

镶嵌工艺可以突出首饰的材质特色，比如在视觉效果上增强宝石的火彩，增加宝石的透光性等。金属能够把宝石高高托起，让光线完美透射，使宝石更加璀璨。良好的宝石镶嵌工艺要做到宝石牢固、端正、平直，不能出现掉爪、掉石，主石、副石松动的情况，更不能损坏宝石表面。镶嵌完的首饰应保持原版的协调和美观。镶嵌的方式有很多种，如包镶、爪镶、起钉镶、微镶、抹镶、轨道镶、无边镶等，它们各有不同的特点。

1. 包镶

包镶是利用形似画框的金属包边将宝石镶嵌在中间，它的优点在于可以保护宝石的腰棱部分，并且可以镶嵌形状不同的宝石，这也是最为牢固的一种镶嵌方式(图6-46)。

2. 爪镶

爪镶是用金属爪扣住宝石，金属遮住宝石的面积有限，从而使宝石的光学性能得到最大的体现，令宝石看上去晶莹剔透、璀璨夺目(图6-47)。爪镶按爪的分数可分为一爪、二爪、四爪和六爪等；又分独镶和群镶两种，独镶就是戒托上只镶一粒大宝石，群镶是除主石外，还配以若干副石的镶嵌方式。

图6-46　Solaire 包镶手镯(香奈儿)　　图6-47　Setting 六爪钻戒(蒂芙尼)

3. 起钉镶

起钉镶是利用金属的延展性用钢针或钢铲在金属材料上镶口边缘铲出几个钉头，再挤压钉头，卡住宝石的镶嵌方法(图6-48)。起钉镶根据起钉数量又分为两钉镶、三钉镶、四钉镶和密钉镶，密钉镶也被称为群镶。群镶首饰绚丽耀眼，可以营造出只见宝石不见金的视觉效果。由于起的钉往往都较小，不可能铲出较大的钉，所以起钉镶通常适合镶嵌直径小于3mm 的宝石。

4. 微镶

微镶工艺需要在显微镜下使用特殊的小工具进行镶石操作，是将非常小的宝石均衡排列，用细小坚韧的金爪抓牢宝石四周的镶嵌工艺。微镶同普通钉镶原理基本相同，所以也被称作为微钉镶,但它工艺要求更高,镶爪非常细小,不显金属,很难用肉眼分辨。微镶中镶石边和宝石之间的分界线清晰光滑,极好地体现嵌工的流畅与宝石的璀璨,同时利用若干小钻表现大块面,整体视觉效果华丽夺目。

微镶工艺比传统工艺更为复杂,对生产操作的专业性要求更高,微镶工艺多用圆形宝石镶嵌,对产品所用宝石的大小、颜色、净度有非常高的要求,在圆形小钻的筛选过程中,要保证小钻的直径一致,重量均衡,每一粒小钻的筛选都需经过严格把关。

还有一种特殊的微镶叫马赛克微镶(图6-49)。马赛克微镶是以珐琅为基础,将数百片珐琅镶片依次层叠、手工镶嵌创造图案的一种技术。意大利品牌SICIS将马赛克艺术融入珠宝设计中,运用丰富的色彩和相互交织的图案,使该品牌珠宝在视觉上有着强烈的冲击感与立体感。

图6-48　LOVE结婚对戒(卡地亚)　　　图6-49　Infinity白金戒指(SICIS)

5. 抹镶

抹镶又称为吉卜赛镶、藏镶,是指将宝石嵌入环形金属内,宝石棱边由金属包裹嵌紧的镶嵌工艺(图6-50)。这种工艺的一个显著特点是,宝石的外围有一圈下陷的金属环边,光照下犹如一个光环,能从视觉上给人宝石增大了许多的感觉,而且圆形光环也有一定的装饰性。

6. 针镶

针镶是一种用于珍珠的镶嵌方式(图6-51)。珍珠造型浑圆、表面亮丽无瑕,若用爪镶工艺,很容易破坏珍珠的珠层;若用包镶,则很难固定住正圆形的珍珠。在镶嵌时,可以先观察珍珠的表面,因为完美无瑕的珍珠数量较少,可以先找到珍珠上略有瑕疵的地方打半孔,配合金属针和专用珠宝胶水将珍珠固定在金属托上。镶嵌的金属针表面一般都是粗糙或带有螺旋纹

图6-50　Trinity戒指(卡地亚)　　　图6-51　Joséphine系列戒指(尚美巴黎)

的,以此来增加珍珠与金属针之间的摩擦力,这样的方式使珍珠固定得更加牢固且首饰造型自由。

7. 轨道镶

轨道镶又称为迫镶、夹镶或逼镶,它是利用两条中间对应位置上开有浅槽的金属条带,夹住一排宝石腰部的线状镶嵌方法(图6-52)。典型的轨道镶宝石类型有圆钻、方钻、公主方钻、长方钻、梯方钻等。

图6-52 镶钻结婚戒指
(蒂芙尼)

轨道镶适用于相同口径的圆钻,也适合不断变化的梯方钻,宝石一颗接一颗地连续镶嵌于金属轨道中,利用两边金属承托宝石,这种镶嵌方式让宝石成排出现、细密有序,使整件首饰外观线条流畅,突出宝石分布整洁美观的优点,使宝石更显豪华珍贵。

8. 无边镶

还有一种特殊的镶嵌手法叫无边镶,这是一种将镶嵌座隐藏在宝石腰部以下的镶嵌方法,因此也叫隐秘式镶嵌(图6-53)。无边镶主要用于方形、长方形宝石的群镶,无论从哪个角度看,都看不到金属的痕迹,突出了宝石的颜色和光泽,并且使首饰更有整体感。

无边镶是由巴黎工匠Jacques-Albert Algier于1929年发明的,梵克雅宝于1934年申请了隐秘式镶嵌的专利。直到1990年,这项技术才被用于钻石镶嵌中。

9. 张力镶

张力镶的创始人是德国设计师Friedrich Becker。20世纪60年代,他为Niessing珠宝公司开发出了这种新型的镶嵌方式。张力镶是利用金属张力所产生的压力,不靠镶钉与镶爪,只用两点接触就让宝石卡在戒指上的镶嵌方法(图6-54)。张力镶的金属部分大有讲究,除了需要精确测量卡住宝石处的尺寸,金属材质也不能使用一般的K金,必须采用不同于一般比例的K金(如添加铂),并通过技术处理以加强金属的硬度从而使镶嵌更加牢固,且需要镶嵌硬度较高的宝石,如刚玉、钻石,此类宝石不易碎裂,才能承受住张力镶的压力。

图6-53 Fuchsia无边镶胸针
(梵克雅宝)

图6-54 张力镶戒指
(Friedrich Becker)

六、抛光工艺

在抛磨镶石的过程中,无论怎样精打细磨,都会在首饰表面留下一些细微的锉痕、砂底打磨的擦痕、孔边的钻痕、修整边线的铲痕、夹具留下的夹痕,于是就需要对首饰抛光。

目前首饰行业中,机械抛光是光亮处理中最常用的一种工艺。机械抛光是利用抛光轮在高速旋转时首饰与抛光轮以及抛光蜡之间产生的高温,使金属的可塑性得以提高,改善首饰表面细微的不平处,从而改善珠宝首饰的光亮度,提高首饰的质量(崔晓晓等,2010)。

抛光分为粗抛、细抛两道工序。粗抛工序使用黄色布轮配合绿色抛光蜡(含铬氧化物)打磨,细抛工序使用白布轮配合白蜡(含铝氧化物)或红蜡(含铁氧化物)打磨。抛光机上配有抛光轮、抛光棒、抛光刷等,根据抛光程度不同可分为黄布轮、白布轮、大小毛刷、绒芯棒、直毛刷、小号飞碟等。特殊的位置可以使用吊机配合各种小型针具进行抛光(图6-55)。

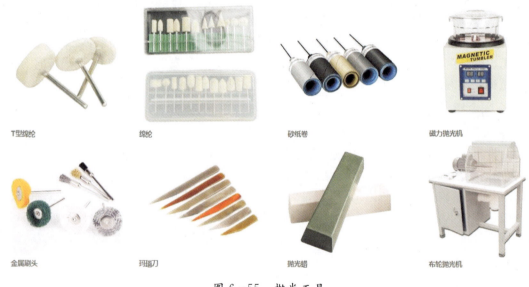

图6-55 抛光工具

磁力抛光机使用磁场力拖动不锈钢针产生快速旋转,从而打磨金属表面,去除毛刺,提高首饰表面光亮度。

只有金属表面的划痕经打磨处理好后才能开始抛光。抛光会损耗一点金属,主要是让首饰表面光亮无比,给人以光彩夺目的美感。对于银饰品,一般使用绿色抛光蜡和黄布轮配合即可完成抛光;如果是K金或者铂金首饰,还要使用白布轮配合白蜡或红蜡进行细抛上光。同时打磨抛光亦是检查首饰工件表面有无瑕疵的手段之一,如有疵点可及时进行有效修补(图6-56、图6-57)。

图 6-56　Silk Road 系列抛光过程图　　　图 6-57　Silk Road 系列成品图
　　　　　　（萧邦）　　　　　　　　　　　　　　　　（萧邦）

抛光不能提高工件的造型精度和尺寸精度,以表面达到光滑或镜面、哑光为主要目的。抛光后的首饰工件,应达到以下质量标准:从外观上看,表面均匀平整、干净光亮,无划痕、砂纸痕,无浮蜡,结构精准、线条流畅,造型棱角分明的地方不可平滑,无塌边、凹边、变形现象。戒指内圈、首饰内部、背面,还有特殊部位如夹缝处、死角处、掏底位等比较小的地方应光亮洁净,无划痕、无损伤边、无损伤面的现象,所打字印应完整、清晰。镶石部位应无砂纸痕,无扁爪、尖爪,石位边无崩、塌、陷,无变形、松石、烂石现象。

七、金属表面处理工艺

首饰的表面处理工艺是防止首饰蚀变,起到美化装饰作用和延长首饰使用寿命的一种技术处理,对提高首饰产品的表面效果、使用寿命及经济附加值等具有十分重要的意义。

首饰表面处理的主要目的包括改变纹理、改变色彩、改变质感等。现代首饰表面处理的常用手段主要包括拉丝、喷砂、车花、做旧、电镀。

表面处理技术极大地丰富了首饰产品的装饰效果,拓宽了首饰设计的可用手段,使首饰产品呈现出更加生动多姿的风采,为消费者提供了更多的个性选择。这些工艺技法使首饰的装饰效果在色彩、肌理等方面更加丰富,加强了首饰的形式美感。

1. 电镀

电镀工艺是一种应用广泛、为大众所熟知的表面加工工艺,它实际属于一种化学表面处理工艺。它既能起到保护首饰金属表面的作用,又可使金属首饰表面更加美观。金属首饰电镀分本色电镀和异色电镀。本色电镀是指电镀颜色与首饰金属基材的颜色相同,与电镀的化学组成也基本一致。例如18K金首饰镀18K金色,14K金首饰镀14K金色。异色电镀指电镀的颜色及成分与首饰金属基材的颜色和成分都不相同,例如18K金首饰镀24K黄金色,925银镀14K金色(李鹏,2009)。

图 6-58　不同的镀层颜色

以镀金为例,可将需要电镀的材料浸在氰化金钾溶液中作为阴极,金属金板作为阳极,接通直流电源后,在需要电镀的材料上就会沉积出金的镀层(柴牧舟,2007;图 6-58)。依照此方式用电解方法沉积镀层的过程即称之为电镀。

国际市场上,电镀工艺常用于处理 18K 以下含量的 K 金首饰的表面处理,镀层的颜色有很多,如黑色、浅蓝色、酱色、紫色、橙红色、粉红色、金黄色、橙黄色等单色电镀和多种颜色的套色电镀,以满足不同顾客的消费审美。中华民族素来偏爱金黄色,因此国内企业生产的纯金饰品在表面压亮后,再用加有光亮剂的镀液进行电镀,这样可以使饰品的色泽、亮度更为理想。

2. 车花

车花是利用不同花样刀口的金刚石铣刀,高速旋转时在贵金属饰品表面铣出大小深浅不一、方向位置不同,光洁度高的明亮纹路并按照设计好的计算机程序,切削时刀具垂直于首饰切削点的切平面,自动在贵金属首饰表面形成一定图案的一种首饰机械加工工艺(陈国玲,2010;图 6-59),进而达到增强首饰视觉效果的目的。

这种工艺常用于 K 金等硬度较高的饰品,车花能给首饰添加精美的花纹图案,让黄金首饰更具有层次感与立体感,但使用这种工艺加工过的首饰如需翻新,不能对首饰进行高抛光,否则会影响花纹的原样。

3. 拉丝

拉丝工艺是利用拉砂刀在贵金属饰品表面作定向匀速运动,从而形成细微的金属条纹,起到装饰效果的一种首饰表面处理方法(图 6-60)。拉丝工艺能较好地体现金属材料的质感,拉丝面呈现出闪亮的丝线排列效果,增强了黄金的质感与精致度,因此得到了较广泛的应用。布满饰品表面的拉丝纹路,深浅均匀、细致整齐、疏密有度,拉出的丝随产品造型而变,可以平行有序地排列,也可错落有致,不能有起毛、不顺的现象。

图 6-59　使用车花工艺的
黄金戒指(周大福)

图 6-60　使用拉丝工艺的
黄金戒指(潮宏基)

4. 喷砂

喷砂是在高压气体的作用下用石英砂在饰品表面形成亚光效果的一种工艺(图6-61)。喷砂工艺是将金属首饰件按设计要求局部喷砂,与金属首饰的抛光面形成鲜明对比,以增强首饰的线条艺术美感。喷砂有时也用于清除金属表面硬质镀层。喷砂磨料有硅砂、氧化铝砂砾等,可根据实际需要选用不同的喷砂磨料,砂子经高压空气喷枪快速击打金属表面,形成喷砂效果。喷砂工艺使得首饰呈现磨砂效果,可以让光线在金属表面形成漫反射,更富有质感与朦胧美。

5. 钉砂

钉砂工艺就是在首饰抛光后,使用钉砂机钻石针在首饰的表面旋转打击形成粗砂面效果的方法(图6-62)。钉砂工艺与喷砂工艺相比,使用钉砂工艺的首饰表面更加粗糙,但使用钉砂工艺的首饰折射面更多,看起来非常闪亮,因此钉砂工艺又叫作钻石砂。很多首饰都会采用钉砂工艺与抛光搭配的工艺,一刚一柔,突出首饰的立体感和层次感。钉砂工艺需要利用钉砂针等对首饰光滑的表面进行全部或局部打击,这样可以让首饰的表面产生很多凹凸点,让首饰看上去更为璀璨闪亮。

图6-61 使用喷砂工艺的
黄金吊坠(潮宏基)

图6-62 使用钉砂工艺的
黄金吊坠(潮宏基)

6. 做旧

银饰做旧的原理是银与硫化物发生反应形成黑色硫化银,通常情况下做旧使用的是硫化钾,可以使用做旧液或者煮沸的硫磺皂水对银进行做旧(图6-63)。准备好待做旧的银饰,取适量的硫磺皂溶于水中,煮开后加入银饰浸泡约2min,在此期间可以用镊子夹出银饰观察其氧化的情况,直到全部变黑后拿出,用牙膏刷洗。刷洗以后若效果不理想,可重复以上操作直至满意,最后再用软布清洗、抛光。

7. 激光打标

激光打标技术是首饰行业较早使用的一种激光加工工艺,是利用高能量的激光束蒸发或烧蚀材料表面,使其产生化学物理变化从而形成永久性标识的方法。打标内容不受限制,图案、字符、商标均可。激光打标采用计算机操控,易于更改标记内容,具有标刻精美、加工速度快、生产效率高、零损耗等特点,符合首饰行业的加工标准。

图 6-63 《旋》(王心雨)

激光对首饰加工材料的适应性广,可在多种材料的表面制作非常精细的标记,可以在 1mm 见方的小区域内打上标记和字印,耐磨耐久。激光打标技术既适于单件首饰生产的需要,也可满足大批量工业化生产的要求,且该技术无污染源,对环境不会产生有害影响。因此激光打标技术对提高首饰产品质量、生产效率和自动化水平、降低污染、减少材料消耗等发挥着重要的作用(王昶等,2009)。

一方面首饰产品可以满足客户的个性化需求,如在首饰表面刻姓名、纪念日期、专属图案等;另一方面对于珠宝品牌而言,仿制与更改采用激光打标技术制作的标记非常难,因此为产品打上标记,在一定程度上具有很好的防伪作用。

8. 金属表面的其他处理工艺

除了行业中常用的几种金属表面加工工艺,还有一些常在个性化首饰设计中用到的金属表面处理工艺,如酸蚀、烧褶、包金等。

酸蚀:酸蚀工艺的原理是用耐腐蚀材料对金属表面的纹饰进行保护,用酸腐蚀未保护的地方。这种工艺所制作的首饰以具浮雕形式的花纹为特点,其纹饰更多样,形态非常自然。除了常见的酸蚀,也有设计师使用盐水蚀刻金属。惯用蚀刻技法的设计师,也常将之与珐琅工艺结合,让作品的视觉词汇更为丰富,利于设计师表达设计理念。但也要注意,在酸蚀过程中,需要多次对金属胚体进行观察,防止酸蚀时间过长对浮雕侧面的损害。

烧褶:烧褶这种技法的工艺原理是利用白银导热时间具有差异的物理性质进行加工。首先用火加热银料表面,由于银料有厚度,热量从表面传到底面需要一定时间,此时,观察银片,待表面即将融化的时候,迅速撤去热源,由于表面和底面的温度不同,体积膨胀也不同,银片表面会产生波澜起伏状的褶皱。这种工艺的偶然性使首饰具有很强的艺术感和手工感。一般此方法不用于黄金的表面处理,因为黄金的导热较快,很难产生褶皱效果。

包金:包金是一种传统的金属加工工艺,主要是在金属胎体表面贴上贵金属的箔片,从而改变饰品的颜色,或是取得独特的视觉效果。在行业标准中,包黄金时,金箔的厚度不小于 $0.5\mu m$,包金覆盖层的含金量不得低于 14K。包银的覆盖层厚度不小于 $2\mu m$,含银量不低于 92.5%。包金工艺需手工加工,制作相对于电镀更为复杂,工期长,成本高,包金工艺往往用于个性化定制或是首饰的艺术创作。

八、质检

在全部的技术工艺完成后,首饰出厂的最后一道工序就是质检。首饰公司内部一般会招聘相应的质检人员或成立质检部门。质检员要具备较全面的检验能力,熟悉各类货品的生产流程及全部的工作程序,对首饰产品质量进行全过程的检验和试验,防止不合格的产品流入市场。

除了公司内部的质检部门,国内主要权威珠宝检测机构如表6-3所示。

表6-3 国内权威珠宝检测中心

机构名称	官方网站
中国地质大学(武汉)珠宝检测中心(GIC)	http://www.gic.cug.edu.cn
国家珠宝玉石质量检验检测中心(NGTC)	http://www.ngtc.com.cn
国家黄金钻石制品质量检验检测中心(NGDTC)	http://www.sdim.cn/ngdtc
中国珠宝玉石首饰行业协会(GAC)	http://www.jewellery.org.cn
国家轻工业首饰质量监督检测中心(GJC)	http://www.qgnjc.com.cn
中工商联珠宝检测中心(GTC)	http://www.ccgtc.com/com/index.asp
北京北大宝石鉴定中心(PKUGAC)	http://www.pkugac.com

国际上的宝石鉴定机构很多,但真正受行业高度认可的鉴定机构只有三家:GIA(Gemological Institute of America,美国宝石学院)、IGI(International Gemological Institute,国际宝石学院)、AGA(American Gem Association,美国宝石协会),这三家宝石鉴定机构被誉为世界三大宝石鉴定机构。

九、结语

珠宝首饰及其制造业是随着我国社会的变革一起发展的,首饰产业由以手工方式生产,发展到机械化生产,以新科技作为支撑,通过软件和硬件的完善和更新,正在不断地改善生产技术,提高工艺水平,解决首饰生产和使用中的实际问题。各种新工艺、新技术、新材料、新设备的研究开发为首饰业的发展提供了条件和动力。

设计是设计师思想理念的表达。要让设计思想落地,发展为成熟的作品、产品,设计师必须掌握现代首饰制作工艺流程及原理。设计的所有重要环节大多是由生产过程决定的,设计师只有拥有扎实的专业基础才能更好地实现设计意图。要构建和制作一件首饰,意味着一定要对其成品的形态和工艺流程胸有成竹,要考虑材料、造型、风格、颜色、重量、价值、

功能等因素。工艺是产品在生产过程中的重要组成部分,会直接影响到产品的质量甚至是整个生产运营过程。了解当下的首饰制作工艺,不仅要懂得其工艺原理,还要了解设计与市场的关系、客群定位、产品预算、销售预计等,望所有设计师在学习理论知识的同时也勤加练习,增强实操的本领。

第二节

首饰 3D 打印先进制造技术

随着科学技术的发展,3D 打印被视为推动第三次工业革命的新科技融入到了现代生产之中。3D 打印的出现具有划时代的意义,它推动了信息化与工业化的共同发展,提高了行业自主创新的能力,为实现工业 4.0 提供了基础。

一、3D 打印概述

3D 打印起源于 20 世纪末期,由美国 3D Systems 创始人 Chuck Hull 发明的 SLA 光固化打印技术拉开了 3D 打印时代的序幕。随着数字化技术的发展,3D 打印作为一种新的快速成型方法受到了越来越多的关注。该技术在工业设计、建筑、航空航天、医疗产业等领域都有应用。2000 年以后,这种技术应用于中国首饰行业并得到了飞速发展。目前中国珠宝行业 80% 以上的首饰产品都是通过 3D 打印实现起版的,这种高效精准的成型方式,为首饰设计的个性化和智能化制造创造了条件。

3D 打印是以数字模型文件为基础,将蜡、树脂、陶瓷或金属粉末等材料,通过逐层打印的方式来构造实物的技术,也称为增材制造(additive manufacturing,AM)。数字模型文件的创建过程被称为三维建模。运用分层软件将设计的文件切成薄片(即切片),再将切片文件发送到 3D 打印机,由打印软件控制设备逐层堆叠成型,即 3D 打印。

与传统的通过削减方式成型的减材制造不同,3D 打印技术通过对材料的堆积,可以直接生成三维实体,从理论上来说我们只需拥有一个数字化模型,就可以利用这种技术打印出任何复杂的物体,从而更为快速地实现设计师的设计构想。3D 打印是材料学、生产制造工艺与信息技术的高度融合与创新,它的问世不仅对生产方式进行了革新,也改变了我们现有的产业结构及商业模式。

二、3D 打印在首饰生产中的流程

3D 打印在首饰生产中的一般流程为:设计构思及草图绘制,运用专业的首饰设计软件 JewelCAD、Rhino、ZBrush 等绘制设计作品的数字化模型,选择合适的打印材质如蜡和树脂,以及相应打印设备,将模型输出并上传到 3D 打印软件中,进行模型切片处理并逐层打印。由于这类首饰的终结材料一般为银或金的合金等金属材料,有的还有镶嵌结构,因此,

打印得到的实物成品还需要进行后期的处理如铸造、抛光、镶石、电金等,这也是目前首饰工厂中最为普遍的生产模式(图6-64)。

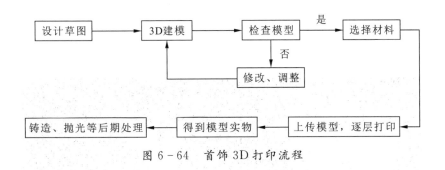

图6-64 首饰3D打印流程

随着时代的进步与发展,人们的审美和观念逐渐发生转变,首饰材料的运用范围不断扩展。除了以贵金属材料为主的首饰生产,设计师还会选择尼龙、树脂、陶瓷等材料进行首饰创作,这类个性化首饰可以直接运用3D打印的方式进行批量生产。

除此之外,首饰行业比较关注的还有一种金属粉末熔覆的3D打印技术,该技术可以直接打印金属成品,实现数字化模型到金属材质首饰产品的一次性成型,避免后期的铸造环节,更快捷更高效。但这种技术由于金属粉体材料属性的局限性以及激光打印技术的缺陷,致使打印出的金属成品还存在内部瑕疵、表面光洁度等一系列问题,再加之其加工成本较高,加工有局限性,所以目前还没有广泛地运用于首饰生产之中。

作为一种先进的制造技术,与传统的首饰手工生产技术相比较,3D打印体现出其巨大的优势。在首饰行业,科技被视为一个有力的工具,与传统的首饰工艺是相辅相成的关系,谁也无法取代对方。在整个首饰设计与制作的过程中,人工制造也扮演着非常重要的角色,在3D打印以及后期处理过程中,仍然需要人工参与,这就意味着,人工制造仍然是制作首饰过程中不可忽视的因素,但是3D打印技术也在相当大的程度上提高了生产效率。尤其在首饰领域,为首饰的生产方式带来了巨大的变革。

在设计阶段,设计师利用建模软件完成设计表达,在建模过程中设计师可以随时审视模型渲染的实物效果,随时修改,及时保存,而且设计师还可以把自己建模完成的设计元素或成品保存在自己的数据库中,随时调用,提高以后设计建模的效率。某些建模软件中的参数和设计功能也为设计师提供了更多的设计灵感和素材,丰富了设计师的设计创意。应用建模软件进行首饰设计,也能帮助缺乏手绘基础的设计师快速掌握设计效果图表达方法,更快速便捷地输出其创意,让设计变得更加容易。由于数字化设计实现了所见即所得,设计师可以远程工作,不需要亲自去工厂和起版师进行沟通和跟单,直接将完成的首饰数字化模型在线传输给全球各地任何一家打印服务商,直接打印出成品,让设计师拥有了更加自由的工作时间和工作地点。

在生产制作阶段,与手工起版相比,3D打印技术快速高效,节省了大量人工成本和时间成本,弥补了传统首饰手工起版的批量化加工模式的缺陷,使个性化定制服务得到快速发展,极大地满足了不同消费群体或个体对首饰设计加工的需求。同时3D打印技术在实现中空结构、重复性结构、细小精密结构等方面有着人工不能比拟的优势。

　　此外,数字化设计与3D打印可以方便地预估金重,核算成本。由于钛金属硬度大,熔点高,传统手工的金属工艺技法在钛金属造型中往往会有操作困难的情况,而3D打印技术却可以轻松地打印出任意曲面的、复杂的立体造型,丰富了钛金属的首饰形式表达,为钛金属在首饰领域的应用提供了条件(图6-65)。

图6-65　钛金属胸针(梁大钊)

　　随着3D打印技术的发展,传统非物质文化遗产的保护和活态化传承创新也得到了技术支持。如由于花丝工艺细致繁复,其产品难以规模化进入市场,而应用数字化及3D打印技术,配合愈加完善的铸造工艺,3D打印的花丝工艺产品在花丝的粗细和造型上实现了手工花丝工艺。这将极大促进传统非遗工艺的活态传承与发展,让花丝工艺与时俱进,带着传统文化的精髓在当代折射出更加璀璨的光芒。

　　数字化设计与3D打印不仅仅降低了生产成本,提高了生产效率,原样呈现出设计师的设计,保证设计造型中某些细节如活动结构等的高精度需求,而且3D打印还提供了更多的人工合成材料,让首饰形式的表达有了更多材料载体的选择,丰富了首饰材料和形式语言。

三、数字化设计软件介绍

　　3D打印的前提就是要完成数字化首饰建模,模型文件可指导3D打印机工作。目前在首饰领域中常用的建模软件主要有JewelCAD、Rhino、ZBrush。为了便携、快捷,还出现了许多以平板电脑等移动端为支撑的建模软件,如Shapr3D和Nomad Sculpt,让首饰设计师可以随时随地地进行创意设计,方便设计师灵感的记录与捕捉。

1. 电脑端数字化设计软件

1)JewelCAD建模软件

　　JewelCAD(computer aided jewelry design)软件是香港珠宝电脑科技有限公司于1990年开发的,它是国内自行研发的首饰数字化设计专业软件,也是目前国内首饰设计加工行业应用最广的建模软件。软件界面清晰简洁,易学习,好操作,主要采用的是导轨曲面成型,通俗来说就是将物体的曲线与横切面相结合的成型方式(图6-66)。JewelCAD还自带丰富的首饰专业资料库,这里面包含上百个宝石镶口、首饰配件以及基础首饰造型等,而且资料库开放、扩展性强,设计师可以将自己常用的设计素材和模型存放在资料库里,方便随时调用(图6-67)。该款数字化设计软件在很大程度上提高了设计师的工作效率,从资料库中调取出来的素材可以重新搭配组合,从而形成新的数字化图稿,提高出图效率。

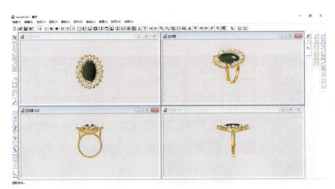

图6-66　JewelCAD建模戒指(黄琳供图)

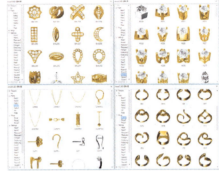

图6-67　JewelCAD资料库

2) Rhino建模软件

与JewelCAD相比,Rhino的建模功能更为强大,各种插件的开发使Rhino参数的设置更为便捷,结合渲染插件还可以制作出效果更为逼真的模型图稿(图6-68、图6-69)。除此之外,针对首饰设计的专业数据库插件的使用极大地提高了设计师的工作效率,并且该软件的精确度也非常高,它可以利用NURBS曲面精确绘制出曲线外形,具有完全整合实体与曲面建构的能力。它广泛运用于建筑设计、工业设计、产品设计等领域。国际上许多顶级珠宝品牌如迪奥、潘多拉、蒂芙尼、施华洛世奇等都使用这款软件进行产品研发。

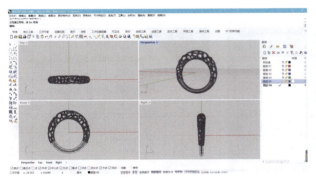

图6-68　Rhino建模(王晴供图)

图6-69　渲染戒指(王晴供图)

该软件还具备记录数字化建模过程的功能,给设计修改带来了便利。它的兼容性非常强,可以选择输出如OBJ、IGES、STL、3dm等不同的文件格式,更好地适用于雕刻机、喷蜡机或光固化树脂机等各种快速成型设备,实现产品的物化。

3) ZBrush 数字雕刻软件

还有一款操作更为自由的软件是由美国 Pixologic 公司开发的 ZBrush。它与刚刚介绍的两款参数化建模软件不同,它的建模原理模拟了手工雕塑的方式,以几何形体为基础,设计师可利用鼠标或数位笔模拟雕刻刀对绘图区的数字模型进行去料、补料、刻画等一系列的操作,让设计师更加直观地创建各种形象和肌理,极其高效(图 6-70、图 6-71)。并且它还可与 JewelCAD、Rhino 等建模软件相结合,制作出极为复杂的模型,非常适用于较为复杂精密的首饰作品的建模。

图 6-70　ZBrush 界面

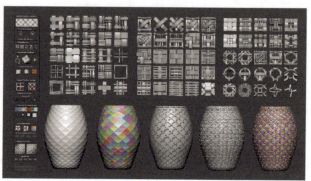

图 6-71　ZBrush 资料库

ZBrush 数字雕刻软件的出现填补了参数化首饰建模的空白,使设计师可以直接通过电脑建立仿生类以及特殊肌理效果的模型,使数字模型更好地还原设计构思(图 6-72、图 6-73)。该软件常用输出格式有 Obj、Fbx、STL,但在 STL 格式输出的过程中,软件自身会将模型转换成三角面,面数较多的模型导入 ZBrush 后会比较难操作,因此对于这类模型可以通过 ZBrush 中的 ZRemesher 功能均匀重建四边面,再进行细分雕刻。

图 6-72　ZBrush 吊坠建模

图 6-73　打印实物

2. 移动端

随着工作节奏的加快,还出现了专门针对移动端开发的数字化建模软件 Shapr3D 与 Nomad Sculpt,配合数码绘图笔,使设计师可以随时随地建模与修改。Shapr3D 的建模逻辑与 Rhino 相似,Nomad Sculpt 则是易于绘制的指尖雕刻 APP。当然与电脑端的 3D 建模相比,移动端数字化设计的造型精度会稍微欠缺一些,因此可以将两者结合使用,比如在 ZBrush 中继续完善 Nomad Sculpt 模型的细节并提高其精度。移动端建模软件完成的数字化模型同样可以输出到 3D 打印机进行打印。

1)Shapr3D 建模 APP

Shapr3D 是专门用于苹果公司电子产品的 3D 建模软件,于 2016 年 3 月在 App Store 上线。作为首款运用在 iPad 上的建模 APP,Shapr3D 不仅为建模工作提供了便利,还可以让设计师随时检查模型,及时与工厂沟通。不同于电脑端的建模软件,移动端操作更加智能、简易,设计师可以在很短时间内运用该软件建立模型,及时展示设计构思与想法。下载软件后,用户可免费获得基础操作介绍,通过软件社区论坛,用户也可获得建模案例,通过以上方式可基本满足用户对该软件建模操作的学习。该软件的建模方式是以 X、Y、Z 坐标轴为主,先构建底部基础造型,再进行三维创作。软件中带有标尺功能,精确到小数点十位之后,方便设计师准确控制模型的大小、数据(图 6-74)。

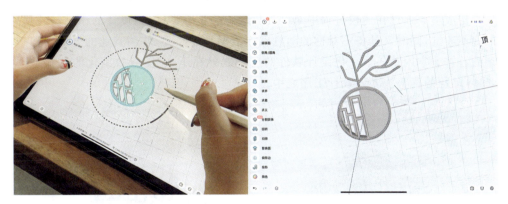

图 6-74　Shapr3D 建模胸针(黄琳供图)

2)Nomad Sculpt 建模 APP

Nomad Sculpt 是由 Stephane Ginier 开发的首款运用在移动端的 3D 雕刻建模软件,该款软件拥有强大的数字雕刻工具,雕刻、展平、平滑等笔刷可以让设计师在建模时犹如在手上捏泥,自由且简易,并且还可以根据自己的喜好来设置和保存笔刷,方便个性化操作(图 6-75)。图层和蒙版功能也让建模过程更加有条理。除了建模,Nomad Sculpt 还可以借助 PBR 进行渲染,高光、阴影、空间反射可以展现更为真实的模型效果,并且该软件同样支持多格式导出。在版本升级过程中,开发者一直在听取用户意见,对软件进行优化。

首饰参数化设计不仅是一种计算机技术,也是一种设计思维。在当今社会,我们身边每一件物品的背后都有一个数字模型文件,大至一栋建筑,小至一支笔,可以说模型文件支撑

图6-75　Nomad Sculpt建模胸针（黄琳供图）

了我们大部分的生产制造。

美国设计师Maria Eife擅于使用数字化设计和3D打印来创作她的作品，她通常会先在纸上绘制草图，解决了设计上的问题后，再使用Rhino软件构建数字化模型。她的作品灵感来源于自然世界和建筑世界中的结构图形，利用数字化建模技术来生成复杂的造型和设计。如图6-76、图6-77中看到的手镯，整体呈球状，形态错综复杂，组成球体的经纬线都是由计算机设定成型。通过在建模过程中对可视化形态的精心尝试，她设计的作品具几何感，复杂精准却不凌乱，同时又具备不对称的随意感。根据她的经验，使用其他的方式制作造型如此复杂的首饰非常困难。数字化设计软件的厉害之处在于，它能以数字化的方式呈现物理世界，将自动化的优势注入到设计工序之中。

图6-76　Donut Cage Bangle

图6-77　Bent Grid Bangle

另外，在3D扫描的辅助下，我们还可以做出与身体切合度更高的首饰作品。通过3D扫描，我们几乎可以将身边大部分实物转化为3D模型，再直接利用3D打印就可以得到比例合适的实物。该技术让设计师在面对像身体这样的复杂模型时，轻松制作成品。

高级珠宝品牌宝诗龙在纪念品牌创立 160 周年时,曾推出一个以《永恒之花》命名的首饰系列,一枚枚造型独特的花朵戒指是由 3D 扫描仪扫描真实花朵并建成数字化模型,再由 3D 打印机打印而成的(图 6-78)。每一枚戒指在自然界都有一朵与之相对应的一模一样的花朵。3D 扫描仪与 3D 打印技术的结合使珠宝首饰的制作更加精细,永恒定格了绽放中的花朵转瞬即逝的美丽。

图 6-78 《永恒之花》(宝诗龙)

3D 打印作为一种快速成型方式,将电脑数字模型文件打印为实物,在首饰设计活动中提高了设计的自由度,在首饰制造过程中为设计师提供了新的首饰成型方式,该技术是如今珠宝制作中不可或缺的关键技术。

四、在首饰行业中主流的几种打印技术

数字化设计的广泛应用改变了传统的首饰设计和制造方式。建模完成以后,设计师需要选择成型材料和相应的 3D 打印设备,实现数字化设计的产品物化。这一过程是将打印机与计算机相连接,把三维模型分解为若干个二维平面,处理打印材料并逐层加工生产。3D 打印材料是 3D 打印技术发展的重要物质基础,在某种程度上,材料的发展决定了 3D 打印是否能有更广泛的应用。和首饰相关的 3D 打印成型材料非常丰富,有金属、陶瓷、尼龙、树脂和蜡等。不同的打印材料对应不同的打印设备和打印方式,可获得的打印成品精度也不同。以下我们将介绍首饰行业中常用的几种 3D 打印方式。

1. 喷蜡法

1)原理及工艺过程

喷蜡打印与传统的喷墨打印机类似,喷头沿 X(Y)轴方向运动,将熔融的蜡液材料喷射到沉积物表面后蜡液立刻固化,完成一层打印之后工作台自动下降一个层厚,喷头按照三维数字模型继续打印。这种成型方式形象直观地诠释了 3D 打印的含义。喷蜡机的喷头分为单喷头和多喷头。使用多喷头时,铸造蜡和支撑材料可由不同喷嘴打出,并且支撑材料为水溶性或热熔性,去除支撑材料时不会损坏打印成品。3D 打印蜡模缩短了产品制造工期,是目前首饰行业 3D 打印的主要成型方式之一。

2)打印耗材

首饰喷蜡最常用的打印材料是蓝蜡和紫蜡,使用这两种材料都可以获得非常精细的打印效果,金属铸造后的成品表面光洁度好。和光固化成型方式相比,蜡材喷射成型的支撑材料与成型主材属性不同,因此可以通过化学溶解的方式去除。与手动物理剪除光固化树脂支撑材料相比,该方式具有着较大的便利性。

这种高精度的蜡材韧性高、倒膜效果好,并且有着优异的铸造性能,可以快速熔融,不产生残留,非常适合在首饰行业中处理和铸造美观精细的首饰模件,打印完成的蜡模可以直接用于生产铸造(图6-79)。并且随着技术发展,产品迭代,蜡材的精度与铸造效果可以更好地满足珠宝首饰生产的要求。

图6-79　蜡材及倒膜成品(3D打印)

3)典型案例

纽约设计师Kasia Wisniewski于2015年创立了珠宝配饰工作室Collected Edition,她将对大自然的热爱全部融入自己的作品之中,花朵、树枝是她设计元素中的常客(图6-80)。

图6-80　婚礼首饰喷蜡打印铸造首饰

她的婚礼首饰、配饰内敛而又优雅。她通过3D打印的方式记录了鲜花转瞬即逝的美丽。设计师首先绘制设计草图,再利用3D建模软件绘制数字模型,随后将建好的模型导入到3D打印机进行喷蜡打印,再使用传统的失蜡铸造工艺进行金属铸造,最后进行手工执模、抛光和清洁。Kasia Wisniewski 将自然元素融入自己的设计之中,以3D打印的方式快速解放了设计带动力,节省了传统手工雕蜡起版的时间,使金属材质更好地展现出自然之美。

设计师 Charles-Oliver Roy 通过自己的定制网站为顾客提供3D打印带指纹的订婚戒指服务。客户先运用油墨印出指纹,然后将图稿扫描并上传到 Vowsmith 公司的网站,便可以定制一枚带指纹的戒指。不仅如此,客户还可以选择自己喜欢的金属与宝石,根据自己的预算打造出一枚独一无二的戒指(图6-81)。设计师 Roy 介绍:"整个3D建模的过程都是自动化的,因为它们是根据客户的选择在线生成的高分辨率 STL 文件打印的。"3D打印技术使定制首饰的生产过程变得十分简单,VisiJet M3 ProWax 3D 打印机可以制造出高度定制和具有光滑表面的戒指模型,这台机器是该首饰品牌产品制造的基础。Roy 说:"首先,它是一款真正的喷蜡3D打印机。这意味着它不会由于灰烬或者热膨胀导致模具壳破裂造成铸造失败,与基于树脂为材料的机器相比,该3D打印机打印的蜡模可以在较低的温度下被烧尽,而且使用的时间更短,所以我们能够节约能源,同时提高产量。"除此之外,Vowsmith 公司的交货周期也很快,客户在订购之后一星期就能够看到制作好的3D打印定制戒指。

图6-81 《指纹戒指》

设计师 Roy 自信地表示:"我们可以在早上收到戒指订单,下午就将其发到3D打印机上,第二天进行铸造,第三天就可以发货了——从下单到交货不到72小时。就当前的技术而言,这是完全可行的。而且将来还可以更进一步:我们可以在全球各地安装3D打印机,并使其与我们的服务器连接。这样我们就解决了一种高价值产品的全球销售问题。"

2. SLA 技术(光固化成型技术)

1)原理及工艺过程

SLA 技术作为最早出现的3D打印技术,也是最早投入商业生产使用的快速成型技术。如今,SLA 技术已经被广泛应用于雕塑、医疗、电器、文创、服饰等领域,它的成型速度快,光敏反应过程迅捷,可以有效地提高产品生产周期,而模型的精度则取决于光固化打印机的 Z 轴丝杠的机械精度,精度越低层纹越明显,当然,它同时也会受到光敏树脂材料性能的影响。

光固化成型技术的工作原理是以紫外光逐点扫描照射液态光敏树脂表面,被照射的薄层区域发生聚合反应,材料由液态光敏树脂变为固态光敏树脂,通过逐层固化来生成三维实体。在打印过程中,首先要对模型进行切片处理,模型成品的精细程度取决于切片层数与层厚,精度越高的模型层数越多、层厚越薄,打印的时间也就越长。机器按照设定的模型路线照射液态光敏树脂,在表面区域固化后形成一个截面然后进行第二层扫描,这样层层叠加,完成整体模型打印。最后需要将模型取出,清洗模型表面残留的多余树脂,并在紫外烘箱中进行最终整体的固化处理。

2)打印耗材

用于光固化快速成型的材料为液态光固化树脂,或称液态光敏树脂。它是由C、H、O等元素组成的高分子材料,在固化过程中会产生收缩,导致一定的形变。光固化成型的成品精度高、表面质量好,在整体外观表现上非常不错。树脂种类非常丰富,有的硬度高,适用于直接压膜;有的熔点较低,适用于直接失蜡铸造。需要注意的是,有些种类的光敏树脂材料的黏结性较高,在短时间内很难迅速地在层面流平,所以精度会受到一定的影响。

根据我们对模型的要求,液态光敏树脂根据其成型效果可细分为不同种类,如韧性不同的树脂,透明度不同的树脂以及精度不同的树脂。图6-82中不同颜色的首饰正是由不同种类的树脂打印成型的。

图6-82 树脂材料分类

我们还可以利用3D打印技术和全透明树脂完成内视结构的首饰制作。在打印材料的选择上,全透明树脂的打印材料通过光固化成型技术可以制作出具内视结构的首饰作品。在全透明树脂内部雕刻纹理的基础上,我们还可以对其进行色彩处理,进而拉开内部雕刻纹理与外部结构视觉对比,营造出晶莹剔透的视觉效果。

3)典型案例

秘鲁首饰设计师Fabiola Escajadillo所创立的珠宝品牌Blin'Blin,使用树脂为材料制作首饰。树脂材料可以制作各种造型庞大但是重量轻,佩戴舒适的首饰,十分受市场欢迎。该设计师品牌的首饰风格自由奔放,设计灵感来源于带有大量强烈节奏的放克音乐,所以无论是形状还是色彩都十分大胆夸张(图6-83~图6-85)。为了达到理想的重量和形状,设计师以 3D 打印树脂材料来开发和制造首饰,并且每款首饰都提供了十种以上不同颜色的选择。高饱和度、明亮的色彩与轻便的材质让佩戴者看起来活泼靓丽。

图 6-83　Smith Earrings　　图 6-84　Swaggie Earrings　　图 6-85　打印过程图
　　　（Blin'Blin）　　　　　　　（Blin'Blin）　　　　　　　（Blin'Blin）

在设计师王晴的作品《粉色的花》系列中(图 6-86),她使用透明树脂与传统首饰材料——金属铜、珍珠相结合,该作品意在唤起人们对乳腺健康的重视,通过光固化成型技术打印模仿胸部造型的全透明树脂外观,可以清晰地展示内部如花一般的乳腺结构,作品的视觉效果颇具现代感。

图 6-86　《粉色的花》

还有韩国首饰艺术家 Yoon jung Choi,她的作品《呼吸》系列以柔软曲面呈现了带有呼吸的容器形状,看起来就像是一个注入空气的气球,通过重复的吸入和呼出以膨胀的圆球形式表达生命的状态(图 6-87)。该系列作品运用 3D 打印技术,使用塑料和银制作而成的,3D 打印技术提供了一种制作方式,具体化了光和呼吸的体积与形态。这些形式能够表达生命的气息,表达生命因呼吸而膨胀的瞬间和短暂的停顿,展示了生命的意义——永恒与瞬间、生命与消亡、存在与缺席。

除了制作以树脂为终结材料的首饰,SLA 技术所制作的树脂膜同样可以用于铸造及批量生产,并且打印速度快,细节表现好。专门的可铸造树脂材料具有高强度的特点,使其能够打印出超细的花丝首饰(图 6-88)。较高的生坯强度确保了花丝等薄型图案的精细度,适用于批量制作复杂首饰模型。

图 6-87 《呼吸系列》

图 6-88 可铸造树脂细丝打印图(Formlabs)

3. SLS 技术(选择性激光烧结技术)

1) 原理及工艺过程

选择性激光烧结技术的工作原理主要是以计算机控制激光照射器对非金属粉末、金属粉末或复合物的粉末薄层进行高温烧结而成型。在打印过程中,先用铺粉滚轴按照设定路线铺粉,再通过恒温设备将其加热至恰好低于该粉末烧结点的某一温度,接着用激光光束照射薄粉层,使被照射的粉末立刻黏结。完成一个截面的烧结工作后工作台自动下降一个层厚的高度,进行下一层工作,从而层层堆积成型。SLS 技术在打印过程中由于没有烧结的粉末可以对模型产生支撑作用,所以不需要额外生成支撑结构。

2) 打印耗材

SLS 技术可以运用的打印材料非常广泛,如尼龙、聚乙烯聚合物、金属粉末、陶瓷基粉末等。陶瓷基合成材料一般由陶瓷粉和黏结剂组合而成,其硬度比金属基合成材料硬度更高,可用于制作高温模具。在选择性激光烧结的过程中,二氧化碳激光束产生热量熔化黏结剂,从而使陶瓷粉黏结成型,最终在加热炉中烧结获得陶瓷产品。

其实，从理论上来说，任何原子间可以黏结的粉末都可以作为 SLS 的打印材料，但烧结熔点较高的单一粉末时，需提前进行预热处理，或是将高熔点粉末与低熔点粉末混合，预热到一定温度后再烧结；还可将低熔点粉末与黏合剂混合熔化后，使其将高熔点的金属粉末或非金属粉末黏在一起后再进行后续处理。打印成品的精度取决于粉体的粒径和打印设备的精度。在首饰领域，陶瓷和尼龙材料的广泛应用为设计师提供了多样化创作材料表达的可能性。

3）典型案例

来自费城的设计师 Maria Eife 认为 3D 打印技术是她创作的动力，这项技术的使用赋予了她更多的设计自由，她的作品更偏向标准的几何造型图案，需要经过精密的计算，但是这些作品往往都很难运用传统的方法制作出来，而且生产的代价极高，无法完美地还原设计，但是 SLS 打印技术为其设计创作提供了非常好的实现机会，她可以随心所欲地展现自己的设计构思。首先参数化设计使她的作品可以呈现出球形、环形、标准大小的褶皱，其次，在制作成品时 3D 打印 SLS 技术可以让设计图稿完全不受传统珠宝生产工艺的限制（图 6-89）。运用选择性激光烧结设备制作的尼龙首饰可以直接由机器打印出实物成品，这些首饰重量轻、坚固耐用还可以在后期进行色彩处理，丰富了首饰的形态与色彩。

图 6-89　激光烧结首饰

荷兰设计师 Elleke Van Gorsel 设计出了一系列名为 *Delft Blue*《代尔夫特蓝》的 3D 打印陶瓷首饰。该系列陶瓷首饰运用大量蜂窝状设计、复杂镂空的图案以及一体成型的结构，具有视觉上的膨胀感，现代感十足（图 6-90、图 6-91）。该系列首饰的设计灵感来源于传统的手工花丝首饰，设计师借由现代 3D 打印技术制作了精美的立体雕花，手工涂染的颜色则融合了 17 世纪代尔夫特出产的荷兰国宝——"蓝陶"的传统蓝色，以及代表现代流行文化的牛仔裤蓝和水洗的质感。正是 3D 打印技术的发展使陶瓷材料能够制作出更为复杂精密的造型。

尼龙作为一种合成聚合物，根据添加成分的不同可以制作出各种色彩与表面质感，因此尼龙成为各种 3D 打印材料的理想选择。许多艺术家运用 3D 打印技术为尼龙材料设计应用创造了更多的可能性。美国的设计工作室 Nervous System 以自然为灵感创造了 3D 打印首饰 *Florescence* 系列（图 6-92）。他们将植物的生长过程数字化并转译为首饰作品，这些尼龙材质的作品完美还原了植物在各个阶段的生长形态。

图6-90 *Delft Blue* 戒指

图6-91 *Delft Blue* 发饰

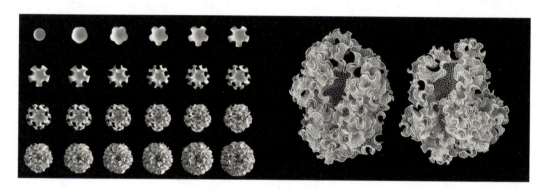
图6-92 *Florescence* 系列

加拿大首饰艺术家Korinna Azreiq，以3D打印的形式创作出了有机造型首饰（图6-93），这些首饰的颜色都是由手工染制而成。3D打印尼龙、塑料，以及人造宝石是该系列的主要材料，这些材料相对便宜、环保，并且具有非常好的物理性能，比如重量轻、耐用性好，这些特性利于设计师制作造型大胆但是佩戴舒适的首饰。更重要的是，除了3D打印技术以外，暂时没有任何其他的方式可以制作出这样的首饰造型。

4. SLM技术（选择性激光熔覆技术）

1）原理及工艺过程

选择性激光熔覆技术是在激光光束加热下使金属粉末完全熔化再冷却凝固成型的技术。在成型过程中，同样需要预先用专业的软件对模型进行切片处理，将模型分层为二维截面图形，规划好激光扫描路径。计算机控制激光光束对金属粉末进行照射，粉末完全熔化成型后，工作台下降一个层厚的高度，再进行新截面的铺粉与激光熔化工作，逐层循环直至实物成型，但是SLM技术需要加支撑结构，其主要作用体现在：①承接下一层未成型粉末层，防止激光扫描到过厚的金属粉末层，发生塌陷；②由于成型过程中粉末受热熔化冷却后，内

图 6-93　3D 打印尼龙首饰

部存在收缩应力,导致零件发生翘曲等,支撑结构连接已成型部分与未成形部分,可有效抑制这种收缩,使成型件保持应力平衡。

2)打印耗材

作为可以直接生成终端成品的 SLM 技术,其打印材料种类少、价格高、产业化程度也还很低。在金属 3D 打印工艺中,对材料的要求较为严格,虽理论上任何能够焊接的金属材料都可熔化成型,但实际用于 3D 金属打印的粉末除了具备良好的可塑性外,还必须满足球形度高、流动性好、粉末粒径细小、粒度分布较窄、氧含量低等要求。研究发现,合金材料如不锈钢、钛基合金、镍基合金、铁合金等,普遍比纯金属材料更容易成型,因为合金中具备的合金元素可以让熔池保持良好的润湿性和抗氧化性,因此,传统粉末冶金用的金属材料还不能完全适用于金属 3D 打印工艺要求。

3)典型案例

下面这件鳞片可动的刺猬造型戒指是设计师金若雨的作品(图 6-94)。她试图通过现阶段具备的 3D 打印技术,对首饰结构进行创新和优化,并探讨技术实现的可能性。最终她通过金属粉末选择性激光熔覆的打印方式,做出了既可以活动又足够小巧的鳞片造型。我们可以看鳞片打印后的样子,表面清晰可见烧结的铜粉颗粒。

澳大利亚艺术家 Cinnamon Lee 是第一批利用数字化技术进行创作的当代首饰艺术家之一,经过 20 多年的实践创作,她获得了无数奖项,并作为该领域的先驱者树立了国际声誉。在这件作品中,她以钻石轮廓线为基本图形重复排列设计系列首饰,并运用 SLM 技术进行实体打印,创作出具有未来主义美感的优雅首饰作品(图 6-95)。

图6-94 《在指尖跳舞的刺猬》

图6-95 *Superstructure Series* 02

五、结语

在3D打印技术的帮助下,材质表达的形式越来越多样化,坚硬的材质可以表现得柔软,厚重的材质可以表现得轻盈,材质为创作划定的界限终将被突破。简化传统手工工艺,压缩制作时间的成本,以及完成更复杂的或是自然的形态,3D打印带给了首饰设计以及其他生产行业更多的可能性,使设计与制作可以碰撞出更精彩的火花。

当然,无论是传统手工设计制作还是现代数字化设计与3D打印技术,都只是一种设计与成型表达的工具和途径。创造力是设计永恒的核心,解决人类和社会的实际问题是设计永恒的目的。

第七章

首饰传统工艺

第一节

錾刻工艺

錾刻工艺从发展之初到现在有近三千年的历史,该工艺是指用各种錾子在金属的表面进行加工的装饰手法。现代錾刻工艺在不同地区的称谓有所不同,如錾花、敲花工艺等。现代錾刻的含义比古时候要具体,里面包含的一些工艺技法在古时候有各自的称呼,如唐代,在金属片上雕刻花纹的工艺称为"钑(sà)镂",而明代则将除了累丝、厢嵌以外的金银首饰工艺统称为"打作"。由此可见,錾刻工艺在传统金银器和首饰中的运用非常广泛(罗振春,2014)。

一、錾刻工艺历史沿革

1. 商周时期

从考古文献来看,錾刻工艺可以追溯到商周时期。在那个时期人们已经认识到了黄金具有塑性(延展性),并针对黄金这一特征采用了退火法,即将黄金加热到一定的温度,再缓慢冷却下来,以此降低黄金硬度,方便后续加工。从考古发现的这一时期的典型金制品中,四川广汉三星堆遗址出土的金杖和金箔虎形饰品最为瞩目。金杖(图7-1)上面就刻有两组带冠头像和四组鱼鸟纹(图7-2)。金箔虎形饰品(图7-3)是锤打成型,遍体压印"目"字形的虎斑纹(厉宝华,2019)。虎头高高昂起,似乎在张嘴咆哮,外形呈半圆形,造型生动简练,錾刻的痕迹清晰可见。

图 7-1 三星堆金杖
（三星堆博物馆）

图 7-2 金杖鱼鸟纹
（三星堆博物馆）

图 7-3 金箔虎形饰品
（三星堆博物馆）

2. 先秦时期

到先秦时期，随着铁器数量的增加，社会生产力有了很大程度的发展，黄金、白银的产量也有所增加。黄金饰品的种类和数量开始增多，金银开始摆脱附属装饰的地位，出现了以大面积黄金为主体，包金、鎏金等工艺。这种现象的出现除了与黄金本身的特性有关之外，与当时的加工技术关系密切，从这个时期的出土物来看，以黄金、白银为装饰的器物的数量远远超过之前。制作工艺呈现出较大的南北地域差异，北方草原游牧民族性格奔放，如图 7-4 为 1979 年内蒙古准格尔西沟畔 2 号匈奴墓出土的金耳坠，环部使用较粗金丝窝制而成，下端有纽，坠饰用细金丝叠绕成筒状连缀而成，其中一个在筒体间穿入绿松石加以装饰（厉宝华，2019）。而中原民族多把金银器物用于装饰环境，以体现器物的完美与价值。

图 7-4 金耳坠
（鄂尔多斯博物馆）

直至汉代，金银工艺才开始走向了独立发展的道路。纵观西汉前期、西汉中后期至新莽时期、东汉时期这三个时期的金银器发展情况，可知西汉前期的金银器继承和总结了前代的成果，并广泛吸收异域的风格，例如吕王墓陪葬坑出土的兽形金节约（图 7-5），真实刻画了兽的眼、耳、脸部细毛和勾喙，兽头上涡纹花冠。这种风格无疑是受到了北方游牧民族的影响，为以后的两个时期的金银器发展奠定了基础。这时异域风格和工艺已经被中原所吸收并融会贯通，并用以表现中原人所喜爱的祥瑞题材和纹饰。例如在汉代美术作品中存在一种祥瑞图像（图 7-6），在这种图像上通常可以看到各种奇珍异兽在云气中翱翔游走，这些祥瑞动物通常有天马、虎、熊以及仙鹤飞鸟等，整个画面欢腾而和谐，各种祥瑞动物纷纷登场，展示自己的神异与美丽（刘凤，2016）。东汉时期的金银器繁荣发展，金银器制造上呈现出争奇斗艳的景象。金银器工艺从汉至隋末这 400 年的发展，为唐代金银器工艺的繁荣打下了基础。

3. 唐代

在前朝的基础上，唐代在经济、文化、工艺美术等方面都取得了巨大的发展，中西方交流频繁。当时的粟特、萨珊的金银器利用金银良好的延展性能，采用锤揲工艺打制成型，錾刻

图 7-5　兽形金节约（河南博物院）

图 7-6　祥瑞图像（陕西历史博物馆）

施以纹样装饰。这些不同文化背景下的工艺和纹饰传入中国后，令人耳目一新。人物纹八棱金杯（图 7-7），带有粟特银器特点，杯体上錾刻着胡人形象，装饰忍冬卷草纹和联珠纹，体现出中西方文化的交融。西方金银器制作中的錾刻工艺和风格特色在唐代日臻成熟。用锤揲技法做出凸凹起伏的造型和纹样，使唐代金银手工业制品风格发生了改变，一些不见于中国传统的器物纷纷出现。唐代金银器中的输入品、仿制品和创新品的演变过程，正是对外来文化的吸收、扬弃及与中国传统文化结合的过程（焦莎莎等，2012）。

图 7-7　人物纹八棱金杯
（陕西历史博物馆）

同时期，中国工匠的技艺也在不断发展，精湛的技艺同样令人称绝。例如鸳鸯莲瓣纹弧腹金碗（图 7-8），金碗的造型是直接锤揲成型，腹部微弧，两周十组莲瓣纹上下层错位排列，上层莲瓣内錾刻飞禽、走兽等动物纹样，莲瓣间空隙处錾刻飞禽及植物云气纹，下层一周均为忍冬植物纹样；碗内底中央錾刻九重六瓣宝相花图案，外底中央錾刻鸳鸯纹，周围以植物云气纹相饰，纹样空白处均錾刻整齐布局的鱼子地纹。细密的鱼子地纹（图 7-9）是唐代金银工艺巅峰时期的标志性装饰纹样。金碗宽阔丰满的形态融入了唐代的审美情趣，标志着唐代风格的錾刻工艺逐渐走向成熟。

在北方游牧民族中，金银器制作工艺水平进一步提高，制作更加精美，出现了一些有别于中原地区的异域纹样制品。内蒙古赤峰喀喇沁旗锦山出土的唐代摩羯纹金花银盘（图 7-10），纹样风格独特，民族色彩浓厚；银盘锻造成型，盘中纹饰先锻制凸起，然后用錾刻技艺进行加工，摩羯和金花纹饰栩栩如生（厉宝华，2019）。

除了工艺制作水平的提升，纹样（图 7-11）也有了大的变革。植物纹和动物纹摆脱了宗教信仰等的约束，华丽奔放的葡萄、缠枝卷草、折枝花草、宝柏花、团花、石榴等植物纹样很快占据了主导地位。动物纹由神异变为写实，以往被神化的、带有神秘感的、形象怪异的动物纹样减少，写实的、生动活泼的狮、马、犀牛、鹿、鸿雁、蜂蝶、飞鸟等动物大多直接源于现实生活（罗振春，2014），不再有信仰方面的含义。

图 7-8 鸳鸯莲瓣纹弧腹金碗
（陕西历史博物馆）

图 7-9 鱼子地纹
（陕西历史博物馆）

图 7-10 摩羯纹金花银盘（内蒙古博物院）

图 7-11 各式纹样（陕西历史博物馆）

但是，外来的纹样传入中国后由于传统和宗教等方面的差异，人们主要接受的是艺术形式而不是思想观念，构图和内容相同的实例，所反映的人的精神文化却不同。纹样变成了纯粹的美的装饰和心灵的寄托(罗振春,2014)。

在唐代,器物制作也可视作艺术创作,体现了人的意志和精神。唐代金银器造型和纹样风格独树一帜,充满丰富的想象力和创造力,艺术观赏情趣也发生了改变。从这个意义上说,仿制品、创新品是否被人们接受或能否流传并不重要,重要的是外来文化启迪、引发人们放弃了对许多传统的恪守,以宽容的心态接纳不同文化,逐渐改变了自己的观念和生活,创造出新的文化。

图7-12　铭鋈金银盒
(浙江省博物馆)

到了五代十国时期,战乱频繁,在这个特殊的历史阶段,金银制造业似乎并没有受到严重的破坏。雷峰塔地宫里曾出土了吴越国的铭鋈金银盒(图7-12),通身錾刻细密的缠枝牡丹花,最外圈以如意云纹作为边饰。

纵观历史,唐代是錾刻工艺发展的成熟时期,随着北宋的建立,社会重新回归稳定,再一次形成了錾刻技艺的新局面。

4. 宋代

如果说唐代金银器造型华美、工艺精湛,宋代则是比较务实,兼具实用与审美功能。由于使用人群、使用方式、生产组织方式等外在因素的改变,宋代金银器皿的式样呈现出了世俗化、日常化的新面貌。从考古发现的实物资料来看,器皿类型以贮饮类居多,例如各式盏、杯、碗类饮具,以及瓶、壶、盘等盛器。除此之外,也可见少量盒、盆、钵、盂等器皿,制作工艺以浮雕为主,装饰形式多采用高浮雕。器皿的材质则为金少银多(唐克美等,2004)。

两宋时期,纹样题材丰富多彩,世俗化特征明显。纹样不仅有承续前朝和因仿古风潮重新被使用的传统纹样,更为突出的是该时期涌现出了大量新颖的纹样类型,錾刻纹样多以仿生植物纹为主,风格清秀细腻。纹样主要来源于人们的现实生活,多受到宋代文人花鸟画、人物画和山水画等绘画作品的影响,具有很强的写实性和浓郁的生活化气息。

宋代整体艺术风格的形成源自对理学的崇尚,反奢侈节私欲。伴随封建生产关系发生重大转变,商品经济空前繁荣,独立工商业者的社会地位大大提高。士、农、工、商,皆百姓之本业。手艺人的社会地位得到提高,形成了市民文化。银制品广泛地存在于市井生活中,甚至宗教场所中也有各式银质器皿。

宋代的社会环境也比较开放,展示的风格风貌自然也有所改变。宋人尚酒、喜茶,而饮酒、饮茶活动中都少不了各式盏的参与。虽然,盏类器皿并不是两宋时期金银饮具中考古发现最多的类型,但是其多样的形式和丰富的造型与装饰使它成为既往研究中最受重视的一类器皿(袁佳君子,2020)。这个芙蓉花金盏(图7-13)的碗壁上部,就錾刻着八朵花瓣,错落有致。碗内底部錾刻花蕊和花瓣,形

图7-13　芙蓉花金盏(四川博物院)

象逼真。随着金银制作工艺水平的完善,工匠们把对于线条、角度细微变化的把控力运用到了花式器形的造型处理中,使器皿造型逐渐脱离了程式化的曲线结构。例如,芙蓉花金盏中模仿芙蓉花花式的造型,改变了笔直的分棱线,取而代之的是曲线,或者是两层或多层交叉重叠的方式,这样的做法使器皿造型所呈现出的层次感更加丰富。芙蓉花金盏既满足了宋人对花卉的喜爱,又兼具实用功能。

在宋代,佛教趋于世俗化和平民化,出现了用錾刻工艺制作的金银器皿,宗教器具中的很多常见造型、纹样也被世俗社会所吸纳,两者之间相互影响。考古出土的塔基中发现的多为盛装舍利的舍利瓶或净瓶。净瓶为比丘十八物之一,是用来盛水的器皿。例如,长干寺地宫出土的北宋时期鎏金银净瓶(图7-14),颈部修长,瓶盖为翻转的莲叶状,溜肩,弧腹,以高浮雕形式的仰莲座装饰为底,颈部平錾着凤鸟纹饰,腹部錾刻有四大天王纹样。这件净瓶所采用的凤鸟纹、云气纹、海浪纹等纹样以及荷叶枝梗的造型方式均是世俗社会日用金银器皿中常见的装饰手法(袁佳君子,2020)。

图7-14 鎏金银净瓶
(定州市博物馆)

宋代的錾刻工艺和金银器的发展,表现出了明显的过渡性特征,所创建的新风尚、新工艺、新造型、新装饰手法对后世产生了深远的影响。社会文化思想、审美趣味等诸多方面的变化,使宋代金银器皿形成了精致、简雅,且颇具生活情趣的整体风格。宋人的纹样设计始终强调人情,强调纹样与生活的紧密联系。器皿造型的设计则十分注重立体装饰与平面纹样的协调相称。并且随着工艺技术水平的逐渐提高,纹样錾刻的处理已与宋代绘画有了异曲同工之妙。

发展至元代,尽管北方少数民族文化、审美对造物设计产生了一定的影响,使金银器皿的设计风格有向盛唐时期回溯的发展趋势,但是仍然可以看到不少器皿中对于宋代金银器皿造型、装饰等特征的保留,也就是说,南宋政权灭亡并没有使其器皿设计文化随之消失,而是在元代的文化系统中,形成了与北方草原文化共存的状态。

5. 元代

元代,制作工艺更精细,品类也更加丰富。元代蒙古游牧民族对于金银器讲究实用的同时也崇尚自然,这样的价值取向深刻地体现在民族审美意识中,并对金银器的纹饰、形制设计产生了深远的影响。如在其金银器纹饰中有大量具有游牧民族特色的动物纹饰的出现,如鹿纹、鹰纹等。金银器中云纹的广泛应用,很容易让人联想到白云,又体现了蒙古族尚白的习俗和注重与自然和谐统一的价值取向(曹雅惠,2013)。镀金团花八棱银盒(图7-15)为元人盛放食物的器皿,出土于江苏省吴县吕师

图7-15 镀金团花八棱银盒
(南京博物院)

孟墓,材质为银质鎏金,银盒平面呈八棱莲花瓣形,中央錾刻着旋转式对称的双凤圆形图案,银盒侧腹饰以规则分布的团形折枝花卉图案,圈足錾刻飘逸流畅的流云纹(唐克美等,2004),集美观与实用于一身,构思奇巧。

6. 明清两代

明代文化发展总体趋于保守,金银器制作工艺一改汉唐时期的风格,越来越趋于华丽、浓艳,宫廷气息越来越浓厚。

明代的传统金银器制作技艺愈发精细,制作技艺也愈发的高超娴熟。皇家贵族追逐奢华风尚,宫廷内专门设有皇家金银制造机构。宫廷造办不惜工本,使金属工艺制品特别是金银器加工制作得极为细致精良、奢华富丽,许多器物综合运用多种技艺,如锻制、錾刻、镶嵌等,在造型与装饰中极尽工艺之所能。明代嵌宝首饰上,多以錾刻工艺刻画形象作为主体和衬托。在首饰中錾刻打造主体、塑造形象、刻画细节的功用愈发突出(厉宝华,2019)。

清代的金银器更是发展到了典雅华丽的顶峰。清代宫廷金银器种类繁多,它们出现的形式与频率同所处时期的文化有着密切的联系,与以往历代的金银器相比,更加凸显出皇家的尊贵。清代金银器以皇家器物为主体,器型大,装饰豪华。至乾隆时期,除了全盘继承前朝的錾刻、镂镂、焊接等传统技术手法还有所创新,综合了起突、阴线、镂空等装饰手法,工艺水平达到了登峰造极的地步(梅璐琳,2016)。

图7-16 金錾云龙纹执壶
(故宫博物院)

清代金银器在纹样上有延续着千年的图腾纹样,寄托着统治者的精神与皇家的气派与威仪。例如,金錾云龙纹执壶(图7-16),是清代皇帝举行大典或者宫廷宴会时御用的酒器。它由锤揲工艺制作,一侧有环状曲柄;壶口是尖塔形状的壶盖,镶嵌着宝珠盖纽,金链连接着盖纽与壶曲柄;壶体呈瓜棱如意纹,每一条棱纹内錾刻上下两组立龙纹样,代表着皇家气派。清代金银器较之明代更显瑰丽,工艺繁复。造物者在能力范围内,竭尽所能展现其高超的技艺,但一定程度上忽视了装饰艺术中"文"与"质"的关系。

7. 近现代

近现代以来,由于政权更迭频繁,战争频发以及社会风尚的变革,錾刻工艺逐渐式微。北伐战争结束后,女性崇尚短发,对发饰的需求急剧减少,给当时的银楼带来了巨变(图7-17)。抗日战争开始后,国内通货膨胀严重,政府禁止黄金流通,金银首饰业受到了极大的打击(罗振春,2014)。

中华人民共和国成立以后,流传近千年的传统工艺,却并没有随着社会的稳定而快速复苏。直到20世纪50年代,全国各地工艺美术厂相继投入生产,对于流散于民间的手工艺人起到了保护作用。中华人民共和国工艺美术品对出口创汇起到了重要作用,金银器制作工艺迎来了重要的发展机遇,促进了当时工艺美术的发展。受国内政治文化的影响,錾刻工艺品市场停滞。外贸加工(图7-17)反倒给传统工艺的传承保留了一丝空间。20世纪80年代改革开放,金银器制品走向国际市场,有力地推动了金银器制作工艺的快速发展,创新出如拉丝、卡克图、表面保护处理等新技术、新工艺,同时也创新制作出一批带有时代特点的作品,但是工艺美术厂生产的产品,主要是为了满足外贸需求,并没有给传统錾刻工艺的发展提供足够的空间。外贸加工主要依靠仿古,纹样多为中国传统图案(图 7-18)。在当时特殊的背景下,它脱离了欣赏人群,传统的工艺运用范围受到局限(罗振春,2014)。

图 7-17 用于出口订货的北京金属工艺品照相册(任开供图)

图 7-18 中国传统图案(北京金属工艺品厂)

二、不同地域的錾刻工艺

居住在我国西北、西南、东南地区的少数民族,创造了各具魅力的民族文化。商代的巴蜀先民已能在黄金上使用锤鍱、模铸、雕刻、镂刻等工艺技术制作金杖、金面罩等。远在春秋战国时期,北部的辽宁、内蒙古,西北的新疆、陕西等地和西南青藏高原的少数民族已用黄金、白银熟练地打制出冠、头饰、腰带、颈坠、指环以及车马饰和作生活用具的壶、帐钩等器具和饰品(唐克美等,2004)。汉以后,冶炼技术不断提高,人们已较熟练地掌握了选矿、配料、冶炼、制模、浇铸、錾刻、组合焊接和打磨抛光、镀金等工艺技术,金银器的制作和使用日益广泛。尤其从战国至今的几千年岁月里,银制品在诸多少数民族的生活和文化习俗中,占据着不可替代的特殊地位。一些民族将银视为光明纯洁、吉祥的象征,人们认为它闪烁着月亮的光芒,具有在黑暗中驱鬼魇、辟邪恶、保平安的功能。用银饰打扮自己,是少数民族长期沿袭的风俗习惯。

藏族、苗族和白族等少数民族,现在仍以传统錾刻工艺制作生活器皿和首饰。

1. 藏族

少数民族地区因独有的风俗习惯、宗教信仰,仍在延续传统錾刻工艺,例如西藏地区(图 7-19)由于宗教信仰和宗教艺术的繁荣,广大人民对佛像(图 7-20)、法器及配饰的需求,促进了西藏錾刻工艺的发展,其中昌都工匠群在整个西藏自治区赫赫有名(张卫峰,2015)。

图7-19 藏区工匠(任开供图)

图7-20 錾刻佛像

2. 苗族

在贵州东南部苗族地区,自古以来便有佩戴银饰的习俗,苗族大多采用传统的手工锻錾技艺加工银饰,利用錾刻将纹样附着在银的表面,纹样精美别致,极具装饰意义,如龙纹三岔银角(图7-21),又称大小银角,为黔东南苗族地区的传统银饰,每到传统节日和女孩出嫁,都会佩戴三岔银角。大小银角的基本造型类似牛角和龙角,源于在苗族古歌中关于牛和龙的传说;顶端挂有的白色鸡毛,则是因为丹寨地区的苗族自称为鸟族部落,对于鸟类有着自然崇拜,在银饰当中也经常会出现鸟的元素(厉宝华,2019)。在制作过程中,根据需要,银匠先把熔炼过的白银制成薄片、银条或银丝,利用压、錾、刻、镂等工艺,制出精美纹样,然后再焊接或编织成型(吴晶,2006)。这项技艺传承至今,使苗族文化得以延续。

图7-21 龙纹三岔银角

3. 白族

新华村是我国有名的银器制作工匠村,背靠凤凰山,居民以白族为主。据说从南诏时期开始,新华村就已经是云南银器(图7-22、图7-23)手工制品加工中心,至今已有上千年的金银器物制作加工历史。

图 7-22 錾刻银器 1(寸发标)　　图 7-23 錾刻银器 2(寸发标)

4. 皇家錾刻工艺

清代的金银工艺与明代有共同点,即视觉繁复,但明清两代金银制品于华丽繁复之中,又有区别和各自的特色。清代沿袭明代,将直接为皇室服务的御用监改为造办处,为皇室制作金银器,这些金银器用料奢华,技艺精湛。皇家用的金银制品有冠饰珠宝、生活用品、陈设观赏品、祭祀用具、宗教用品等类(图 7-24～图 7-26)。宗教物品尤其受到重视,形制、规格、工艺格外隆重。据杨伯达先生所述,曾供奉于中正殿的一件用黄金制作的大佛塔,通高有 5.33m,重量达 350kg。清代宫内黄金佛塔的形式多种多样,有覆钵式、楼阁式、宫殿式等(唐克美等,2004)。

图 7-24 银鎏金錾花葫芦式执壶(故宫博物院)　　图 7-25 金嵌珍珠宝石塔(故宫博物院)　　图 7-26 铜镀金刻花镶玛瑙委角形粉盒(故宫博物院)

三、当代錾刻工艺

1. 錾刻工艺基本流程

錾刻工艺传承久远，地域辽阔，技法称呼上各有不同。例如中国北方地区的"踩錾"，被南方地区称之为"压錾"；还有手法称谓的不同，北方地区的"抬话"，云南地区称"冲压"。从工艺流程上来看，总体为放样→勾线→退火→起浮雕→上胶→细錾→脱型→抛光，并在一些加工环节引进机械加工。

随着时代的发展，工厂开始引进机械化设备，如压膜机设备等，这可以有效地提升产能，降低手工成本。在我国南方地区尤其是广东地区，金银器制作工艺最先接触先进的设备，在其制作的过程中更多地尝试使用先进的设备和工具，如首饰加工多用精密浇铸工艺，摆件加工采用胎模冲压或精密浇铸成型等，这有助于金银制品的批量生产，对传统錾刻工艺带来了极大的冲击。通过工业化的进程，我们可以窥见一些传统工艺存在的问题。

2. 现代錾刻工艺现状

首先，新技术的应用，暴露了以传统錾刻工艺为代表的传统手工业存在的问题。传统錾刻工艺由于制作周期较长、人工成本高，传统的使用方式与现代人追求方便的生活样式产生矛盾，因而逐渐淡出了大众的视野。甚至有不少传统錾刻工艺手工艺人，迫于生计，不得不放下手艺，迎合市场化的运作模式，走"短、平、快"的快消路线，导致了传统錾刻工艺品市场的萧条。

在中国悠久的历史文化发展过程中，曾长时间停留在手工艺时期，并且形成了系统的制作模式。很多人错误地将传统工艺理解成繁缛的传统纹饰、耗时的手工工艺。他们用复杂的表面装饰掩盖产品自身设计的不足，把仿古当作创新，以传承传统文化为由将全部精力专注在如何把器物做得与古代一模一样，或在一件产品中加入贵重材料并且施以繁琐的传统纹饰元素，从而增加其价值，但他们忽略了器物原有的功能性和设计感。

而市场需求的转向，又导致了新生代錾刻工艺手工艺人的断层，了解和学习这门技艺的人越来越少了，新生代手工艺人的匮乏是制约着錾刻工艺发展的瓶颈所在。现在的人们喜欢追求新的生活方式，认为錾刻这种传统工艺过于繁琐，效率低下，不如智能技术。

一件被称为《和美》（图7-27、图7-28）的丝巾银盘被选为2014年APEC会议的国礼。金色盘子内，自然叠放着一条银色的丝巾，整件器型是由一整片纯银打造而成，表面没有任何接缝，只是通过特殊的肌理表现，将丝巾的质感模仿得淋漓尽致。这件被赋予特殊意义的国礼，将古老而又传统的錾刻工艺再次带到了大家面前。

在梳理錾刻工艺的历史时，不难发现，錾刻工艺发展的高峰期都以开放包容为背景，既离不开人们的需求，也离不开自我发展，向现代手工艺的发展，同样需要融入新的文化生活，兼收并蓄，寻求更多的可能。因此，錾刻工艺必须根植于当下社会生活，使合宜的器皿融入生活的环境中，同时能够与人的情感和身体产生关联。或许，我们可以将这种理解视为对器皿的感性体悟，而非一种完全理性的分析。那么錾刻工艺在现代化社会中该何去何从呢？

3. 錾刻工艺的新发展

包豪斯学派的创始人格罗皮乌斯说："真正的传统是不断前进的产物，它的本质是运动

图 7-27 《和美》1　　　　　　　图 7-28 《和美》2
（北京工美集团有限责任公司）　　（北京工美集团有限责任公司）

的,不是静止的,传统应该推动人们不断前进。"他认为,设计师不应该被条条框框所限制,可以自由奔放,奇思妙想,不能够抄袭临摹已有的设计成果。传统手工艺需要适应新时代的生存环境,拓宽与其他艺术品类跨界交流,把绘画与雕塑艺术的优势学习过来。在他的影响下,诞生了注重满足实用要求的工艺美术风格,錾刻工艺在近代的应用变得更加接地气(钱丽霞,2019)。

传统錾刻工艺蕴含着深厚的文化意蕴,我们可以积极地挖掘、展现这种意蕴。錾刻是金属手工工艺,生产过程中的每一个步骤、每一个细节都需要用手去完成、用心去体会,因此整个制作过程中充满了人的情感、智慧,并且能够使人体会到工作的乐趣,更体现出人本身存在的价值,从而获得成就感。制作过程中情绪化的痕迹,灵活自如地表现出制作者的艺术创作能力及意图,具有强烈的个性化特征和淳朴、厚重的手工美感(丁娜,2011)。器物的形态、锤痕的肌理是制作者情感的表现。

随着现代审美的变化,錾刻也可以结合现代人的审美,将錾刻的肌理与造型设计巧妙结合,使器物展现出意想不到的魅力。例如现在人们常用的银壶,就将錾刻工艺很好地融入了器物之中。以錾刻工艺的历史、文化为核心,围绕它们建设品牌和品牌文化。通过包装、宣传以及企业形象推广等工作,提高传统工艺的知名度,这样一来,也可以增加錾刻工艺的从业者数量。有关部门也可以制定相应政策,大力保护与宣传传统文化与艺术。纪录片电影《我在故宫修文物》和《大国工匠》等节目获得了不错的反响,使更多年轻人了解了传统技艺。旅游产品也是一个很好的宣传途径,让不了解錾刻工艺的人有机会了解,这样可以提高錾刻工艺的认知度,通过体验进而产生兴趣,形成对文化的认可,从而达到文化传播的目的。

四、总结

本节对錾刻工艺的工艺特点、历史演进做了系统地梳理,并分析了目前因社会新的价值理念所导致的发展困境,同时对錾刻工艺的未来发展方向给出建议,希望由此引导学生反思传统工艺的未来发展方向。

錾刻工艺的出现和发展是古人追求美好生活的具体体现。在社会经济井喷式发展的当下，就更加需要文化的助力来不断满足人民日益增长的对美好生活向往的需求。

第二节 花丝镶嵌工艺

一、花丝镶嵌概述

2008年北京花丝镶嵌被列入第二批国家级非物质文化遗产名录之后，这项传统手工技艺逐渐进入大众的视野。

经过研究发现，在民国以前，没有"花丝镶嵌"这个工艺名词，尽管与现代花丝镶嵌类似的金银细金工艺品自战国便有出现，但此后这些相关工艺有着各自独立的发展体系，而"花丝镶嵌"这一名词并未在文献记载中出现过。1948年出版的《北平市手工艺生产合作运动》一书中首次提到花丝这一工艺名称。1950年，北京市特种手工艺联合会在《北京市特种手工艺联合会会员情况嘹解表》中，将赵泉禄、乔廷慈等成员的经营类别归为花丝业，而花丝业生产的产品便称为"花丝镶嵌"，花丝业作为特种手工艺行业中的一种，不仅用来命名特定类型的手工艺品，而且也用来称呼特定的手工作坊，而花丝行业生产的产品则称为"花丝镶嵌"。至此，始见"花丝镶嵌"一词被作为一种特定称谓使用（颜建超等，2016）。

现代花丝镶嵌工艺包含掐丝、垒丝、编丝、镶嵌等不同技法，古代这些相关的技法被称为"织金""拔丝""累丝""厢嵌"等。现在的花丝工艺指的是用各种不同粗细金、银、铜素丝搓制而成的各种丝形样式，常用的有拱丝、祥丝、小松丝、竹节丝等数十种，经过掐、填、攒、焊、堆、垒、织、编等技法，组成各式纹样造型，再辅以镶嵌，制作出各式精致的立体工艺品。

二、花丝镶嵌的历史

1. 两汉之前

早期较成熟的金银制品可以追溯至商代以前，在商代到汉初的1400年间，金属工艺初步发展，没有形成规模和独立势态。

甘肃玉门火烧沟墓地出土的金鼻饮（图7-29）是商以前出现的较早的金银器之一，采用简单锤揲工艺制成，年代大致与夏代同时。

这时人们已经了解到金的延展性，通过锤揲制作简单的实用工具与金装饰品，如1977年北京市平谷县刘家河发现的商晚期的金笄、金臂钏，山西省石楼县出土的商晚期金耳环（图7-30）。

图7-29 甘肃玉门火烧沟墓地出土的金鼻饮(甘肃省文物考古研究所)

到东周为止，金属制品还是以青铜器为主，金银只起点缀作用，多以错金银、镀金、贴金、涂金的方式出现，少处可见金丝装饰，如内蒙古自治区鄂尔多斯市杭锦旗阿鲁柴登东周墓出土的金锁链，由细金丝编成，每根金丝直径只有0.5mm，说明至少到东周时，我国已经可以制作非常细小的金丝，且同时出现了金丝编织工艺，是古代金银细金工艺的一大进步。

图7-30 金耳环(山西博物院)

春秋战国时期，金银才被大量用于实用工艺品，金银器物的制作变得更为复杂和立体，那时已经基本形成了金银丝的各种造型、工艺方法，但仍以装饰为主。如河南省辉县固围村5号战国墓出土的鎏金嵌玉镶琉璃银带钩(图7-31)，运用了包、镶、嵌等多种工艺方法，并使用金银、玉、琉璃多种材料；阿鲁柴登战国晚期墓出土的镶松石金耳坠(图7-32)用金丝绕成耳环，下端耳坠以包金绿松石为主，下缀三片金叶。

图7-31 鎏金嵌玉镶琉璃银带钩
(中国国家博物馆)

图7-32 镶松石金耳坠
(鄂尔多斯青铜器博物馆)

西汉时期的装饰比战国时期还要繁复些,那时的金银丝工艺开始呈现出现代花丝工艺的雏形。金银丝的掐编技法和图案花纹的种类上又有新突破,出现了花丝、祥丝、小松丝、竹节丝等形制。在制作工艺上形成了掐、填、堆、垒一整套技法,丰富了金银细金工艺的表现力,使器物的造型、图案装饰和装饰手法不断完善。山东省莒县双合村汉墓出土的西汉金灶台(图7-33)是一件用金片打制成形的,经掐丝、垒丝、焊接、镶嵌等工艺制成的装饰物,炉中空,灶面锅内盛满金珠做的"米饭",灶端用花丝垒出烟囱,器物边缘和外壁面的卷曲纹样均用金丝和金珠作装饰,灶面花丝掐出的圆形内嵌有红、绿、紫三颗宝石,制品工艺精细繁复,是汉代金银细金工艺发展的重要例证(唐克美等,2004)。当时生活稳定的汉族热衷于社会角色定位,黄金制品被视为权威和财富的象征,并不作为独立的工艺用材。金在汉代最常见的形式为印玺与货币,比如用金珠、金丝装饰的马蹄金(图7-34),在西汉时作为帝王收藏、赏赐的货币使用,并不算作工艺品。

图7-33　金灶台(西安博物院)

图7-34　马蹄金(江西省文物考古研究所)

　　细金工艺是以传统的青铜器铸造工艺为基础并结合金、银制作的特殊技法而形成的一门特种工艺(杨小林,2008)。从两汉金银器出土的整体情况来看,金银工艺初步形成了从材料加工、金银细作、表面处理、多种工艺与材料相结合的复杂工艺规程。此时的游牧民族在金银细金工艺制作方面一直都走在汉族的前面,这是因为他们逐牧草而居,生活用品尽可能便于携带,使用贵重金银饰品装扮自己、装扮帐篷是游牧民族生活的重要内容,如战国时期的金耳坠、鹰形金冠顶,西汉时期的镶松石金带饰(图7-35)等,对比同时期的汉族饰品,他们的饰品装饰手法更加丰富与活泼。

图7-35　镶松石金带饰(宁夏固原博物馆)

2. 汉末至唐代

尽管民族之间存在差异，但是少数民族对于汉族金银器制作工艺的影响却一直存在。从汉末到隋末的400年间，由于战乱，花丝工艺没能规模化发展，但与秦汉相比已经有了很大不同，战乱促使民族文化融合，形成汉族与其他少数民族、南北方文化交融的局面，为唐代花丝工艺的发展奠定了坚实的基础。中原地区较具代表性的金饰有1981年在山西省太原市的北齐娄睿墓中出土的女性花草纹金饰（图7-36）。该金饰采用锤揲、掐丝、焊接的工艺手法做成镂空、复杂、多曲线的底形，上面镶嵌有琉璃、贝壳、珍珠、绿松石等各色材料。金饰的特点在于几乎没有直线，边框、花茎、主叶边线由均匀规则的联珠纹构成，这与多彩的嵌饰呼应，在视觉上形成流动、活泼、繁复、富丽的感觉。

此时期少数民族金银制品依旧保持着活泼精致的特色，辽宁省北票市西官营子北燕冯素弗墓出土了30多件金、银首饰与服饰，其形制多具鲜卑特色。其中一件冠饰（图7-37），主架为两条弯成拱桥弧形的细长金片条呈十字交叉焊接而成，焊接处即为冠顶，上又焊一扁形空体金珠，金珠上有一口朝上的半球形小金片托。沿小金片托的口沿，焊有六根向四面上方伸展的细金枝条，每根枝条上又间隔焊有两个小接环，每个小金挂环上挂有小金叶。

图7-36 娄睿墓金饰（山西博物院）

图7-37 鲜卑冠顶（南京博物院）

此时期出土的金银饰品中，开始出现较多女性首饰，比如上文提及的女性花草纹金饰。汉代及以前，受儒家思想的影响，人们有着强烈的身份等级观念，金银制品因其价值属性通常成为身份的象征，所以以男性使用为主；汉代以后，受外来民族文化冲击，社会观念发生了转变，黄金可以用作女子首饰。从东晋顾恺之的《女史箴图》（图7-38）中，可以发现晋朝妇女头戴各式金制头钗的形象，说明女子发饰的样式越来越丰富，头钗成为她们的日常配饰，金银丝也以这种装饰形式，逐渐融入到人们的日常生活中。

唐代是金银丝立体造型的大发展时期。唐代设立官职与作坊，专供于金银器的制作。由于社会的开放，促进了不同地域间工艺的融合发展以及金银制品的多样化，冶银与织金工艺在这一时期得到进一步完善。此时期的金银丝编织技艺高超，花丝纹样种类丰富，图案细腻精美。陕西省西安市南郊何家村唐代窖藏出土的金筐宝钿团花纹金杯（图7-39），腹部焊有扁金丝编成的蔷薇团花和如意云朵装饰，花瓣中心曾镶有宝石，出土时已脱落，花丝装饰

首饰传统工艺　**第七章**

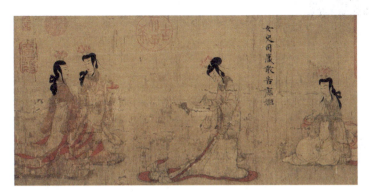

图7-38　《女史箴图》（大英博物馆）

造型使金杯整体精美别致，颇有意趣。此外，唐代金银丝编织工艺的典范要数陕西省扶风法门寺塔唐代地宫出土的金银丝结条笼子（图7-40），笼子通体由金银丝编织而成，采用几种式样的花丝。笼身、笼盖边缘分别装饰了由两股花丝掐制而成的如意纹，笼身中央嵌有一朵金丝编织的金花。

图7-39　金筐宝钿团花纹金杯
（陕西历史博物馆）

图7-40　金银丝结条笼子
（法门寺博物馆）

3. 宋元两代

宋代首饰在制作上以银为主，造型更加素雅简洁，这与当时社会崇尚理学及政治改革，反奢侈、节私欲的大社会背景有关。宋代崇尚务实之风，金银制品被视为奢侈品，被限制生产和使用，金银制品在数量上呈现金少银多的现象。金银细金工艺品以金银珠宝等为原料，制作繁杂，奢侈华丽，不太符合当时的价值评判标准，这可能是导致宋代金银细金工艺品较为少见的重要原因之一。

宋代金银制品的造型、图案多为清晰、明确、视觉明朗的高浮雕，立体浮雕形凸花工艺和镂雕的装饰工艺常常将器型与纹饰融为一体，综合时代背景来看，是受到当时的哲学与科学

245

图 7-41 鸡心形金饰品
（南京市博物馆）

影响，导致了审美倾向更加理性，不再像唐代那样显得雍容华贵，而是玲珑雅致，充满生活气息。江苏省南京市幕府山宋墓出土的金器具有典型的宋式美学特征，其中的一件鸡心形金饰品（图 7-41）以镂空、錾刻、掐丝等手法制成，表面镂雕的纹饰为一对金色凤凰翱翔在牡丹丛中、葵花之下，镂雕纹饰周边再饰以一圈掐丝纹饰，充分展示了宋代工艺的高超技巧。

1983 年 3 月，浙江省永嘉县四川区下嵊公社山下大队社员在平整土地时，于距地表约 1m 深处发现一个白地铁锈花盖罐（图 7-42），罐内窖藏一批银器，其中较完整的有 51 件。浙江省永嘉银器窖藏银簪（图 7-43），呈两个八面体结构盒子形状，像植物的果实，上部有叶子装饰，表面有花丝勾勒。

图 7-42 白地铁锈花盖罐
（永嘉县文化馆）

图 7-43 永嘉银器窖藏银簪
（永嘉县文化馆）

河南省洛阳市邙山宋墓的花丝金饰品，风格与唐代相似，现藏于洛阳博物馆的累丝蝶恋花耳饰（图 7-44），花卉精致细腻，蝴蝶的翅膀对称，制作繁杂，奢侈华丽，表面曾镶嵌有宝石。

图 7-44 累丝蝶恋花耳饰（洛阳博物馆）

唐克美、李苍彦两位先生认为,宋代在理学的影响下,不仅金银制品,其他一些唐代就有的、甚至较为盛行的工艺品,也被视为奢侈品,被限制生产和使用。花丝镶嵌工艺品以金银珠宝等为原料,制作繁杂,奢侈华丽,不太符合当时的价值评判标准,这的确可能是导致宋代花丝镶嵌工艺品较为少见的重要原因之一(王佳,2016)。

蒙古人建立元朝后,"统治者对文化的轻视与不拘,给文化发展提供了相对自由的空间,加上民族混居,佛教、道教、伊斯兰教并存,于是各种文化都得到了相应的发展,金银细金工艺也形成了自己的旨趣与发展方向"(王佳,2016)。元代设立了银局,专管金银之工:"银局,秩从七品。大使一员,直长一员,掌金银之工。至元十二年始置"(宋濂等,1998)。这一时期的花丝镶嵌制作技艺得到了很大的发展,制作技艺更加细腻、复杂。山西省大同市灵丘县曲回寺出土了一批金银器,这些金银器的制作运用了花丝、镶嵌、錾花、浇铸、打胎等不同的工艺技法。最精致的是飞天金饰(图7-45)和金蝴蝶。其中,飞天头戴金冠,裙带以金丝和金箔条制成,飘曳前行,身下以金箔片制成云纹衬托,整个飞天的形态优雅,动感流畅。金蝴蝶一对,全身以金箔衬底,展开后呈相向双蝶。全身饰以掐丝制作的多种花纹,并镶嵌有绿松石。金凤凰一对,同站立在金箔制成的镂空祥云图案上,前后各一,左右相错。整个造型玲珑剔透,精美绝伦。金耳坠一对,坠用金箔片圈成三区,中区镶宝石,内区用掐丝工艺制成缠枝图案,外区也镶宝石,通体正面沿饰联珠纹。

图7-45 飞天金饰(灵丘县文物管理所)

湖南省临澧县新合村出土的元代花丝器物极具自然趣味,金累丝蝴蝶桃花荔枝纹耳环、金累丝蝴蝶桃花纹耳环、金累丝蝶赶菊纹耳环、金累丝花叶式耳环、金穿玉山石孔雀纹耳环、金镶绿松石耳环、金累丝镶宝饰件等,大都以动植物为主题,采用花丝、镶嵌技法,辅以錾刻、焊珠等制作工艺。

20世纪80年代,武汉市黄陂县(今黄陂区)周家田元墓出土金累丝莲塘小景纹耳环(图7-46),以花丝勾勒出莲花花瓣和叶子,用更细的丝来做内部底纹;中间有滴珠式宝石,绕镶联珠圆形宝石,整个饰件一方面受西域文化影响,采用联珠纹样式进行宝石排列;一方面又受佛教文化影响制作出莲花与水交相辉映的画面,具有各区域文化交融的特色。

花丝镶嵌工艺继唐宋时期缓慢发展后在元代迎来了快速发展。这一时期,北方游牧民

图 7-46 金累丝莲塘小景纹耳环（武汉博物馆）

族的花丝镶嵌制作技艺较为简洁，讲究实用；而中原以及南方汉民族地区在制作工艺方面比北方更为发达，工艺品的造型、纹饰因技术的精进和其他工艺手段的使用，更为细腻精美、雍容华贵（颜建超等，2016）。

4. 明代

继元代的快速发展之后，我国的花丝镶嵌制作技艺于明清两代达到了古代工艺水平的顶峰。

明代，全国有 30 多座规模较大的工商业城市成为手工业生产中心。广州、扬州、北京是金银制品的主要产区。明代皇家设立了银作局，集合全国能工巧匠，设置了各种工艺作坊，分别以工艺名厢嵌、拔丝、累丝等命名。明代工匠服役制为轮班制，即每三年中各地工匠必须为宫廷服役三个月，期满后可以返回（李东阳等，2007）。明代金银制品的工艺特色为精密、纤巧，喜镂空，这种纤透的审美倾向，加之各类机构设置的基本成熟，使得花丝工艺在当时发挥得淋漓尽致。

1972 年 1 月在江西省南城县明益王朱佑槟夫妻合葬墓出土的一对金凤钗（图 7-47），通体几乎全由花丝盘绕。虽同为花丝盘绕，但凤头、凤翅、凤尾采用了不同的盘绕形式，形成三种不同的羽状肌理效果——腹身为叠鳞状羽，翅为长硬翅羽，尾为突状活羽，非常生动飘逸。在钗脚上有"银作局永乐贰拾贰年拾月内成造玖成色金贰两外焊贰分"的款识，说明这对凤钗是明朝内府生产的制品，其制作工艺之精巧繁难，代表了当时官坊的最高水平（唐克美等，2004）。

同时期，地点出土的楼阁金簪（图 7-48）也格外精美，簪首为两栋楼阁，四周绕以花树，略高者，为重檐歇山顶，阁内三人，一人居中而立，旁有两侍女持扇侍候。阁外正门口有一侍女和一只仙鹤相对而立。阁侧面也有一只仙鹤，阁后有一只梅花鹿在向前张望。略低者为六角重檐顶，楼阁六面具有隔扇，内中侧卧一人，阁外有四侍女持物环绕。两栋楼阁并排立于底座上，周围绕以栏杆。簪首底部为一只脚踏如意祥云的凤，凤嘴张开，衔住簪底，凤身与簪脚相连（王湛，2009）。

北京定陵出土的明万历皇帝的金翼善冠（图 7-49），堪称中国花丝工艺的典范之作，冠高 24cm，直径 17.5cm，由"前星""后山""翅"三部分组成。金冠用 518 根金花丝（每根丝的

图 7-47　金凤钗（中国国家博物馆）　　图 7-48　楼阁金簪（中国国家博物馆）

直径仅为 0.2mm），编织出均匀、细密的"灯笼空"花，透薄如纱。冠顶盘踞一组立体室心的二龙戏珠装饰，龙身细鳞亦一丝不苟地用花丝排成，再经码丝、圣丝、焊烧而成，冠的重量只有 826g（唐克美等，2004）。

与万历金翼善冠同时出土的还有孝端、孝靖两位皇后的凤冠，凤冠为古代贵族妇女所佩戴礼冠，明清时也称彩冠，多为女子婚嫁时佩戴。明代的凤冠之最为北京市定陵出土的点翠嵌珠石金龙凤冠（图 7-50），此时期的凤冠多将花丝工艺和点翠工艺结合，龙用细金丝掐、填、堆累焊接而成，呈镂空状，而凤则用翠鸟羽毛黏填进金丝框内，称为点翠，是明代新出现的一种细金工艺技法，在明代的金银器制作中应用广泛。

图 7-49　金翼善冠　　　　　图 7-50　点翠嵌珠石
（明十三陵博物馆）　　　　　（故宫博物院）

明代金银首饰式样的丰富与制作的精妙可谓空前绝后。明代女子盛装打扮时，总是用各种头饰把满头装饰得几乎不露发，女子各式簪钗的命名多着眼于它的插戴位置，包括金丝髻、挑心、掩鬓、压发、围发、耳坠、坠领、钮扣、网巾圈等。例如兰州市白衣寺塔出土的金镶宝珠玉鱼篮观音挑心，这支挑心系以金为托，内嵌玉件；白玉镂为莲瓣式背光，做成镂空地子，边缘镂雕卷草；金丝做成莲花台，台两边以莲叶和五朵莲花伸展内合抱为托座，内部镶嵌有五颗红宝石嵌作花蕊,精致非凡。

5. 清代

清代康熙、雍正、乾隆时期经济繁荣,社会稳定,国力强盛,为金银器的制作提供了良好的环境。清代皇家追求雍容华贵、富丽堂皇的制作风格,力求妙思巧工,体现宫廷气派。清宫设立了造办处,分为实作、镶嵌、錾作、烧蓝、点翠、包金、镀金、拔丝等诸多作坊(颜建超等,2016)。清代的档案中记载了大量的花丝镶嵌器物。《清宫内务府造办处档案总汇》每册中均有造办处制作或者地方官员进贡花丝镶嵌器物的记录如"金累系(丝)镶桦皮翟鸟一支(随嵌石果子一块、米珠十六颗)、金累系(丝)镶青金桃花垂挂一件(上嵌小正珠四颗,四等东珠四颗,上穿五等正珠二百五十五颗珊瑚坠角三个连翟鸟共重四两八钱)"(中国第一历史档案馆等,2005)。这一时期制作的花丝镶嵌器物多为传世之宝,大多数的精品被故宫博物院收藏,其中包括冠饰、金银摆件、生活用品、首饰等诸多类型。现藏于其中的金累丝嵌松石坛城(图7-51),外围的火焰墙、金刚墙及中心的经阁、本尊均严格依照藏传佛教仪轨中的规定,用金累丝工艺将其一一表现出来,再嵌以绿松石,繁而不乱,反映了宫廷工匠高超的工艺水平(颜建超等,2016)。

图7-51 金累丝嵌松石坛城(故宫博物院)

在故宫博物院收藏的大量金银器中,以清代皇帝和后妃御用的衣冠服饰类金银器最丰富,具有极高的历史价值和艺术价值。点翠嵌珠宝五凤钿,用藤丝编成帽架,在纸板或细铁丝上缠绕黑色丝线为胎并编成方格纹、钱纹、盘肠等形式,再用各种宝石、珍珠嵌于帽架上,组成各种吉祥图案。

金累丝九凤钿口(图7-52),呈月牙形,采用錾金、累丝、镶嵌等多种工艺制成。九凤等距排列,每只凤头嵌珍珠口衔流苏,流苏由六颗珍珠串成,用各色宝石琢成小蝙蝠等造型作结,下边镶嵌优质翡翠、蓝宝石、红宝石。

图7-52 金累丝九凤钿口(故宫博物院)

台北故宫博物院藏清代仙人乘凤珊瑚点翠耳挖簪,珊瑚人物雕刻精彩,主题明晰,点翠保存完整。珊瑚人物的红色与凤鸟身上点翠的蓝绿色产生鲜明对比,是清宫首饰中艺术水准较高的发簪之一。

清代的金银细金工艺比明代更加繁琐，时人喜好金银工艺与宝石镶嵌结合，追求工艺的难度与视觉的繁复华丽，似有西方中世纪巴洛克艺术之风，如故宫博物院收藏的金嵌珍珠宝石圆花、银累丝花瓶。清代金银制品传世之作中最有特色的还属皇家用品，银镀金点翠嵌宝石花果纹簪（图7-53）、银镀金点翠嵌珍珠宝石福寿纹簪等，采用点翠、镶嵌、垒丝等各类加工工艺，色彩明丽。这些皇家用品主要由官坊养心殿造办处的金玉作制作或是由各地方督抚进贡，主要产自北京、南京、杭州、苏州、扬州、广州等地。

图7-53　银镀金点翠嵌宝石花果纹簪
（故宫博物院）

三、花丝镶嵌的地域特征

由于生产的进步，商品流通的发展，使用金银制品的地区比以往更加广泛。明清时期，我国大量的花丝金银器从广东、福建等地，出口至西班牙、葡萄牙、英国等西方国家，并且在贸易过程中深刻影响着周边亚洲国家手工技艺的形成。随着平常人家大量使用、佩戴花丝制品，南北方在不同环境下也演变出不一样的工艺风格。

1. 南派花丝

南派花丝，以成都银花丝最具特色。清末，成都"丽生银楼"首创"平填花丝"技艺，以高纯度白银为原材料，无胎焊接组合成型，是花丝工艺在历史上的一次重大变革。所谓的无胎成型指的是手工艺人根据设计图稿先用银丝做出图形边框，框间用不同的技法填上图案纹饰，即将银丝用镊子折叠成弯曲的小块，慢慢填入相应的图案之中，再运用垒丝、穿丝、搓丝焊接等技术，焊接成型，执模处理后最终形成花丝工艺制品。此后，以四川成都为代表的我国南方区域，逐渐形成了风格雅致秀丽的南派花丝工艺。在20世纪60年代至70年代，四川成都、重庆两

图7-54　平填花丝盘（成都丽生银楼）

地后续创造了用丝和片錾、填相间的材料和工艺，创造了平填花丝圆形造型的品种（图7-54），使这一技艺达到历史最高水平（黄建福等，2018）。

在中华人民共和国成立前，四川花丝工艺以其独特的制作工艺和审美特征支撑着当地的金银业，与当时陕派风格与浙派风格的金银制品形成鲜明对比。中华人民共和国成立初期，四川省成都市成立国营金银器制品厂，培养了大批花丝工艺手工艺人，逐步发展出"平

填"的技法;20 世纪 80 年代是四川花丝工艺发展的鼎盛时期,这一时期,工艺难度最大的花丝摆件制作技术逐步成熟并不断发展;20 世纪末期,四川花丝工艺由于市场的萎靡和传统技艺及手工艺人的流失逐渐出现危机,如今只有道安、倪玉成等少数工艺大师能够掌握完整的工艺(黄建福等,2018)。

四川花丝工艺品主要有亭、台、楼、阁模型,瓶、盘、熏、鼎、盒(图 7-55)等传统摆件。在花丝图案方面,除了龙凤、花鸟等传统图案之外,花丝手工艺人们还结合四川当地的地域风情,设计出熊猫(图 7-56)、蝴蝶、莲花等独具地方特色的图案。近年来,四川地区的花丝手工艺人还开发出新的银丝画系列产品,具有浓郁的民族特色和地方风格。

图 7-55 平填花丝盒(成都丽生银楼)

图 7-56 熊猫纹饰平填花丝盘
(道安银花丝工作室)

2. 西南少数民族花丝

云南、贵州地区主要以少数民族花丝工艺为代表。苗族人民喜好佩戴银制的头饰(图 7-57)、胸饰,耳饰、手镯(图 7-58、图 7-59)。他们的饰品在制作上讲究线条的形式感,以编、扭、掐、焊为主,构图上以对称居多,但是银丝的排列不尽规整,表现手法灵活随性,花丝图案以龙凤、图腾、花鸟虫草为常见主题。水族往往会在首饰中融入"万物有灵"的原始宗教思想,使花丝图案更容易为人们接受,也更具有水族花丝独有的质朴、真挚、灵动的审美特征(李颖臻,2016)。云南地区所见的白族花丝工

图 7-57 苗族头冠(贵州省博物馆)

艺制品,通常会镶嵌有象牙、珊瑚、玛瑙、绿松石等其他材料,以服装配饰、旅游产品和首饰居多,如腰带、手饰、项链、吊坠、勒子等,多为人们的日用品,少有陈设工艺品。傣族花丝工艺制品常常结合了当地人的生产生活和物产风俗,较为典型的是工艺品中漩涡纹的使用,该纹样和水纹较为相近,与傣族长期依水而居的生活习惯有关。此外受佛教文化的影响,云南地区有一些反映佛教文化的纹饰,如铜鼓、翔鹭、莲花纹、宝相花纹、大象纹等。

图 7-58 水族头簪（闫政旭）

图 7-59 水族耳饰（闫政旭）

3. 北派花丝

清代以后，部分手工艺人离开皇家宫廷作坊逗留北京，在继承和发扬宫廷手工艺的基础上，形成了当今独特的北京花丝镶嵌制作技艺。北京花丝镶嵌制作技艺在融合各地文化与技艺的基础上，发展出独有的宫廷艺术风格，它以编织、堆垒见长，还常用点翠、烧蓝等装饰工艺，使作品更为精美华丽，雍容富贵。北京花丝镶嵌制作技艺的花丝大致分为素丝、花丝、巩丝、小松丝、泡坯丝等 30 多种，而优秀的花丝手工艺人在实践的操作中还能不断创新花丝式样，丰富花丝的种类。用八个字来概括花丝工艺的基本技法，即为掐、填、攒、焊、堆、垒、编、织。这八种技法在具体的操作过程中可根据实际情况进行次序上的搭配，而镶嵌工艺主要分为锉、锼、崩、挤、镶等几种（颜建超等，2016）。

清代末年出现了许多花丝镶嵌工艺大师，其中河北的张聚伍有"花丝王"之称，由于手艺出众，他曾被传入宫中给溥仪大婚制作皇后的首饰，其作品曾在巴黎国际博览会展出，获得一致好评。张聚伍以掐丝人物而闻名，他手下的人物形象鲜活、线条流畅、栩栩如生。张聚伍是河北衡水从事金银细工的佼佼者，河北衡水也是清代主要的匠人聚集地，民国时期的银楼金店中所收徒弟也多为衡水子弟。当时匠人们不断开创新的工艺造型与技术，制作出许多国宝级精品，如大型摆件《南京长江大桥》《故宫角楼》《岳阳楼》《九龙壁》《龙凤插盘》等。这些工艺品享誉中外，成为花丝镶嵌工艺品中的"绝品"。这些曾经服务于皇室的宫廷手工艺人们，在融合以往文化与技艺的基础上，形成了当今独特的北京花丝镶嵌制作技艺。他的徒弟中多人成为第二代花丝镶嵌大师，如王树文（图 7-60）、程淑美等。这些大师不仅熟练掌握了花丝镶嵌的诸多工序，在设计构思上也更为讲究，较强的造型能力让他们在宗教神话题材和古典文学名著题材的创作中颇为得心应手。同时他们还注重吸收外来技术

图 7-60 生肖龙花丝镶嵌工艺品（王树文）

和艺术的养分,作品在精繁的技巧中更显丰满大气(唐克美等,2004)。

四、现代花丝镶嵌工艺

各地区的花丝工艺都有鲜明的特色,中华人民共和国成立之后,公私合营的出现,使得全国传统工艺得到了保护,花丝镶嵌工艺流程工厂化日渐明确,主要包括产品设计、制作胎型、花丝制作、黑胎检验、清洗、点银蓝、表面处理(镀金、镀银、镀铜)、组装嵌石、检验、包装等一系列流程(唐克美等,2004)。花丝镶嵌产品的生产流程复杂,其中以花丝制作最为费时费工,而精良的艺术性花丝工艺品制作工期更长,对匠人的要求也更高。

随着历史的变迁,信息传播的速度也越来越快,促进了文化的更新换代,花丝镶嵌工艺也在时代推动下发展变化。

在现代设计的大环境下,不断更新的先进制造技术,丰富了首饰的形式美与材质的多样性,教育者和相关从业者共同思考花丝镶嵌工艺在现代社会中的应用,以及花丝镶嵌工艺与首饰设计相互结合的新的发展方向。

中国地质大学(武汉)珠宝学院的任开老师,致力于探索传统花丝镶嵌工艺的当代释义,他的花丝作品《果·实》(图7-61)收录于中国工艺美术馆,该作品意在探讨金银制珠工艺的地域文化性,反思中华文化在工艺上的观物逻辑,利用工艺来表现文化;此外任开老师试图从另一个角度诠释"工艺"意义,他认为当"工艺"由名词转为动词时,在工艺世界的逻辑中,万物生长的过程就展现了每一种工艺特有的痕迹之美。他的花丝作品《工艺痕迹》(图7-62)主要运用了花丝工艺中"泡匹"的工艺形式来创作,以金属手工艺人的常用工具作为母形创作而来,并借用当代花丝工艺创作过程中留下的独特工艺痕迹纹理来表达工具与人内在关系上的特殊意义。

图7-61 《果·实》

图7-62 《工艺痕迹》

中国地质大学(武汉)珠宝学院的闫正旭老师,则将花丝工艺与其他民族优秀传统文化结合,将编、织、焊等技法运用到艺术创作中,实现了传统工艺的现代设计转译,鉴古但不泥古,展示了教育者在传统工艺中寻求创新的探索精神。他的作品《行"织"有道》(图7-63、图7-64)借鉴了中国书画艺术中最具代表性的行书、草书、骨法用笔的艺术及审美特征,将书画艺术中的线形、气韵、布局及格调等要素淋漓尽致地呈现在作品当中。《行"织"有道》的内涵弘扬传播了优秀的民族文化,是文化自觉与文化自信的全面呈现。

图 7-63　《行"织"有道》1

图 7-64　《行"织"有道》2

一些首饰从业者试图将 3D 打印成型、铸造翻模技术与花丝的形制相结合,在克服原有工艺难度的基础上,使设计形式更加多样化(图 7-65)。这些作品的花丝线精致规整,鲜有瑕疵,但是也有人认为这样的作品失去了手工艺的独特性,缺乏个性化劳动的痕迹以及微妙变化的美。还有一些手工艺人希望通过现代感的设计,使花丝产品能够实现商业化生产,让大众感受到花丝工艺的存在。例如 2014 年北京工美集团有限责任公司打造的《繁花》花丝手包(图 7-66),在 APEC 峰会期间作为国礼赠与各经济体领导人,引起社会各界对传统花丝技艺的强烈关注。北京工美集团有限责任公司后续推出的国礼《繁花》典藏版,一经发行便抢售一空,成为花丝工艺传播与发展的典范。

图 7-65　3D"龙凤套装"渲染图
（TR-3D 艺术工坊）

图 7-66　《繁花》花丝手包

五、总结

细金工艺的出现和不断发展是古人追求更美好生活的体现。当代社会经济井喷式的发展,就更加需要文化的助力来不断满足人民日益增长的对美好生活的向往。发展需要创新,创新离不开继承(任开等,2019)。

作为细金工艺的重要门类之一,花丝镶嵌工艺的历史沿革、风格特征、工艺流程以及工艺现状,具有它独特的发展轨迹。非物质文化遗产作为民族文化的重要传承,体现着民族文化的内核与灵魂,是人们在物质需求基础上的更高层次的精神追求。花丝镶嵌工艺作为我国重要的非物质文化遗产,通过教育者与相关从业者的传承创新得以保存和发展。

我国传统手工艺在经历了文化断层与机械化批量生产所导致的没落后,近年来已逐渐复苏。政府与民众意识到传统手工艺对于文化传承的重要性,开始加大关注度与抢救力度。"工匠精神"一词出现在政府工作报告中,这是传统手工艺转型的一个重大的信号。精益求精的"工匠精神"是一种传承,这种传承不仅是技术的传承,也是对中国传统文化的传承。

第三节 珐琅工艺

一、珐琅工艺概述

珐琅工艺因其制作繁复、所作器物精美,色彩清新瑰丽,故具有极高的艺术价值(图7-67)。也正因如此,能工巧匠们运用珐琅制作的工艺品,在很长一段时间内深受皇家青睐。如今,珐琅制品早已不再是特权阶级的专享,而是经常作为一种装饰用品出现在日常生活情景之中。同时,在重要外交场合,它也作为国家文化的代表以国礼形式馈赠外国政府、政府间国际组织等,例如2015年9月27日,中国政府给联合国赠送《和平尊》(图7-68)。

图7-67 珐琅作品(Llgiz Fazulzyanov)

图7-68 《和平尊》(新华网摄影)

明显的未完全烧融的痕迹,且玻璃也没有光亮的质感。到了埃及第十八王朝时期,从图坦卡蒙的金制面具中可以看出,除了大部分的金属外,其他蓝色条纹都是镶嵌的青金石,只有面具下颌处是镶嵌的玻璃。这便是早期的掐丝珐琅工艺。随着时代的发展,工艺的进步、传播以及各地区文化和其他工艺的结合等原因,珐琅工艺在后期得到了很大的发展,也产生出了许多各具工艺特色与区域特色的珐琅作品。

三、烧制珐琅的材料

珐琅工艺制品绚丽多彩的原因是其使用了各色的釉料(图7-70)。珐琅的釉料也称"釉药",是覆盖于金属制品表面的玻璃质材料。珐琅制品系指将瓷釉覆盖于金属胚胎上,经一定温度烧成的、金属与瓷釉的复合制品。珐琅制品既具有金属制品的强度特性,又具有耐腐蚀、装饰美和实用性等的特性(唐克美等,2004)。

珐琅主要原料,系指熔炼珐琅釉底料时选用的基本原材料,包括长石、石英、硼砂、硝石等;主要辅料,系指在熔炼珐琅底釉时,增添的附加料,用于辅助底料,使之提高珐琅釉的抗张强度和抗弯曲强度,以及增强颜色釉的鲜艳度。辅料有稳定剂、着色剂以及熔炼釉料时所必需的燃料等。将这些原料按不同比例混合后,置于坩埚中经高温熔化成液体,冷却后再经过研磨,便形成了珐琅釉料的基料。在基料(图7-71)的基础上,加入不同的金属氧化物或一定量的着色剂混匀,高温熔炼七小时左右即可烧制成五颜六色的釉料。

将各式釉料施加在金属胎表面,结合不同的制作技法,经高温烧制及后期处理,就能产生出丰富的艺术效果。随着制作技术水平的提高,各式各样的珐琅工艺也应运而生,有掐丝珐琅、画珐琅、空窗珐琅、錾胎珐琅等。

图7-70 珐琅釉料

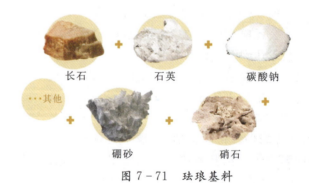

图7-71 珐琅基料

四、珐琅工艺的种类

1. 掐丝珐琅

掐丝珐琅(Cloisonné)是最为人所熟知的一种珐琅工艺,有着悠久的历史。"Cloisonné"的法语原意为"隔开",它描述了一种用金属丝将各种珐琅颜色间隔开的技术。在掐丝珐琅工艺中,先将细金属丝沿着装饰图案的轮廓弯曲,然后将它们附着(通常是焊接)到金属物体的表面上,形成微型隔断,这些微型隔断合并在一起,在它们之间形成小隔间。当代的珐琅制作者通常把金属丝与胎底表面的珐琅底釉通过再次燃烧结合在一起,接下来选择各种颜色的粉状珐琅釉料,将其填充在这些金属丝周围,经高温熔合到这些隔间中。一层一层慢慢地烧制珐琅,直到其表面与金属丝顶边齐平,冷却后对表面进行打磨抛光,以去除瑕疵并增加光彩(佟安荻,2020;图7-72)。

图7-72 《四海升平》(北京市工艺美术大师联手创作)

珐琅工艺随着社会发展,结合不同区域的民族文化、传统工艺等,逐渐在不同地区绽放出绚丽的光彩,也形成了珐琅称谓的多样性。珐琅一词在中国有许多称谓,如佛朗嵌、拂菻、景泰蓝等,景泰蓝是其中最广为人知的名称。在日本,珐琅工艺被称为七宝烧,是16世纪末,日本匠人在仿制中国景泰蓝的过程中,逐渐形成的具有日本本土特色的珐琅工艺。在东欧或俄罗斯地区,珐琅工艺又被称为"恰克图"。

1)景泰蓝

(1)景泰蓝的界定。景泰蓝,又称"铜胎掐丝珐琅",在中国数千年的优秀传统工艺美术发展史上,以其变化多姿的淳厚造型,精湛严谨的纹饰技巧,金碧交辉的迷人色泽,动人心弦的华美气韵以及流光溢彩的艺术韵律和独树一帜的民族风格,成为文化宝库中载誉世界的艺术珍品之一。景泰蓝属于金属工艺与珐琅工艺的复合工艺品,是人们对这一手工艺术品约定俗成的称呼。与世界其他国家和地区的珐琅工艺品相比较,中国景泰蓝(图7-73)在其形制、纹饰、功用、制作技巧等方面,都具有鲜明的民族特色。

图7-73 景泰款掐丝珐琅缠枝莲纹梅瓶(故宫博物院)

对于景泰蓝的界定以及产生的历史渊源,至今学术界还没有一个完全统一的认识。关于景泰蓝的界定,主要分为狭义的与广义的。广义上的景泰蓝应该包括所有的铜胎(或金胎、银胎)珐琅制品如掐丝珐琅、錾胎珐琅、画珐琅等,及其工艺制作方法特点。而狭义上的景泰蓝,则仅指铜胎掐丝珐琅或铜胎画珐琅(唐克美,2004)。

(2)景泰蓝的源流。一般来说,学术界将景泰蓝的产生归纳为三种说法。第一种,源自本土说。这种观点认为景泰蓝从一诞生就是中国人的创造发明。虽然这种观点被许多专家学者所否认,但至今仍有人坚持这一观点。第二种,源自外来说。随着对景泰蓝工艺的深入研究,较多的专家学者认为景泰蓝是自国外传来,认为西亚的"掐丝珐琅"、阿拉伯的"大食窑"可能就是我国明代景泰蓝的前身。第三种,源自综合说。该观点认为景泰蓝是在中国传统金属工艺的镶嵌、铸造、錾刻、错金银和彩釉复合工艺的基础上,又吸收外来的珐琅工艺而发展起来的(唐克美,2004)。

在中国传统工艺中,珐琅的运用历史悠久,早在春秋时期,越王勾践剑柄上就已经嵌有珐琅釉料;满城出土的汉代铜壶,壶体上也用了珐琅作为装饰。日本正仓院收藏的唐代铜镜,镜背花纹就涂饰有各色珐琅。这些资料反映出我国运用珐琅工艺的历史由来已久,只是由于各种原因,这种工艺制作未能继续发展,直至明代,才进入繁荣时期。景泰蓝能在明代有极高的艺术成就,主要原因在于元末明初,中国已经具备了成熟的铸铜等冶金技术以及玻璃、琉璃釉的烧造技术,所以,当阿拉伯地区的金属胎起线珐琅烧造技术传入后,铜胎掐丝珐琅技术就被当时工匠所掌握,并且迅速与中国的传统工艺相融会,发展成为中国传统工艺美术领域中的经典代表之一。

尽管对中国景泰蓝的起源,学术界有着不同的认识,但是随着越来越多文物的出现和专家学者对此内容研究与实践的深入,相信学术界一定会对景泰蓝有越来越多的发现和更深的认识。

(3)景泰蓝的定义。景泰蓝一般以红铜做胎(少数以金或银为胎),胎子成型后,根据装饰图案所需,用铜丝掐、掰出纹样,再粘到胎体表面,并焊接在胎上。然后将五颜六色的珐琅釉料填入凹陷的花纹中,经过入窑焙烧,珐琅釉就熔化在器物上,因釉料熔化后会收缩,所以填釉、焙烧的工序需要重复多次,才能使珐琅釉完全充分地填平于丝的凹陷位置。烧好之后,还要进行打磨、镀金等工序方可成器。

(4)景泰蓝的制作工艺。景泰蓝制作工艺复杂,工序繁多,既运用了青铜和瓷器工艺、又融入了传统手工绘画和雕刻技艺,其制作而成的工艺品具有浑厚凝重、精致细腻、富丽典雅、金碧辉煌的艺术特色,具有独特的民族艺术风格和深刻的文化内涵,堪称中国传统工艺集大成者。

景泰蓝的制作过程是先将延展性强的紫铜片按预先设计好的造型图制成铜胎,随后工艺师在铜胎器形上面作画,用轧扁后的细铜丝在铜胎上根据所画的图案掐掰、粘出相应的花纹,然后用色彩不同的珐琅釉料填入图案中,需经过反复点蓝、烧结,再经磨光、镀金等工序制作而成。制作一件精美的景泰蓝制品,需要经过设计、制胎、掐丝、点蓝、烧蓝、磨光、镀金等多道工序(图7-74)。

①设计:景泰蓝的设计包括造型设计、纹样设计、色彩设计等。景泰蓝设计受到胎型、丝工工艺和釉料的限制,纹样线条疏密都有自身的严格要求,因此它要求设计人员既要具备一定的美术功底,还要熟悉景泰蓝的各种制作工艺,同时了解各种原材料的性能,以便在创作构思时充分考虑制作工艺的特点,通过器物准确表达设计意图,产生整体和谐的美感。

②制胎:制胎是景泰蓝产品的器形制作环节,按照设计的造型,用紫铜板经由剪裁、捶打等工序制成各段胎型,再将各段胎型衔接,上好焊药,经过高温焊接,焊合成为完整的铜胎造

图 7-74 景泰蓝制作过程(新华网摄影)

型。明清两代有铸胎、剔胎、錾胎工艺,现今仍在沿用,现在部分制胎还利用机械进行车、压、滚、旋等工艺,实行半机械制胎。

③掐丝:掐丝是景泰蓝制作中较关键的工序,是用镊子将压扁了的具有韧性的细紫铜丝按图案设计稿,掐、掰成各种精美的图案纹样,再蘸上白及粘附在铜胎上。掐丝工艺的要领是丝要掰得流畅准确、粘得平整,然后筛上银焊药粉,经900℃的高温烧熔,将铜丝花纹牢牢地焊接在铜胎上。掐丝工艺巧妙,掐出生动流畅、富有神韵的装饰纹样绝非易事。

④点蓝:点蓝即是上釉,点蓝是景泰蓝制作中最重要的工序。将焊好丝的胎体经过酸洗、平活、整丝后便可进入点蓝工序。用蓝枪(金属小铲)或吸管把各种碾细了的珐琅釉料根据装饰纹样的色彩进行调制后,填入丝纹空隙中,经过700~800℃的高温焙烧,粉状釉料熔化成平整光亮的釉面。一般要反复进行两次至四次的上釉、焙烧,方能使釉面与铜丝大致相平。漂亮的釉色附着在铜胎上,器皿表面呈现华丽典雅、五彩缤纷的图案。

⑤烧蓝:烧蓝是把点上釉料的器件放入炉温700~800℃的高炉中焙烧,使蓝料色釉由砂粒状固体熔化为液体,熔化凝结在铜胎和花丝上,熔化的色釉冷却后成为固着在胎体上的绚丽的色釉。首次烧制的色釉会低于铜丝高度,所以得再填色釉并再次入炉焙烧。一般要连续烧制 3~4 次,直至纹样内色釉与掐丝纹相平为止。在烧蓝时,要把握好炉温,这是景泰蓝制作中最关键的一环,俗称"火中求财"。

⑥磨光:磨光工艺,又叫作"磨活",分为刺活、磨光、上亮等程序,有手工磨光和机械磨光两种方法。釉色经过点蓝、烧蓝后固定在胎上丝纹中,但并不平整,磨光是用金刚石、黄石、木炭分三次将凹凸不平的蓝釉磨平,将釉料的大约 2/3 磨去,留 1/3。所有不平整的地方都需经补釉烧熔后反复打磨,最后用椴木炭、刮刀将没有蓝釉的铜线、底线、口线刮平磨亮,使器件表面平、整、光、滑、亮。把经过二次烧制的产品用金刚砂磨平叫刺活,用黄石、椴木炭磨活叫磨光。磨活是整个景泰蓝生产工序中最苦最累的一道。手工磨光是历史上沿袭下来的生产方式,现在一般采用电动磨光机,节省了大量人力,但异形器件仍需要传统的手工磨光。

⑦镀金:镀金是景泰蓝生产工艺中的最后一道工序,是为了防止器件氧化,使其更耐久

美观,而在器件的表面镀上一层黄金。它的工序是将磨平、磨亮的景泰蓝经酸洗、去污、沙亮后,放入镀金液槽中,而后通上电流,几分钟后黄金液便牢牢附着在景泰蓝金属部位上了,再经水洗冲净,用锯末蚀干。干燥处理后,整套的景泰蓝生产工序就宣告完成,一件斑斓夺目、金碧辉煌的景泰蓝就诞生了(段岩涛等,2016)。

(5)景泰蓝工艺的艺术特点。景泰蓝工艺的艺术特点简短来说可用"形、纹、色、光"四字来概括,其中最突出的就是纹饰与色彩。

景泰蓝在纹饰上常运用具有民族特色的传统吉祥图案,如牡丹、莲花、龙凤等,与我国传统白描作品有异曲同工之妙,即强调线条的圆润细腻、布局的繁密有序、层次的清晰分明(图7-75)。在题材方面,明清时期景泰蓝内容比较广泛。宣德年间制品上的图案有菊花、蕉叶、饕餮、缠枝莲、花鸟。到景泰年间,新出现了葡萄、火焰、云鹤、狮子戏球、龙凤、山水、亭台楼阁、人物、鱼虫、果实等。清代除应用上述题材外,以八宝吉祥图案为题材的也不少。宣德、景泰年间的景泰蓝制品还常用一种类似波斯菊的纹样作装饰,这种菊花纹样起初常被用来作主体装饰,后来渐渐地只被用作器物的口、边、盖及底部等不太显著部位的装饰(图7-76、图7-77)。

图7-75 《八十七神仙卷》局部(吴道子)

图7-76 三线桶子瓶设计稿(唐克美等,2004)

图7-77 盖碗形瓶设计稿(唐克美等,2004)

在色彩上，景泰蓝色彩风格吸收了我国织锦艺术、建筑彩绘艺术中的部分色彩效果，并使它与本身的金属工艺、掐丝技艺特点紧密结合，发挥了绚丽釉彩的特色。景泰蓝在金属胎面上布满金属丝纹样，金光辉映闪烁的纹样呈现出富丽堂皇的效果。然后在用色上有意识地强化这一效果：以鲜明的颜色作地，再以几种主要对比色小面积地穿插点缀，反复使用，这样既分散又集中，使画面绚丽多彩，让金属工艺产生了具高度艺术魅力的独特效果。相反，如果在用色方面大面积地上色，多朵花头部都用一色敷之，就会显得单调呆板、缺乏生气，大大削弱了由金属丝组成的热烈气氛。

景泰蓝色彩以蓝色居多。因为在早期景泰蓝烧制过程中，蓝色釉料稳定性强，而红色、黄色、绿色等釉料的稳定性相对较弱，饱和度和明度容易降低，因此蓝色作为主色被大量运用，这也是景泰蓝称谓中蓝字的由来（图7-78）。

图7-78 景泰蓝色卡图（故宫博物院）

景泰蓝从造型上看，朴实、富丽、典雅，以乾隆时期作品为代表。一件完整的景泰蓝器物造型，通常是由多个部件焊接组成。在部件与部件之间，大小、长短、曲直等都必须恰如其分。

（6）小结。一件精美的景泰蓝制品，首先要有良好的造型，这取决于制胎；还要有优美的装饰花纹，可通过掐丝工艺实现；华丽的色彩取决于釉料的配制；辉煌的光泽由打磨和镀金工艺展现。我国历史悠久的传统工艺美术，是形成景泰蓝民族风格的良好基础。景泰蓝继承并汲取了青铜艺术、金银错镶嵌艺术、陶瓷、织锦刺绣艺术的精华，构成了绚丽多彩、富有民族气息的鲜明艺术风格。

景泰蓝制品形体可大可小，可繁可简。大的器物既不失青铜器的气概与魄力，又比青铜器轻巧富丽。小的可模仿瓷器的造型，清秀可爱，却比瓷器坚固。掐丝效果既具有金银错优美辉煌的特色，又比金银错丰富华丽。釉料色彩和镀金不仅有丝绸织锦繁华艳丽的效果，而且有瓷器般明亮、润滑的质感。可以说，景泰蓝综合了自青铜器以来我国多种民族传统工艺的艺术特色（唐美克等，2004）。

2）七宝烧

（1）七宝的由来。七宝烧是日本人对珐琅工艺的一种尊称，它源于佛教经典之一的《阿弥陀经》中所记载的"金、银、琉璃、玻璃、砗磲、赤珠、玛瑙"这七样宝物。对于日本珐琅匠人而言,七宝烧与佛典中的七种宝石一样光辉灿烂。

据记载,16世纪末(即日本庆长年间),日本工艺美术家及工匠们在模仿学习制作中国景泰蓝(珐琅器)工艺品(明代万历年间创制)时,于不经意间竟然制造出了具有自己民族风格的艺术品,并为其命名。至此,日本七宝烧和中国景泰蓝成为世界工艺美术中的一对姊妹艺术,从而成就了一段流传至今的艺术交流和相互学习的佳话。

作为日本特有的传统艺术,从创制之初,七宝烧即体现出其独特魅力。它以金属为胎,表面装饰以石英为主,并配合其他颜料烧制而成。七宝烧具有器形规整、胎骨轻薄、釉料细腻、色泽明快、璀璨华丽、纹样典雅、线条纤细等诸多特征。由于七宝烧铜或银胎之上的玻璃质釉脆薄,怕震怕摔、极易断碎,早期七宝烧制品,除官方博物馆等机构收藏外,流于民间保存完好的器物现已难见难得。七宝烧集中体现了日本珐琅工艺独特的民族特点和辉煌的工艺成就,所以它一直是日本在国际外交关系中的首选礼品,将七宝烧作为国礼赠送给其他国家领导人(张福文,2017)。

(2)七宝烧釉料。七宝烧釉料是指七宝烧制品的表面物质,还有釉、料、绘材等。釉料的主要原料包括硅石、铅丹、硝酸钾以及其他成分的调和剂,主要的三种原料呈乳白色透明状。由于烧制温度以及釉料的流动性,还需要添加硼砂等原料,如加入亚砷酸、氧化锡、氟化钠等,就可制作出不透明或半透明的釉料。另外,涉及颜色问题,可以加入金属化合物调合成彩色的釉料。金属氧化物作为釉料的着色剂相当于染布时所用的染料(高桥通子,2019;图7-79)。

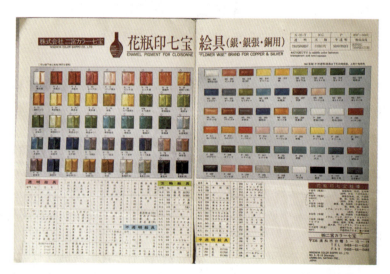

图7-79 七宝烧釉料色卡

釉料的本质是玻璃,然而七宝烧和陶瓷器有所不同,它是通过快速加入或快速冷烧制作而成的。物体在烤炉中会随着温度的变化而出现体积膨胀等状况,而取出后又会在空气中随温差而收缩。正因材质在膨胀系数方面的差别,釉料与普通玻璃又有所区别。

七宝烧釉料从性质上可划分为透明釉料、半透明釉料和不透明釉料等。透明釉料多用

二、珐琅的起源

珐琅工艺历史悠久,通俗来讲珐琅就是可涂覆并熔结在金属表面的一种玻璃质彩料。古埃及人就曾研究与玻璃相似的釉料,将其熔化之后裹附在陶器和石英上,成为玻璃和珐琅釉料最早的起源。古代的手工艺人使用玻璃和珐琅是因为他们可以用珐琅替代首饰或礼仪用品中名贵的宝石。珐琅作品中的颜色最早是用来仿制特定宝石的:如钴类颜料可以替代稀少的青金石,不透明的蓝绿色珐琅可以替代绿松石,红棕色珐琅可以替代石榴石或玉髓。在珐琅艺术品出现之前,古代艺术家就已经对玻璃情有独钟了。古希腊人在碎玻璃上钻洞使其串联,制成项链或其他首饰,并且他们已经掌握了铸烧玻璃的技术。公元前2000年,金属工匠已能成熟地使用铜,并可以焊接金银了。这些都为珐琅艺术的初步发展奠定了基础(琳达·达尔蒂,2015)。

首先来论述一下玻璃工艺的发展状况,张夫也教授(2004)在《外国工艺美术史》中写道:"一般认为,玻璃是古埃及人的发明创造,后经阿拉伯传入世界各地,这是因为迄今为止,最古老的玻璃材料和制品皆发现于埃及。"璃浆的制作可以追溯至公元前3000年前,原始状态的玻璃是由灰沙和碳酸氢钠的混合物加热制成的。一直到新王国时期,才逐渐出现了玻璃着色技术。最开始是在铜金属中提取色料,使玻璃呈现出蓝色与绿色的效果(蓝色稳定性强,故较常使用在玻璃着色之中),之后随着制作水平的提高,出现了越来越多的颜色,如红色、黄色、白色等鲜艳明亮的色彩。我们可以看到埃及第十八王朝至第十九王朝时期的玻璃,色彩丰富、绚丽且极具形式美感,可见当时的玻璃工艺正一步步地走向成熟,并开始了玻璃与金属融合的早期尝试。

其次我们来论述一下金属工艺的发展状况。金属工艺历史悠久,尤其是在两河流域。早在公元前50世纪中后期至公元前3000年,苏美尔人就已经掌握了铜、银等金属的加工冶炼技术。公元前2500年左右,苏美尔人金饰中的圆盘就是采用掐丝工艺制作完成的,其金属工艺技术达到了很高的水平。

最后我们再来论述一下珐琅工艺的由来,珐琅工艺的产生必须具备两个基本的前提:其一是成熟的玻璃工艺,其二是成熟的金属加工工艺(傅永和,2021)。在此基础上,最早的珐琅工艺制品便诞生了。从普阿比女王墓中出土的约公元前2500年的首饰中(图7-69),我们可以看出早期的人类将玻璃镶嵌于金属之中,但是这个时期的此种工艺并不是真正意义上的珐琅工艺,而是人类将玻璃工艺与金属工艺相结合的最早尝试。直到古埃及人开始了对珐琅工艺的探索,才真正意义上有了珐琅工艺的雏形。在公元前10世纪古埃及Nubian女王墓中出土的手镯,虽然已经出现了热熔玻璃镶嵌的工艺,但是却能看出

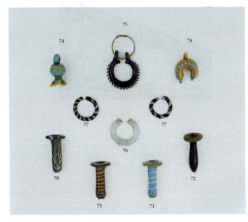

图7-69 埃及第十八王朝和第十九王朝时期的玻璃工艺(大英博物馆)

铜胎或银胎,相当于透明玻璃,在透明釉下能显现出不同颜色与花纹,颜色与颜色之间的重合又产生出新的色泽,常用于雕金七宝技法中;不透明釉料在烧制后,效果如瓷砖一般,底部色彩与纹饰被遮挡;半透明釉料介于透明与不透明之间,在釉色下面能依稀看出底部色彩与花纹(图7-80、图7-81)。

图7-80 《霞红梅》(宫川俊江)

图7-81 《石解》(宫川俊江)

(3)有线七宝烧的制作技法。七宝烧按其工艺制作方法的不同,主要分为有线七宝烧和无线七宝烧两种。伴随其制作工艺的不断发展,近现代又产生出了透明七宝烧、省胎七宝烧、透胎七宝烧、盛上七宝烧和罩釉七宝烧等。在数种七宝烧工艺品中,以有线七宝烧的制作最为复杂与考究,故此也最显珍贵。

有线七宝烧的制作过程同景泰蓝相似,即以金、银、铜等金属为胎,用压制好的金属丝掐、掰出各种图案的轮廓,再将其焊在金属胎上,根据图案所需涂上各色珐琅釉料,经高温烧制后磨光、镀金而成。其制作过程需要30多道工序,其中主要工序有七道:制胎、掐丝、烧焊、点釉、烧釉、打磨和镀光。各道工序中最为复杂的是掐丝和点釉技术,烧釉和打磨一般比较多。所用珐琅颜色比较多,主要有红色、橙色、黄色、绿色、青色、蓝色、紫色等。一般来说,单色七宝烧较为少见。

有线七宝烧和我国景泰蓝从表面上看,其掐丝工艺差异并不大,但实际上两者有着本质的不同(图7-82)。首先,景泰蓝的掐丝工艺多用紫铜丝,而七宝烧多用银丝。在柔韧性和硬度上,紫铜丝与银丝有着较大的差异,这就直接决定了两者掐丝所用的工具及工序的不同。掐丝需要使用特殊的镊子辅助造型,景泰蓝常用的镊子是平口,镊子顶端平行且粗细一致,掐丝时多用侧面根据造型折弯,俗称掰丝。七宝烧常用的镊子是尖口的,镊子呈锥形,根据设计稿用镊尖将丝弯曲成所需造型。另外,景泰蓝掐丝常将多根细丝拼成一排,多用白芨胶粘连,俗称鳔丝。

图7-82 《蓝》(宫川俊江)

最后用铜焊丝经过高温烧焊在胎体上,然后在掐好的丝之间填充珐琅釉。而七宝烧掐单丝后直接拼接组合,掐丝造型自由多变。七宝烧的掐丝是直接用海藻胶粘在带釉的胎体上,然后通过均匀撒釉,再次通过高温将丝烧结牢固,最后在掐好的丝里面填上各种不同釉料。

因景泰蓝釉料的弹性小,烧成后所占范围小,与金属烧结时,兼容性相对较差,因此掐丝必须以密丝为主,即丝与丝之间的空隙不能过大。如果掐丝过疏,釉料容易在烧制后剥落,这也决定了景泰蓝的装饰纹样都比较繁复。七宝烧釉料弹性相对大,烧成后所占范围大,与金属烧结兼容性相对较好,因而掐丝可以做到疏密有致,可兼顾图案与绘画两种装饰风格。景泰蓝掐丝必须密集平均,其装饰纹样以平均分割的形式或平铺图案为主,这些工艺细节的差异直接影响了两者在艺术风格上的不同追求(张福文,2017)。

(4)省胎七宝烧。19世纪50年代省胎七宝烧由川初先生创立,他是日本省胎七宝烧第一人,遗憾的是,他没有存世作品。随后日本名古屋七宝烧匠人加藤,师从川初,学习省胎七宝烧的烧制技法,尽管当时的条件极其艰苦,但他仍然一心一意地研究和制作省胎七宝烧。20世纪70年代,其子加藤耕三子承父业,继承父辈衣钵成为"省胎七宝烧第三人"。

省胎七宝烧最大的特点就是作品效果晶莹剔透,宛如教堂玻璃。但其制作难度较高,且在制作过程中经常出现破损的情况。省胎七宝烧也称脱胎七宝烧,是以铜胎为底,用细银丝制成各种图案纹样,再施以天然矿物七宝釉料,经烧制成型,后在釉面上施加耐腐蚀涂层,再将整个器物放入酸中腐蚀,待胎骨完全消失,去其表面防腐涂层,打磨抛光至釉面平滑,呈现出玻璃光泽感,从而显现出亮丽独特的艺术效果(图7-83)。

图7-83 《樱花瓶》(加藤耕三)

省胎七宝烧在制作时,首先要用稀释后的硫酸去除铜胎内外污渍和氧化物,并用清洁剂清洗干净;铜胎外刷涂浅淡蓝色釉料,干燥后入窑烧制,形成底釉;在铜胎上绘制花纹,并根据图案花纹掐制图形,掐制完成后均匀刷上固定釉,干燥后850℃入窑烧制,之后进行填釉,由于釉料的收缩性,所以填釉、烧釉的过程要反复多次,直至釉料均匀且色彩效果达到预期效果为止。烧制完成后的作品还需要进行打磨与抛光等,直到出现靓丽的光泽。最后,在制品表面盖以保护膏,放入氧化亚铁加硝酸的液体中浸泡,铜胎全部融化后取出,水洗,对制品内部进行打磨,再出去保护膜后,一件精美的省胎七宝烧作品便诞生了(王印,2018)。

(5)小结。至今,七宝烧在日本创立的历史已有500年,其间产生过各种流派。七宝烧艺术在日本最鼎盛的时期,为19世纪末至20世纪初,此时七宝烧的产地也较多,但京都地区最为著名。现今京都仅存全日本唯独一家"并河七宝烧博物馆"和"安藤七宝烧"传统工艺作坊。

3) 恰克图

在俄罗斯或东欧地区,珐琅工艺又称为恰克图工艺,也是金银细金工艺的一种,同时也是这一类珐琅制品的称谓。追溯其渊源和历史,此工艺应该发明于中世纪的西亚,因精湛的工艺、精美的造型和绚丽的色彩风靡欧洲大陆。到了中世纪晚期,由于西亚战争四起,这一类作品和工艺在世界范围内销声匿迹。

恰克图制品的装饰图案和器物造型模仿中世纪欧洲的工艺风格,所制作的器物呈现出图案与色彩相互交织的绚丽风格。这一工艺经由俄罗斯恰克图小镇互通贸易传入中国后,能工巧匠们对其进行了改造与创新,同时结合中国传统花丝镶嵌工艺,使恰克图工艺有了全新的面貌。

恰克图器物造型多样、种类繁多,可用于装饰茶壶、收纳盒等小物件。恰克图工艺釉料配色丰富、绚丽,多为透明料,以银色、金色为底上面浮现出七彩的颜色,每件工艺品都令人爱不释手。

恰克图工艺品的色彩美丽的原因:其一是工艺技法的多种配合,在银质地上起丝后填满釉料,烧制完成后并不打磨,甚至釉料高于银丝,高低错落犹如浮雕,有的细节部位在釉料填满后用勾线笔描绘,有种画珐琅之感。其二是关于起丝。恰克图工艺的丝与景泰蓝的丝有很大不同,恰克图工艺的丝采用两股细银丝拧成麻花后再进行掐丝,用麻花状银丝围出的图形视觉上体现出比单丝更多的层次感,整体来看也更富有细节。中国大厂地区制作的恰克图工艺品也常借鉴花丝工艺,这也是由工艺的共通性决定的。勤劳智慧的中国人懂得将不同工艺结合,从而碰撞出艺术的火花(图7-84、图7-85)。

图7-84 恰克图作品

图7-85 恰克图作品局部

而且,恰克图工艺自古既传承了拜占庭风格,又融入了东欧民族的装饰艺术,其最特别之处就在图案的构成上。综合来看,构成图案多为卷草纹等植物花卉,轴对称图案居多,崇尚自然、美丽、舒展,贵族气息浓重。同样的繁复花纹构成却没有洛可可式的矫揉造作之感。银质地的恰克图工艺品有后期镀金的,也有后期镀银的,呈现出两种不同的感觉,银色工品整体肃静端庄,金色工艺品整体富丽堂皇。如今中国大厂地区生产的恰克图工艺品,也有着此种风格,出现了脱胎恰克图工艺及半透明的恰克图工艺品。

如今恰克图工艺在西亚已经失传,而中国的恰克图工艺也已经融入了浓郁的中国风,形成了独特的中国特色。就工艺来说,恰克图贵金属的选材使用就奠定了此产品的用途,它区别于一般饰品,有一定的保值作用,且就工艺本身来说也是一种独特的设计语言,对恰克图工艺的研究有一定的学术价值和历史意义(吕晓晨,2018)。

2. 画珐琅

1) 画珐琅的定义

画珐琅,英文为"Enamel Painted",它是一种采用透明珐琅釉料、以绘画的方式在金属或材料上进行装饰的技法。画珐琅工艺的制作方法是先于金属胎上均匀涂施珐琅釉,入窑烧结后,再以各色珐琅釉料绘制图案,经焙烧而成。在施釉时要确保釉料细腻、釉面平整干净。这一工艺对绘画技术要求很高,好的画珐琅作品能够达到类似油画的效果,所绘图形既形象逼真又精巧细致,且具有颜色绚丽、质地坚硬与耐磨损等特点(图7-86)。

2) 画珐琅的由来

从历史看,画珐琅技术起源于法国的利摩日,该技术在15世纪至16世纪得到了蓬勃发展,因此画珐琅又被称为利摩日技术。早期大部分的珐琅艺术家将彩色插图手抄本、插图书籍、雕塑、宗教绘画亦或是彩色玻璃作为他们的设计元素来源。直到15世纪末到16世纪初,珐琅艺术家们才逐渐摆脱了宗教艺术题材,开始涉及人物肖像与世俗生活等。随着社会发展,珐琅艺术家们利用画珐琅工艺,可以制作出更加精致,造型更加独特的艺术品。

图7-86 画珐琅(Llgiz Fazulzyanov)

17世纪末,画珐琅工艺品由西方传教士与商人经贸易往来与文化交流传入中国。当时这种西洋引进的画珐琅被称为洋瓷。起初民间作坊烧制是为了外销,后来由于王宫贵族的喜爱与需要,这种工艺被引进皇宫,并成为一枝独秀的艺术品。中国画珐琅的烧制起于康熙,兴于雍正,当时的画珐琅风格是纯中国式的,其彩绘题材以花卉翎毛为主,山水为辅,无论是渲染、勾画、笔法都源自正宗的国画风格。到了乾隆年间,画珐琅的创作发生了很大的变化,一是所绘题材的拓展,二是画风的变化,大量的西方题材和绘画技法得到应用。此外,当时的画珐琅器物又巧妙地融合了掐丝珐琅与内填珐琅的工艺特点,使其更具艺术观赏性(图7-87)。

在我国画珐琅艺术品中,另一个重要的分支,就是瓷胎画珐琅,也称珐琅彩瓷。珐琅瓷又被称为古月轩,它是一种极为名贵的宫廷御用瓷器,最早从康熙年间开始烧制,它是由仿制铜胎掐丝珐琅器衍生而来的。它的制作过程,通常是先在景德镇用高温烧成白瓷,然后送至清宫内务府造办处烧制低温烧制而成。它与一般的彩瓷不同,所用的彩料为进口的油彩(吴忆秋,2003;图7-88)。

对于画珐琅工艺,我们也可以根据绘画技法和所用珐琅釉料进行划分,如纯灰色画珐琅、水彩或丙烯釉料画珐琅等。

图7-87 乾隆款金胎掐丝珐琅嵌画
珐琅执壶(故宫博物院)

图7-88 乾隆款画珐琅五福捧寿纹
夔耳活环瓶(故宫博物院)

纯灰色画珐琅技法可以说是最早真正意义上的画珐琅工艺技术。纯灰色画来自法语单词"Gris",意思是灰色,这也表明纯灰色画珐琅的作品主要为灰色调。其制作方法是先于金属底胎背面烧制一层反衬珐琅层,在正面烧制一层黑色珐琅底料,在底胎上薄薄筛涂不透明白釉料(不同白色釉料使用不同材料制成,锑白最适合纯灰色画技术),并待其干燥,对于想保留的黑色线条部分或区域,可以划擦掉多余的白色釉料,然后把多余釉料吹掉或用小刷子刷掉。使用貂毛画笔(普通毛笔也可),将白色、纯灰色画釉料涂在底釉顶部来提亮灰色调。每上一次釉料就要烧制一次。随着白色釉料的多次涂绘和烧制,相应的区域会显示出更亮的颜色,直到达到纯白的效果,当它的亮度达到预期后,还需要再高温烧制一次,使作品的色块边缘柔化,促使白黑融合产生灰色的颜色效果。

水彩或丙烯釉料画珐琅技法,采用同样的步骤:首先是制作一个金属底胎,先在背面施加一层自己所喜欢的颜色,再在正面筛涂白色或浅色的釉料。当使用水彩釉料时,需要将软毛笔打湿,按所需的颜色进行调色,可以把这些所需颜色釉料就像画水彩画一样先盛在水彩托盘上,然后一遍一遍淡淡地涂在提前制作好的浅色或白色底胎上。分层逐步进行烧制,这样能使透明的效果更明显,从浅色到深色进行绘画,每次绘画结束,必须等釉料干透后才可以进行烧制(刘畅,2018;图7-89)。

3) 微绘珐琅技法

微绘珐琅是画珐琅中一个重要的部分,它的制作技法起源于15世纪中叶的欧洲。微绘珐琅的制作不仅仅是对手工艺人技艺和心灵的考验,更是对手工艺人绘画艺术的巨大挑战。一件精美的微绘珐琅作品在制作时,由于没有固定的图案轮廓辅助,所以纯靠手工艺人的一双巧手,手工艺人要同时精通各种不同釉料在烧结前后的颜色变化以及不同釉料在不同温度与时长之间的变化。画珐琅属于较难的珐琅工艺,而微绘珐琅更是画珐琅中最难的一种。

图 7-89　微绘画珐琅（雅克德罗）

现代微绘珐琅主要集中在珐琅腕表的制作上，使拥有珐琅的表盘既有珠宝般的华丽、陶瓷般的细致，又有白玉般温润。最重要的是，珐琅表盘并不会随时间的推移而变得暗淡无光，当岁月流逝，珐琅表盘依旧熠熠生辉。而且微绘珐琅工艺必须由手工艺人纯手工完成，报废率极高，每一件微绘珐琅作品都是真正意义上的孤品。即使同一个人、同一主题、同一釉料，在每次绘制时候都会有一定的细微变化。这种不可复制性，让无数钟表收藏者为之倾倒（张然，2013；图 7-90、图 7-91）。

图 7-90　画珐琅"微绘老虎时分小针盘"（雅克德罗）

3. 空窗珐琅

空窗珐琅，又称透光珐琅、透底珐琅、透空珐琅等，属于难度较大的一种珐琅工艺，通常使用透明釉料，其胎体为镂空形式，两面通透，用此工艺制作而成的作品在光线下，呈现出如教的彩色玻璃一样的通透质感，而金属丝就像窗棂，所以被称为空窗珐琅（图 7-92、图 7-93）。

空窗珐琅常用的制作方法有两种：一种是在金属底胎上通过剔、锯、镂等方式制作出多

图 7-91　画珐琅"微绘老虎时分小针盘"局部（雅克德罗）

图 7-92　空窗珐琅工艺 Lady Arpel
（梵克雅宝）

图 7-93　空窗珐琅工艺时分小针
盘腕表（雅克德罗）

个空洞,再在空洞里每次挂少量釉入窑烧制,反复多次后直至完全填满后烧制而成,具有透空彩色花纹的造型;另一种是依附于金属底胎进行掐丝,在掐丝纹样里填烧釉料,再用腐蚀溶液把金属胎底腐蚀掉,只留下掐丝珐琅的无底胎的造型,这种工艺方法在日本也称作省胎珐琅。制作空窗珐琅,可以在填釉后,在透空处垫上云母片或铜片托底,再入窑烧制。云母片是为了防止釉料跌落,但在实际操作中也可以不用垫片。通过掌握好物件的角度、入窑后釉料的融化程度等,很大程度上能够有效地避免釉料流淌或者跌落（琳达·达尔蒂,2015）。

空窗珐琅工艺历史悠久,起源于公元 6 世纪的拜占庭帝国,后来此工艺被基辅罗斯传承,在 13 世纪蒙古入侵期丢失。后西欧延续此工艺,而后 16 世纪时,空窗珐琅在西欧和东欧没落。空窗珐琅在几千年中经历了许多变化和创新,每一次发展都赋予了空窗珐琅新的生命力。19 世纪初期,空窗珐琅在新艺术运动中得到了充分的应用和发展,出现了许多杰出的艺术家,如 Rene Lalique 等,并创作出了众多有代表性的透光珐琅作品（琳达·达尔蒂,2015;图 7-94、图 7-95）。

图7-94 空窗珐琅《蜻蜓女人》胸饰
（雷诺·拉利克）

图7-95 空窗珐琅《蜻蜓女人》胸饰侧面
（雷诺·拉利克）

4. 錾胎珐琅

錾胎珐琅工艺顾名思义，是用金属雕錾技法制胎的珐琅工艺。錾胎珐琅的具体工艺过程是先在已制成的金属胎上，按照图案设计要求，运用金属雕錾技法，在纹样轮廓线以外的空白处，进行雕錾减地，再在其下凹处点施珐琅釉料，经焙烧、磨光、镀金而成。

錾胎珐琅作品具有光滑的表面，而其明暗的色彩关系是由釉料分布于胎底表面的厚薄决定的。凹进部积累较厚珐琅层，颜色相对较暗，而凸起部位上覆盖的珐琅层较薄，因而颜色更浅。錾胎珐琅与内填珐琅的主要区别在于，錾胎珐琅要让胎底表面的图案肌理整体被透明珐琅覆盖，无论高低起伏（因此也被称为透底珐琅）；内填珐琅只在金属凹部填充并烧制珐琅，凸起的部分始终裸露。由于制作錾胎珐琅通常使用的金属是金或银，因此光线通过半透明的珐琅反射回去，使珐琅增添了鲜明的色调及质感，就像阳光可以增强彩色玻璃窗的美感一样（图7-96、图7-97）。

5. 现代创新技法

除了传统的珐琅工艺，近年来，珐琅工艺又得到了进一步的发展。新工艺对于初学者来说也更容易掌握。利用创新技法所做的珐琅作品非常有趣，具有很强的艺术气息。首饰设计师将传统珐琅工艺与现代创新技法相结合，在保留核心工艺的基础上使珐琅作品更加现代化，提升了珐琅作品设计的创新性（图7-98、图7-99）。

1）贴箔烧制技法

贴箔烧制技法是利用金箔、银箔剪出所需形状，放置到特定的位置，经焙烧使其与釉料结合在一起。纯金箔或纯银箔可以起到加强透明珐琅光泽效果的作用，使贵金属浓厚的色彩可以透过珐琅展现出来（图7-100、图7-101）。用来作釉烧的箔片一般非常薄，且容易加工剪切，因而适用于珐琅器表面。裁剪金箔、银箔的方法是把设计好的图案描在一张硫酸纸

图7-96 錾胎珐琅《太平有象》
（故宫博物院）

图7-97 乾隆款金胎錾胎珐琅嵌画
珐琅执壶（故宫博物院）

图7-98 现代创新技法珐琅
作品1（闫政旭）

图7-99 现代创新技法珐琅
作品2（闫政旭）

图7-100 贴金箔烧制技法珐琅1（GIC）

图7-101 贴金箔烧制技法珐琅2（GIC）

上,再拿一张硫酸纸把箔片夹在中间,按图案用极锋利的剪刀剪下纸和箔片。在把箔片铺到釉料上之前,要用针扎一些小窟窿,以便釉料中的蒸汽溢出。在打底的珐琅上要刷或喷一薄层黄芪胶,用一把湿刷子蘸起箔料,放在设计的位置,用刷子刷平。胶干了之后,将工件加热至790℃,或者是恰好达到珐琅开始熔流的温度。如果箔片在焙烧过程中起皱,要在珐琅熔化的时候拉平,然后用钢压平。按上述的操作方法,可以把箔片熔入珐琅中而且不起皱。箔片上面一般都要覆盖透明釉料。用滴管漏或筛撒干粉上釉料是最简单和快捷的方法。对一些有造型的工件如耳饰、吊坠等,先喷上白芨胶或清水,在胶未干之前将彩色的釉料撒上去。

需要注意的是,在使用箔片在珐琅表面烧制的过程中,首先需要将箔片贴覆于一个干净平整的金属表面或是烧制良好的釉质表面;其次,用水将箔片贴附到合适位置,也可以使用附着剂,不过需要用水稀释并且要尽量少用,因为在烧制过程中,附着剂会产生气体并会穿过阻碍到达釉料表面,从而形成小坑洼;最后,将箔片烧制在底釉上之后,才能用另一层釉料覆盖,否则将会导致其上面的珐琅层剥离底胎的情况出现(琳达·达尔蒂,2015)。

2)釉上彩绘烧制技法

釉上彩绘烧制技法,顾名思义是用铅笔等在釉面或者素烧黏土胎上创作、绘画图像。其制作方法是先将器物的珐琅表层用磨石打磨,做喷砂或者蚀刻处理,或者可以用发胶和固定喷雾轻轻喷洒在珐琅层表面,因为干燥光滑的珐琅表面层是很难绘制的。在磨粗的珐琅表面上,用铅笔等材料绘制出优美的、浓淡渐变的画面与线条。在烧制过程中,为了确定使用铅笔绘制的珐琅是否能达到烧制的理想效果,需要在烧制时细心观察底釉的变化。烧制完成后,再覆盖一层透明釉,确保釉面充满光泽(图7-102、图7-103)。

图7-102 釉上彩绘烧制技法1(GIC)

图7-103 釉上彩绘烧制技法2(GIC)

3)糖霜烧制技法

糖霜烧制技法,其制作方法是通过掌握烧制时间,使细砂状釉料既互相粘连又保持颗粒分明的状态(图7-104、图7-105)。用糖霜技法烧制的珐琅作品能更好地表达现当代设计师的独特创意,进行更为有趣的现代设计作品尝试。糖霜烧制技法在烧制过程中可以做到所见即所得的效果,糖霜的色彩完全取决于釉料本身的颜色,这样可以很好地避免釉料在高温过程中出现色彩变化。在烧制好釉料的珐琅胎上轻轻地刷薄薄的一层釉料,780℃入窑烧制30s后迅速取出。如果烧制时间过久,会导致釉料熔化,烧制时间太短,会导致釉料并没有黏结在釉面上。此时,我们可以通过再次烧制或用细砂纸等进行打磨,把表面凸起的薄釉磨平,重新筛釉料,再进行烧制,直到糖霜效果出现为止。

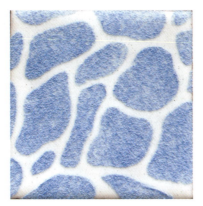 

图7-104　糖霜烧制技法珐琅1(GIC)　　　图7-105　糖霜烧制技法珐琅2(GIC)

6. 仿珐琅

珐琅的制作工艺繁复,需要较高的技艺水平才能够熟练掌握,并且由于材料本身的价值较高,大多数精美的珐琅首饰和钟表依旧被列为奢侈品。因此在日常生活中出现一种与珐琅类似的工艺,被大多数人称为仿珐琅或冷珐琅。在现代生活中,越来越多的珠宝品牌开始将仿珐琅运用到首饰设计制作中。由于仿珐琅颜色丰富多彩,且烧制温度低,利于控制,材料综合性能非常强以及对制作环境要求低等,因此,仿珐琅具有很多珐琅工艺之外的优势,能够更快捷、更有效地表达或还原设计意图(图7-106、图7-107)。

图7-106　纪念梵高系列(Freywilly)　　　图7-107　纪念莫奈系列(Freywilly)

仿珐琅多为一种树脂材料,颜色多样,填涂到产品表面,通过低温烘烤或风干,能形成色彩斑斓的釉面。冷珐琅不同于传统的珐琅工艺,其制作过程不需高温,在风干或烘烤前是黏稠的液态，固化后硬度较低，但却同样拥有光彩夺目的效果。

仿珐琅工艺的加工制作步骤如下。①制胎：采用各种材料（金属、木材、玻璃、树脂类）制作胎体。②填涂釉料：利用材料的不同工艺制作成型，将冷珐琅釉料填入作品凹槽内。冷珐琅釉料为黏稠状的液体，要与一定比例的固化剂调配，固化剂加入量的多少，根据产品填涂部分图形的面积大小、深浅、宽窄、弧面高低等因素决定。③风干：填涂釉料的产品在常温下可以自然风干，如果产品数量多，为提高效率也可使用低温烤箱加温以缩短釉料的固化时间。④后处理：抛光、电镀等，如在金属部分镀金、镀镍等，在原有的铜表面增加电镀效果使产品更加美观，亮丽的黄金色和银白色更加凸显了冷珐琅艳丽的色彩（琳达·达尔蒂，2015）。

仿珐琅与珐琅的区别：首先是材质，珐琅主要运用天然矿物质材料，仿珐琅多为树脂原料；其次是工艺制作，珐琅为高温烧制，仿珐琅为低温或自然冷却；再者是工艺价值，珐琅与仿珐琅差别较大，尤其是在文化底蕴上（表7-2）。

表7-2 珐琅与仿珐琅对比表

类别	珐琅	仿珐琅
其他名称	高温珐琅、无机珐琅	冷珐琅、有机珐琅
材料	矿物质+金属胎	树脂+多材质胎
烧制工艺	高温	低温
成本	高成本	低成本
品质	具有宝石般的光泽和质感，耐腐蚀、耐磨损、耐高温、不老化不变质、不褪色、不失光泽	具有光彩夺目的效果，易腐蚀、易磨损、易高温、易老化、易变质、会褪色、失光泽
国内外标准	美国和国际有相关标准，无国标	已有团体标准支持命名为"有机珐琅"
文化价值	中国非物质文化遗产	现代仿制工艺

五、总结

珐琅工艺还有着许多的领域在等着我们探索。无论过去还是现在，珐琅工艺一直都在创新发展，并不断满足人们日益增长的审美需求。珐琅工艺以其极强的装饰性及深厚的文化底蕴，成为一种理想的艺术载体。如今珐琅工艺依托现代科学技术的发展和时代艺术风格的转变，与时俱进，在传承传统文化和技艺的基础上，将材料、工具、烧制方法不断进行创造性的转化、创新性的发展，极大地拓宽了珐琅的表现形式，同时也给设计师带来了更加广阔的创意空间。

第八章

珠宝首饰集散地概况

设计想法转化为实物作品的过程,涉及珠宝原材料选购与加工委托等环节。珠宝首饰集散地凭借聚集效应带来的优势,为设计师提供了便捷多样的选择。中国的珠宝首饰集散地主要分为材料集散地和加工交易集散地。其中材料集散地往往依据材料品类形成集散,而加工交易集散地则汇集精湛的加工技艺,形成多种模式的批发和零售市场。

第一节 玉石集散地

我国有数千年的玉石应用历史,是拥有不间断玉文化历史的国家。我国主要出产玉石种类为和田玉、绿松石、玛瑙等。随着对外交流与贸易的发展,翡翠也由缅甸进入国内玉器市场,成为深受国人喜爱的玉石品类。当前,我国云南、广东等多个省市形成了玉石种类丰富、经营模式多样的玉石集散地。

一、云南翡翠

云南是我国重要的翡翠集散地,明清时期有很多腾冲人前往缅甸,促进了缅甸的翡翠开采与贸易。改革开放以后,云南边境城市的玉石贸易非常活跃,比如腾冲、盈江、瑞丽等城市都建立了翡翠市场和翡翠保税仓库。由于瑞丽得天独厚的地理优势,在缅甸政府关闭了密支那至腾冲、盈江的通道后,瑞丽成了往返中缅最快捷、最方便的通道,极大地促进了当地玉石贸易的发展。现在云南瑞丽仍然是翡翠毛料集散市场(图8-1),云南其他的翡翠市场已演化成了旅游工艺品市场。

图 8-1 瑞丽的翡翠市场

二、广东翡翠

20世纪末开始,翡翠集散地向广东转移。在当地政府的支持和商会的努力下,逐步形成了四大玉器加工基地和贸易中心(表8-1)。

表 8-1 广东翡翠集散地

集散地	模式	位置
广州	成品批发、零售	广州市荔湾区华林玉器街
四会	小作坊生产、零售	肇庆市四会玉器街
揭阳	小作坊生产、成品批发	揭阳市阳美村
平洲	生产、成品批发、零售	佛山市南海区平洲玉器街

平洲于20世纪70年代中期成立工厂承接玉器加工业务,以加工光身件为主,在近40年的发展中培养了大批玉器设计、加工、制作的技术人才,现已成为我国最大的手镯批发市场(图8-2~图8-4),与揭阳、四会、广州并称广东四大翡翠批发市场,位居全国四大玉器市场之首。

图8-2 平洲的翡翠手镯市场（胡楚雁供图）　　图8-3 平洲的翡翠挂件市场（胡楚雁供图）　　图8-4 平洲的翡翠片料市场（胡楚雁供图）

2003年以来平洲陆续建立了凯享、吉玉、得都旺、盈江、瑾源、柏得、都发、恒盛、金甸九个原石投标场，控制着国内几乎所有的翡翠原石交易。原本经云南进入国内的缅甸翡翠原石现在被运送至香港特别行政区，后在平洲进行二次公盘。平洲公盘是一种近似拍卖的交易形式，翡翠原石标注编号和底价后由买家挑选，填写投标单，价高者得。标场中的翡翠原石单件重几公斤至几百公斤，一个标场开一次标的成交额可达上亿元（图8-5、图8-6）。

图8-5 平洲公盘现场（包德清供图）　　图8-6 平洲公盘市场（包德清供图）

广东揭阳的阳美村汇聚了缅甸80%的高端翡翠原料，产出了占市场份额90%的高端翡翠成品（图8-7、图8-8）。这些高档原料在阳美玉雕匠人的手中完成了形态蜕变。阳美翡翠玉雕艺术形成于清代中期，技艺起初源于对断裂或破损玉器的改造或修缮，形成了精致细腻的揭阳工艺。揭阳工艺按照翡翠颜色与纹理走向设计雕刻，因材施艺，造型奇巧逼真，是高档翡翠玉雕工艺的代表。如张炳光先生的作品《三友六合春》（图8-9），运用立体镂空的雕刻工艺，集中体现松、竹、梅、鸟，牌面将浅浮雕与微雕相结合，既巧妙处理了复杂的空间关系，又使形象栩栩如生。

图8-7　揭阳阳美翡翠市场（罗冲供图）

图8-8　揭阳阳美翡翠货品（罗冲供图）

图8-9　张炳光作品《三友六合春》（奥岩供图）

三、河南南阳和田玉

和田玉国内产地有新疆维吾尔自治区、青海省和辽宁省等,世界范围内还有俄罗斯和韩国等,和田玉原料和成品交易的主要集散地在河南南阳镇平的石佛寺玉石市场。

西汉时期,石佛寺一带就已兴起玉石雕刻行当,穿寺而过的赵河出产高硬度的"红砂",为玉器的加工切磨提供耗材,使雕刻工艺得以发展,玉石资源得以聚集。

石佛寺的市场形态可以分为两类,一类为只在固定时间交易的集市型市场,例如位于赵河沿边的石佛寺早市(图8-10、图8-11),以地摊的形式在早上6:00至8:00开放;另一类为全天开放型市场(图8-12)。市场主要产品为各种档次的和田玉山料、籽料与成品,以及翡翠、玛瑙、碧玉、白玉等多种玉石类别。如今这里已建成中国最大的玉雕生产基地,并形成了探、采、工、雕、贸、学、研的综合产业格局。

图8-10 石佛寺地摊形式的早市市场
（裴景成供图）

图8-11 石佛寺和田玉货品
（裴景成供图）

图8-12 石佛寺全天开放市场
（陈全莉供图）

四、湖北十堰绿松石

绿松石在我国有悠久的应用历史。湖北既是绿松石的产地也是集散地,我国绿松石产量占全球产量的70%,国内绿松石产量的70%都来自湖北(图8-13～图8-15)。十堰绿松石的产量高,花纹发育,颜色丰富,除了蓝色、蓝绿色、黄色等,还依据产地或质地细分出秦古绿、菜籽黄、高瓷高蓝(图8-16)等多种名称。丰厚的矿产资源使湖北拥有数万名绿松石相关从业人员,仅竹山县就有5000余家企业。

图8-13 十堰绿松石珠宝城(张珉崧供图)

图8-14 竹山绿松石市场(张珉崧供图)

图8-15 竹山绿松石档位(张珉崧供图)

目前十堰绿松石的产业发展存在困难,粗放型的发展模式以自然资源的开发为主要动力,但大料、高瓷高蓝料的减少会使粗放型发展失去活力,当前的产业发展存在开矿风险高、回收率低、产品初级、设计附加值低等问题。

图8-16 绿松石品类(张珉崧供图)

第二节

有机宝石集散地

有机宝石由生物作用形成,具有独特的色彩、光晕与纹理,能丰富首饰作品的视觉表现。其中,珍珠、琥珀与珊瑚并称为三大有机宝石。

一、浙江诸暨珍珠

浙江诸暨珍珠产业起步于 20 世纪 70 年代,经过近 50 年的发展,目前山下湖镇淡水珍珠养殖面积近 20 万亩(1 亩≈666.6m^2),年产量占世界淡水珍珠总产量的 73%,全国的 80% 以上,成为全国规模最大、设施完备的珍珠及成品综合交易专业市场(图 8-17~图 8-19)。

图 8-17 诸暨珍珠市场及档位(骆挺供图)

图 8-18 大溪地珍珠(骆挺供图)

图 8-19 爱迪生珍珠(骆挺供图)

2000—2010年,由于世界经济危机的影响,诸暨的淡水珍珠产量经历了大增大减,政府和企业意识到了产业升级转型的重要性,于是引进先进生产技术,结合西施文化打造区域品牌。现在的诸暨山下湖镇已经成为全球最大的淡水珍珠养殖、加工和交易中心,产品远销60多个国家和地区。

二、广东松岗琥珀

深圳松岗的琥珀集散地为松岗琥珀(国际)交易市场,位于深圳市宝安区松瑞路,是一个以琥珀珠宝批发交易为主导,琥珀主题酒店、世纪琥珀博物馆相配套的琥珀交易市场(图8-20)。这里积聚了大量波罗的海、多米尼加的琥珀,其中大部分来自乌克兰和俄罗斯,包含琥珀蜜蜡的原石与成品等多种类别(图8-21)。市场内设立各个厂家的卖场、琥珀蜜蜡展览馆与专业检测机构,市场周边聚集了大大小小的琥珀加工厂,构成了完整的产业链。

图8-20 松岗琥珀(国际)交易市场内部(王雅玫供图)

图8-21 松岗琥珀(邱锦豪供图)

20世纪90年代,来自中国台湾的琥珀经销商将相关产业模式带到松岗,并一直沿袭传承,为松岗琥珀交易市场的形成奠定了基础。松岗琥珀交易市场的建立,打破了长久以来琥珀行业个体小作坊的经营模式,促进了琥珀交易的专业化、集中化、规模化,引领了琥珀行业的发展趋向。经历了几十年的发展,松岗地区已成为全球重要的琥珀加工经销集散地,也是全国最大的琥珀批发市场。

第三节 国外彩色宝石集散地

彩色宝石矿产资源遍布全球,各个大洲均有产出。南亚、南美和非洲是彩色宝石的主要产地,特别是缅甸、巴西、斯里兰卡、马达加斯加等国,拥有数种宝石的顶级矿藏,是世界上优质宝石的重要产地。在亚洲,主要的宝石产出国包括斯里兰卡、缅甸、泰国、柬埔寨、越南、印度、阿富汗、伊朗、巴基斯坦等;产出的宝石有60多个品种,包括星光红宝石、星光蓝宝石、猫眼石、变石、祖母绿等(李娅莉,2016)。

斯里兰卡盛产彩色宝石,产出的宝石有蓝宝石、红宝石、金绿宝石、月光石、海蓝宝石、石榴石等,这得益于斯里兰卡特殊的地层构造。斯里兰卡红宝石通常颜色带桃红,许多红宝石呈淡色调(庾晋,2009)。在斯里兰卡,关于彩色宝石的神话和传说不计其数,当地从事珠宝行业的人数约达到全国总人口的1/10。

缅甸主要产出红宝石、蓝宝石、翡翠,以及优质的尖晶石、碧玺和橄榄石。缅甸抹谷地区产出世界上最好的鸽血红红宝石。由于明清时期缅甸是中国的藩属国,因而缅甸常常将出产的优质宝石进贡给中国当时的王公贵族,目前我国故宫博物院收藏的大部分首饰的宝石材料都来源于该国。

巴西是全世界最大的宝石产出国,该国的彩色宝石产量约占全世界产量的65%,主要产出红宝石、蓝宝石、海蓝宝石、祖母绿、石英质宝石、石榴石、托帕石、碧玺、金绿宝石等(李娅莉,2016)。此外,巴西还出产一种神秘的带电光的帕拉伊巴碧玺,呈现出明亮的蓝绿色调,每克拉的售价可以高达数万美元。

哥伦比亚是顶级祖母绿的代名词,该地所产的祖母绿,颜色浓艳,呈现蓝绿色,约占全球祖母绿市场的1/2。不同产地的祖母绿其内含物的特征不同,如哥伦比亚祖母绿(图8-22)是唯一由方解石、白云石渗入炭质页岩的断裂和裂隙中形成的,具有方解石、石英和白云石等固态包裹体,这些内含物是鉴定哥伦比亚祖母绿的重要标志。此外,俄罗斯、津巴布韦、印度、巴西、赞比亚、马达加斯加和中国云南都是祖母绿的产地(李娅莉,2016)。

有"宝石岛"之称的斯里兰卡、缅甸的孟素、泰国的尖竹汶等宝石原产地,逐渐形成了完整的从原石开采、加工到成品销售的贸易市场。当你走进当地的宝石市场,上百家摊位紧紧相连,琳琅满目的各色宝石让人目不暇接。这些地区的宝石加工业也十分发达,宝石设计、切割、镶嵌都在当地进行,产出的宝石矿大部分直接流入各类加工工作坊,并通过这里流向全世界。

首饰概论

泰国被广泛认为是世界上最大的彩色宝石生产国,有着享誉世界的优质宝石原石和成品。尖竹汶,位于泰国东部,是一个人口不过几万人的泰国边境府城,却是泰国重要的商业中心,也是驰名世界的宝石交易中心。泰国珠宝资源丰富,尖竹汶就是依托当地宝石矿山渐渐发展起来的世界级宝石交易中心,宝石开采和贸易记录始于15世纪,宝石贸易最早可以追溯到几个世纪以前。得天独厚的地理优势,伴随着矿山宝石的开采,迅速促进了当地宝石加工业的发展和宝石贸易的繁荣。尖竹汶目前是泰国最大的宝石切割加工基地,加工工作坊近2000余家,每天可生产大量的宝石成品。由于泰国的物价低廉,人工和厂房便宜,加上工人加工效率高,促使尖竹汶交易市场的宝石价格在全球市场中有极大的竞争力。在尖竹汶宝石历史的积淀下,这里的宝石加工技艺精湛,拥有全球顶尖的彩色宝石生产技术(图8-23、图8-24)。

图8-22 哥伦比亚祖母绿戒指(卡地亚)

图8-23 泰国尖竹汶珠宝市场

图8-24 尖竹汶国际宝石珠宝节

此外,切磨中心也会形成历史悠久的规模化彩色宝石市场。印度的斋浦尔是全球重要的有色宝石切割和交易中心,也是一个珠宝首饰制造中心。这里的珠宝首饰产业可以追溯到18世纪初。在这座城市早期的历史中,王室非常重视吸纳顶级手工艺人,如招募珠宝匠人为王室制造精美的饰品,后来这座城市逐渐发展成高品质奢侈品的重要中心。如今,斋浦尔既有传统有色宝石切割和珠宝首饰制造工厂,又有最现代化的生产设施和技术。

泰国和斯里兰卡更为人所知的是红宝石和蓝宝石的切割、处理和交易,而斋浦尔则以各种有色宝石切割、交易而闻名,是全球重要的祖母绿切割和交易中心。

第四节

人造宝石集散地

人造宝石是指由人工制造且自然界无已知对应物的晶质或非晶质体,例如人造红宝石、人造蓝宝石、合成立方氧化锆、人造水晶等,在光学仪器、钟表配件、首饰加工等领域均有应用(图8-25)。

图8-25 人造宝石(李萌供图)

广西梧州被誉为"世界人造宝石之都",是世界上最大的人造宝石加工基地和交易集散地。1982年,香港宝石商首先在梧州开始宝石加工,标志着梧州人工宝石加工业的诞生。几十年的发展中,梧州经历了由来料加工向原料与机械国产化的转变,企业与配套服务商和其他相关机构之间的合作日益增强,产业集群逐步形成。

如今,梧州人造宝石加工业云集了意大利、美国、印度等众多国际宝石客商,年加工贸易数量超1000亿粒,占国内产量的80%、世界产量的70%以上,年产值达30亿元,形成了比较完整的产业链,涵盖了从机器设备生产到成品检测,从原材料生产到终端饰品销售等多个环节。"产学研"一体化集群模式基本出现。

宝石加工业现已列入梧州市的支柱产业规划,在大量加工输出人造宝石的同时,也面临着缺少自有品牌、技术含量低、人才不足等问题,需要从产业布局、人才引进等多方面进行调整升级。

首饰概论
SHOUSHI GAILUN

第五节 珠宝首饰加工集散地

珠宝首饰的制造离不开加工镶嵌集散地的支持,如广州番禺、深圳的罗湖和盐田等加工镶嵌集散地,都建立了完整的产业链条,形成了加工、展示、销售的一体化格局,承接来自全国各地的加工订单。这些集散地各有侧重,深圳的产业规模比番禺大,市场占有率高;番禺前期为全球珠宝首饰的代工厂,现在转向国内市场,在珠宝首饰的选材与设计上更具特色。

一、深圳

深圳罗湖的水贝国际珠宝交易中心,是国内最具影响力、交易量最大的珠宝专业交易市场。有超过 10 000m² 的营业面积,市场经营金银、钻石、彩色宝石、翡翠和珍珠等等各类珠宝首饰,集中了来自中国、美国、意大利、泰国、中国香港及台湾等众多珠宝产业发达国家及地区的首饰品牌和产品,是深圳黄金珠宝产业聚集基地内最为重要的交易、文化、信息交流平台(图 8-26、图 8-27)。

图 8-26 水贝国际珠宝交易中心

图 8-27 水贝金座

深圳市盐田区沙头角有一个专业化多功能的黄金珠宝平台——黄金珠宝大厦。在沙头角保税区黄金加工业的依托下,这里已成为国内规模最大,功能最全的专业黄金珠宝首饰加工与交易中心(图 8-28)。

图 8-28 黄金珠宝大厦（陈淀锋供图）

二、广州

广州番禺的工厂主要集中在大罗塘工业区（图 8-29）和沙湾珠宝产业园（图 8-30）。大罗塘工业区是番禺区比较古老的首饰加工区，有各类规模的工厂和珠宝首饰配套企业，如宝石店铺、加工设备与耗材商店等。

20 世纪 80 年代末，我国珠宝产业集群开始形成，当时番禺的生产水平和技术有限，但劳动力充足，同时国际珠宝市场的需求量增加，香港的产业转型和制造业外移使其地租和劳工成本增加。番禺等地凭借临近香港的地域优势，吸引了一批港商和外商将加工环节交由番禺的工厂进行，也就是"来料加工"式的加工贸易。"来料加工"即首饰所用的材料、款式和最终产品的所有权都属于外商投资企业，本地企业只负责加工组装这一工作环节，这样的加工模式给当地人民提供了就业机会，同时给本地企业带来了先进的加工技术，也得到了政府的大力支持。

图 8-29 大罗塘工业区
（吴正军供图）

但过于依靠国际市场且经营模式单一，会带来较高的经营风险。在 2008 年全球金融危机的影响下，番禺不少企业订单锐减，尾款拖欠，导

图 8-30 沙湾珠宝产业园

致资金链断裂,关门停业,中小企业几乎无一幸免。金融危机带来了挑战也加速了番禺的产业转型,2010年番禺政府明确了番禺首饰行业的发展方向,由主要依靠出口外销转变为向国内外市场并重协调发展(图 8-31)。企业也积极响应号召,根据国内市场调整加工与用料标准,根据消费者需求调整产品设计风格。

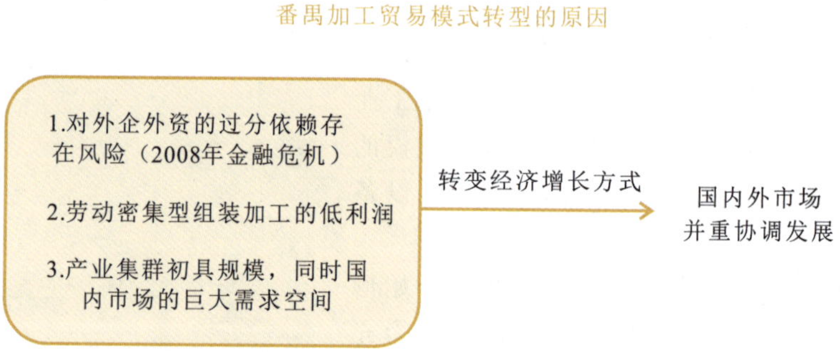

番禺加工贸易模式转型的原因

1. 对外企外资的过分依赖存在风险(2008年金融危机)
2. 劳动密集型组装加工的低利润
3. 产业集群初具规模,同时国内市场的巨大需求空间

→ 转变经济增长方式 → 国内外市场并重协调发展

图 8-31 番禺加工贸易模式转型的原因

另外,原本劳动密集型的初级组装加工处在价值链上最低的一环,较低的产品附加值会制约产业发展。因此番禺大力推进产品设计与研发,并配套珠宝展示交易、保税仓储、创意办公、文化博览、知识产权保护等服务,逐步由幕后加工走向台前,将番禺打造成国际珠宝首饰品牌首创地、原产地和发布地,实现由"番禺制造"向"番禺创造"的转变。

随着互联网经济发展,传统产业的数字化转型成为番禺的新机遇。番禺大力促成"珠宝+直播"新媒体融合,以珠宝直播基地建设为抓手,通过网上直播带货等活动,拓展珠宝产业的营销网络。经历过2020年新冠肺炎疫情对线下销售的冲击后,番禺深度推动珠宝产业融入互联网经济,探索搭建面向国内市场的珠宝新零售模式(图 8-32)。

经过30多年的发展,番禺现已形成了集原料销售、成品销售、生产工具制造、技术培训、设计研发、检验检测、珠宝文化旅游等为一体的完整产业链。

图 8-32　2020年番禺国际珠宝节上的直播活动

除了刚刚提到的珠宝材料集散地和加工销售集散地，国内还有众多各具特色的其他集散地，如东海水晶、辽宁岫岩玉等。相关的集散地资料见表 8-2、表 8-3。

表 8-2　主要珠宝首饰原材料（销售）集散地

大类	品种	地点
玉石类	翡翠	广东：肇庆四会玉器批发市场、佛山平洲玉器街、揭阳阳美玉器市场、广州荔湾华林玉器街
	和田玉	河南南阳镇平石佛寺玉雕湾
	绿松石	湖北十堰竹山县
	玛瑙	辽宁阜新玛瑙城、四川西昌南江玛瑙交易中心
有机宝石	珍珠	浙江诸暨华东国际珠宝城
	琥珀	辽宁抚顺中国琥珀城、广东深圳松岗琥珀（国际）交易市场、云南腾冲林云珠宝批发市场
无机宝石	红宝石	缅甸、巴西、中国云南元江
	蓝宝石	斯里兰卡、巴西、中国山东潍坊昌乐宝石城
	祖母绿	巴西、哥伦比亚、俄罗斯、津巴布韦、印度、赞比亚、马达加斯加、中国云南文山麻栗坡
	碧玺	新疆阿勒泰、云南
	石榴石	新疆维吾尔自治区、黑龙江
其他	水晶	江苏连云港东海水晶城
	人造宝石	广西梧州
	海蓝宝石	新疆富蕴县

表8-3 国内主要首饰加工(销售)集散地

地点	名称
深圳罗湖	水贝国际珠宝交易中心、中港国际珠宝交易中心
深圳盐田	沙头角黄金珠宝大厦
广州番禺	大罗塘工业区、沙湾珠宝产业园
顺德伦教	中国珠宝玉石首饰特色产业基地

主要参考文献

曹雅惠,2013.内蒙古地区出土的元代金银器[D].呼和浩特:内蒙古大学.
柴牧舟,2007.线型复合工具电化学—机械加工试验研究[D].广州:广东工业大学.
陈彬雨,胡俊,2021.当代艺术语境中的首饰艺术创作特征[J].艺术与设计(理论),2(04):79-81.
陈国玲,2010.论传统银饰和现代银饰的融合发展[D].北京:中国地质大学(北京).
崔晓晓,杨扬,2010.浅谈珠宝首饰的机械抛光工艺[J].超硬材料工程,22(01):52-54.
戴圣,2017.礼记[M].胡平生,张萌,译.北京:中华书局.
黛安娜·斯卡里斯布里克,2020.戒指之美[M].全余音,别智韬,柴晓,译.北京:中国轻工业出版社.
丁洁雯,2016.戒指文化小史:刻写在手指上的身份与契约[J].文明(03):80-97.
丁娜,2011.锻造在金属工艺专业中的重要性[J].艺术与设计(理论),2(04):281-282.
杜金鹏,2017.玉华流映:殷墟妇好墓出土玉器[M].北京:中国书店.
杜金鹏,唐际根,张友来,等,2018.殷墟妇好墓出土玉器研究[M].北京:科学出版社.
段岩涛,钟连盛,孟曦,2016.景泰蓝[M].北京:中国轻工业出版社.
方向明,2019.反山大玉琮及良渚琮的相关问题[J].东方博物(04):1-16.
弗雷泽,2010.金枝[M].赵阳,译 西安:陕西师范大学出版总社.
高明涛,王俊华,黄广民,等,2015.唐李倕墓发掘简报[J].考古与文物(06):3-22+2+129.
高桥通子,2019.美丽的七宝烧世界[M].张福文,马磊,译.南京:江苏凤凰美术出版社.
高兴,2016.浅析欧洲文艺复兴时期的珠宝首饰[J].北方文学(20):93.
格罗塞,1984.艺术的起源[M].李慕晖,译.北京:商务印书馆.
古方,李红娟,2009.古玉的器形与纹饰[M].北京:文物出版社.
郭学信,2008.宋代士大夫货殖经营之风探源[J].天津社会科学(03):136-139.
韩非子,2017.韩非子[M].中华文化讲堂,注译.北京:团结出版社.
河清,2008.艺术的阴谋(第2版)[M].桂林:广西师范大学出版社.
胡厚宣,1977.甲骨文所见商族鸟图腾的新证据[J].文物(02):84-87.
湖南省博物馆,2009.湖南宋元窖藏金银器发现与研究[M].北京:文物出版社.
湖南省博物馆,湖南省文物考古研究所,等,2000.长沙楚墓[M].北京:文物出版社.
黄建福,李詹璟萱,谭有进,2018.论西南地区花丝工艺的地域特征及其成因[J].大众科技,20(12):102-104+16.
贾兰坡,1958."北京人"的故居[M].北京:北京出版社.
蒋承勇,2002.西方文学"人"的母题研究:从古希腊到18世纪[D].成都:四川大学.

焦莎莎,过宏雷,2012.唐代文化器物的符号学分析——以生活器物为例[J].美与时代(上半)(04):40-42.

金知瑞,2015.意大利文艺复兴绘画中首饰设计的雕塑性[J].雕塑(03):32-35.

克莱尔·菲利浦斯,2021.珠宝圣经[M].别智韬,柴晓,译.北京:中国轻工业出版社.

李东阳,等,2007.大明会典卷[M].扬州:广陵书社.

李江宁,2016.现代金属饰品设计研究[D].武汉:湖北工业大学.

李晶,2014.贵金属珠、链类首饰自动加工工艺研究[D].武汉:中国地质大学(武汉).

李鹏,2009.金属表面工艺的特征与现代首饰设计的工艺表现[D].北京:中国地质大学(北京).

李珅,吕磊,2013.中国铂金婚庆市场潜力无限[J].中国黄金珠宝(19):38.

李小军,程臻君,陈建飞,等,2018.电铸金添加剂对3D硬足金工艺产品的影响[J].电镀与涂饰,37(01):1-4.

李芽,等,2020.中国古代首饰史1[M].南京:江苏凤凰文艺出版社.

李娅莉,2016.宝石学教程(第三版)[M].武汉:中国地质大学出版社.

李娅莉,薛秦芳,李立平,等,2011.宝石学教程(第二版)[M].武汉:中国地质大学出版社.

李颖臻,2016.水族花丝大发簪工艺实录[D].北京:北京服装学院.

李泽厚,2009.美的历程[M].北京:生活·读书·新知三联书店.

厉宝华,2019.金银器制作工艺的传承与发展[J].文物天地(09):117-123.

林国兵,2018.西方现代艺术观念演化史[M].武汉:武汉大学出版社.

林梅村,2014.珠宝艺术与中外文化交流[J].考古与文物(01):76-88.

琳达·达尔蒂,2015.珐琅艺术[M].王磊,译.上海:上海科学技术出版社.

刘斌,2019.良渚文明丛书:法器与王权 良渚文化玉器[M].杭州:浙江大学出版社.

刘畅,2018.画珐琅工艺在现代首饰设计中的应用[D].北京:中国地质大学(北京).

刘菲,2009.新艺术运动时期的首饰艺术[J].艺术与设计(理论),2(06):226-228.

刘凤,2016.图像的线索[D].青岛:青岛科技大学.

刘颖鑫,2017.探究钛金属材料在工艺美术中的应用[J].中国锰业,35(04):101-103+106.

陆建芳,方向明,2014d.中国玉器通史:新石器时代南方卷[M].深圳:海天出版社.

陆建芳,方向明,周晓晶,2014c.中国玉器通史:新石器时代北方卷[M].深圳:海天出版社.

陆建芳,欧阳摩壹,2014d.中国玉器通史:战国卷[M].深圳:海天出版社.

陆建芳,喻燕姣,方刚,2014b.中国玉器通史:夏商卷[M].深圳:海天出版社.

陆锡兴,2012.明梁庄王墓帽顶之研究:兼论元明时代大帽和帽顶[J].南方文物(04):96-100+95.

路甬祥,唐克美,李苍彦,2004.中国传统工艺全集:金银细金工艺和景泰蓝[M].郑州:大象出版社.

吕晓晨,2018.恰克图工艺特征与艺术风格研究[D].北京:北京服装学院.

罗文焱,2014.色相如天青金石:论青金石文化与青金石艺术[D].北京:中国地质大学

(北京).

罗振春,2013.百工录:首饰錾刻艺术[M].南京:江苏美术出版社.

马克·吉梅内斯,2015.当代艺术之争[M].王名南,译.北京:北京大学出版社.

梅璐琳,2016.清代宫廷金银器的美学研究[D].长沙:湖南师范大学.

齐东方,申秦雁,2003.花舞大唐春:何家村遗宝精粹[M].北京:文物出版社.

钱丽霞,2019.传统工艺振兴背景下錾刻工艺的传承现状研究[J].艺术家(08):144-145.

乔纳森·费恩伯格,2006.一九四零年以来的艺术[M].丁春辰,丁亚雷,译.北京:中国人民大学出版社.

丘志力,吴沫,孟增璐,等,2017.清代翡翠玉化形成探释[J].中山大学学报(社会科学版)(01):46-50.

任开,任海明,2019.细金工艺及其物化研究:向本[J].宝石和宝石学杂志,21(01):61-71.

任平山,2012.中亚古壁画中的蓝色[J].中华文化画报(07):78-87.

陕西省文物保护研究院,扬州市文物考古研究所,2019.花树摇曳钿钗生辉:隋炀帝萧后冠实验室考古报告[M].北京:文物出版社.

商秋雯,2008.美的释放[D].北京:北京服装学院.

上海书店,2018.二十五史:后汉书三国志晋书[M].上海:上海古籍出版社.

上海书店,2018.二十五史:隋唐旧唐书[M].上海:上海古籍出版社.

史永,贺贝,2018.珠宝简史[M].北京:商务印书馆.

司马俊堂,岳梅,褚卫红,等,2006.洛阳华山路西晋墓发掘简报[J].文物(12):18-31.

宋濂等,1998.元史[M].长春:吉林人民出版社.

孙秉君,蔡庆良,2007.芮国金玉选粹:陕西韩城春秋宝藏[M].西安:三秦出版社.

孙机,1991.步摇、步摇冠与摇叶饰片[J].文物(11):55-64.

唐齐粒,2012.文艺复兴时期意大利的享乐之风[J].黑龙江史志(17):50-51+54.

佟安荻,2020.无限的游戏[D].北京:中央美术学院.

汪晓玥,严襄,2012.浅谈中国点翠首饰工艺及其发展[J].美与时代(中)(05):58-59.

汪笑楠,2014.论"禁欲主义"影响下的罗马式基督教教堂[J].科教导刊:电子版(2):101.

王昶,袁军平,2009.激光加工技术在珠宝首饰业中的应用[J].宝石和宝石学杂志,11(02):41-45.

王佳,2016.花丝镶嵌工艺的发展及在首饰中的应用[D].北京:中国地质大学(北京).

王印,2018.日本省胎七宝烧制作工艺初探[J].艺术品鉴(06):256-257.

王湛,2009.画楼金簪锁云鬘 中国国家博物馆藏明益庄王妃万氏金簪赏析[J].收藏家(01):48-52.

王治中,2001.铂族金属的应用与前景[J].中国资源综合利用,08:35-38.

魏宁馨,2007.民本思想、人本主义与以人为本的历史观探究[D].哈尔滨:哈尔滨工业大学.

吴晶,2006.浅谈黔东南苗族服饰文化的继承与发展[J].四川戏剧(02):91-92.

吴忆秋,2003.泽彩艳丽画珐琅[J].上海工艺美术(02):77-78.

吴自牧,2005.梦粱录[M].符均,张社国,校注.西安:三秦出版社.

淅川县博物馆,2014.淅川楚国玉器精粹[M].郑州:中州古籍出版社.

熊存瑞,1987.隋李静训墓出土金项链、金手镯的产地问题[J].文物(10):77-79.

休·泰特,2019.7000年珠宝史[M].朱怡芳,译.北京:中国友谊出版公司.

徐琳,2012.古玉的雕工[M].北京:文物出版社.

闫丹婷,2021.就饰论事[D].北京:中央美术学院.

颜建超,章梅芳,2016.浅析我国古代花丝镶嵌制作技艺的历史变迁[J].科学教育与博物馆,2(01):52-57.

颜建超,章梅芳,孙淑云,2016."花丝镶嵌"概念的由来与界定[J].广西民族大学学报(自然科学版),22(02):30-38.

扬之水,2010.奢华之色:宋元明金银器研究(卷一)[M].北京:中华书局.

杨伯达,2004.中国金银玻璃珐琅器全集1[M].石家庄:河北美术出版社.

杨伯达,2016.中国史前玉器史[M].北京:故宫出版社.

杨虎,刘国祥,邓聪,2007.玉器起源探索:兴隆洼文化玉器研究及图录[M].香港:香港中文大学中国考古艺术研究中心.

杨小林,2008.中国细金工艺与文物[M].北京:科学出版社.

叶舒宪,2011.伊甸园生命树、印度如意树与"琉璃"原型通考:苏美尔青金石神话的文明起源意义[J].民族艺术(03):32-45.

叶舒宪,2013.玉石神话信仰与文明起源:审美发生研究的形而下视角[J].文贝:比较文学与比较文化,(Z1):588-595.

叶舒宪,2017.中外玉石神话比较研究:文明起源期"疯狂的石头"[J].贵州社会科学(01):11-19.

庚晋,2009.世界彩色宝石矿藏分布概况[J].中国黄金珠宝(03):60-65.

袁佳君子,2020.宋代金银器皿研究[D].北京:中国艺术研究院.

张夫也,2015.外国工艺美术史[M].2版.北京:高等教育出版社.

张福文,2014.钛金属着色效果及其在首饰设计中的运用[J].艺术教育(01):203+208.

张福文,2017.中国传统景泰蓝与日本七宝烧工艺比较概论[J].艺术教育(13):146-147.

张然,2013.微绘珐琅工艺揭秘[J].艺术市场(18):74-79.

张树国,2018.铝合金流变挤压铸造成形技术基础研究[D].南昌:南昌大学.

张卫峰,2015.工业背景下的嘎玛藏族传统首饰技艺[J].设计艺术(山东工艺美术学院学报)(01):92-98.

张新怡,2019.从古埃及首饰看"精神信仰"在首饰设计中的表达[D].北京:北京服装学院.

张学正,周广济,张鲁章,等,2021.甘肃玉门火烧沟四坝文化墓地发掘简报[J].考古与文物,(5):3-21+2.

主要参考文献

张颖,2008.浅析古埃及的首饰艺术[J].华商(11):88.

真诚美珠宝,2008.梅花钻石获国家发明专利:圆明亮式琢型钻石81面切割方法[J].中国宝玉石(04):152-153.

中国第一历史档案馆,香港中文大学文物馆,2005.清宫内务府造办处档案总汇[M].北京:人民出版社.

周鑫,2010.中世纪教会法中的婚姻制度[D].重庆:西南政法大学.

朱雯,2009.从中世纪服装史看宗教文化对服饰设计的影响[J].美与时代(上半月)(2):100-104.

FRÉGNAC C, DE L, 1965. Jewelry: from the Renaissance to Art Nouveau. London: Weidenfeld & Nicolson.

HICKMAN J, 2008. Gold before the palaces: Crafting jewelry and social identity in Minoan Crete[D]. Philadelphia: University of Pennslvania.

KITCHELL K F, 1981. The Mallia 'wasp' pendant reconsidered[J]. Antiquity, 55(213):9-15.

YNAG X N, 1999. The Golden Age of Chinese Archaeology[M]. New Haven: Yale University Press.